科 学 史 译 丛

现代科学的诞生

〔意〕保罗·罗西 著

张卜天 译

蒋澈 校

商务印书馆
The Commercial Press
创于1897

Paolo Rossi

La nascita della scienza moderna in Europa

资助单位：

《科学史译丛》总序

　　现代科学的兴起堪称世界现代史上最重大的事件,对人类现代文明的塑造起着极为关键的作用,许多新观念的产生都与科学变革有着直接关系。可以说,后世建立的一切人文社会学科都蕴含着一种基本动机:要么迎合科学,要么对抗科学。在不少人眼中,科学已然成为历史的中心,是最独特、最重要的人类成就,是人类进步的唯一体现。不深入了解科学的发展,就很难看清楚人类思想发展的契机和原动力。对中国而言,现代科学的传入乃是数千年未有之大变局的中枢,它打破了中国传统学术的基本框架,彻底改变了中国思想文化的面貌,极大地冲击了中国的政治、经济、文化和社会生活,导致了中华文明全方位的重构。如今,科学作为一种新的"意识形态"和"世界观",业已融入中国人的主流文化血脉。

　　科学首先是一个西方概念,脱胎于西方文明这一母体。通过科学来认识西方文明的特质、思索人类的未来,是我们这个时代的迫切需要,也是科学史研究最重要的意义。明末以降,西学东渐,西方科技著作陆续被译成汉语。20 世纪 80 年代以来,更有一批西方传统科学哲学著作陆续得到译介。然而在此过程中,一个关键环节始终阙如,那就是对西方科学之起源的深入理解和反思。应该说直到 20 世纪末,中国学者才开始有意识地在西方文明的背景下研究科学的孕育和发展过程,着手系统译介早已蔚为大观的西方科学思想史著作。时至今日,在科学史这个重要领域,中国的学术研究依然严重滞后,以致间接制约了其他相关学术领域的发展。长期以来,我们对作为西方文化组成部分的科学缺乏深入认识,对科学的看法过于简单粗陋,比如至今仍然意识不到基督教神学对现代科学的兴起产生了莫大的推动作用,误以为科学从一开始就在寻找客观"自然规律",等等。此外,科学史在国家学科分类体系中从属于理学,也导致这门学科难以起到沟通科学与人文的作用。

有鉴于此,在整个 20 世纪于西学传播厥功至伟的商务印书馆决定推出《科学史译丛》,继续深化这场虽已持续数百年但还远未结束的西学东渐运动。西方科学史著作汗牛充栋,限于编者对科学史价值的理解,本译丛的著作遴选会侧重于以下几个方面:

一、将科学现象置于西方文明的大背景中,从思想史和观念史角度切入,探讨人、神和自然的关系变迁背后折射出的世界观转变以及现代世界观的形成,着力揭示科学所植根的哲学、宗教及文化等思想渊源。

二、注重科学与人类终极意义和道德价值的关系。在现代以前,对人生意义和价值的思考很少脱离对宇宙本性的理解,但后来科学领域与道德、宗教领域逐渐分离。研究这种分离过程如何发生,必将启发对当代各种问题的思考。

三、注重对科学技术和现代工业文明的反思和批判。在西方历史上,科学技术绝非只受到赞美和弘扬,对其弊端的认识和警惕其实一直贯穿西方思想发展进程始终。中国对这一深厚的批判传统仍不甚了解，它对当代中国的意义也毋庸讳言。

四、注重西方神秘学（esotericism）传统。这个鱼龙混杂的领域类似于中国的术数或玄学，包含魔法、巫术、炼金术、占星学、灵知主义、赫尔墨斯主义及其他许多内容，中国人对它十分陌生。事实上，神秘学传统可谓西方思想文化中足以与"理性"、"信仰"三足鼎立的重要传统，与科学尤其是技术传统有密切的关系。不了解神秘学传统，我们对西方科学、技术、宗教、文学、艺术等的理解就无法真正深入。

五、借西方科学史研究来促进对中国文化的理解和反思。从某种角度来说，中国的科学"思想史"研究才刚刚开始，中国"科"、"技"背后的"术"、"道"层面值得深究。在什么意义上能在中国语境下谈论和使用"科学"、"技术"、"宗教"、"自然"等一系列来自西方的概念，都是亟待界定和深思的论题。只有本着"求异存同"而非"求同存异"的精神来比较中西方的科技与文明，才能更好地认识中西方各自的特质。

在科技文明主宰一切的当代世界，人们常常悲叹人文精神的丧失。然而，口号式地呼吁人文、空洞地强调精神的重要性显得苍白无力。若非基于理解，简单地推崇或拒斥均属无益，真正需要的是深远的思考和探索。回到西方文明的母体，正本清源地揭示西方科学技术的孕育和发展过程，是中国学术研究的必由之路。愿本译丛能为此目标贡献一份力量。

张卜天

2016 年 4 月 8 日

目　　录

导　言

欧洲科学

我们今天所谓的"现代科学"有着复杂的历史,其诞生地并非 1
欧洲某个特定的地方,而是整个欧洲。不要忘了,哥白尼是波兰
人,培根、哈维和牛顿是英国人,笛卡尔、费马和帕斯卡是法国人,
第谷·布拉赫是丹麦人,帕拉塞尔苏斯、开普勒和莱布尼茨是德国
人;惠更斯是荷兰人,伽利略、托里切利和马尔皮基(Marcello
Malphighi)是意大利人。他们的观点在一个人工的或想象的无边
界的实在中,在一个不畏艰难的科学共和国中相互关联,这个科学
共和国往往有着复杂的、戏剧性甚至悲剧性的社会政治背景。

现代科学并非建立在宁静的大学校园或人工的实验室环境
中,这些地方靠近但并未置身于历史事件的洪流之中。这仅仅出
于一个原因:这些机构(至少是那些与"科学"知识有关的机构)尚
不存在。"自然哲学家"——在我们的时代非常多产,但却受到了
不公正的毁谤——的象牙塔尚未建成。

虽然几乎所有 17 世纪的科学家都在大学学习,但很少有人在
那里继续自己的职业生涯。大学并非科学研究的中心。现代科学
诞生于学术界之外,经常与之对立。在整个 17 世纪,尤其是 18、

19 世纪,现代科学已经成为一种能够产生自身机构的有组织的社会事业。

科学教科书很少提及物理学史、天文学史和化学史上那些纷乱的幕后事件。那些事件发生在特定的历史背景下,请本书读者牢记这种背景(本书讨论的是观念、理论和实验,而且基本不会承认关于它们的叙事)。现代科学的所谓"创始人"生活的时代不仅与蒙特威尔第(Monteverdi)和巴赫的音乐同时代,还与高乃依(Corneille)和莫里哀(Molière)的戏剧、卡拉瓦乔(Caravaggio)和伦勃朗的艺术作品、博罗米尼(Borromini)的建筑和弥尔顿的诗歌同时代。从哥白尼的《天球运行论》(*De revolutionibus*,1543)到牛顿的《光学》(*Opticks*,1704)间的 160 年是欧洲大陆戏剧史上的关键时期,那时欧洲的生活(甚至是日常生活)与今天截然不同。

1615 年底的那个冬天,6 名女巫在施瓦本小镇莱昂贝格(Leonberg)被施以火刑。从 1615 到 1629 年,在有 200 户人家的临近的小村庄魏尔(Weil-der-Stadt),有 38 名女巫被烧死。在莱昂贝格,一名玻璃工的妻子对一位名叫凯瑟琳的古怪老妇提出了几项指控,说她给了邻居一种魔酒使之病倒;用恶目盯着一个裁缝的孩子致其死亡;曾付钱给一个掘墓人,拿到父亲的头骨,将它制成高脚杯,当作礼物送给了她的一个研究占星学和黑魔法的儿子。一天,一个 12 岁的小女孩在去往生砖窑的路上经过这位老妇,手和手臂顿感剧痛,一连几天无法移动手指。直到今天,腰痛和脖子僵硬在许多欧洲语言中仍被称为"女巫的一击"(德语是 Hexenschuss,丹麦语是 Hekseskud,意大利语是 colpo della strega)。这名 73 岁的老妇被指控为巫婆并且被连锁数月。她被控 49 项罪名,被威胁施以酷刑,刽子手向她详述了他行刑时使用的许多工具。经过一年多的监禁和被控巫术 6 年之后,凯瑟琳最终在 1621 年 10 月 4 日被判无罪。她无法回到莱昂贝格,因为当地居民会用私刑处死她(Caspar,1962:249—265)。

这位老妇有一位著名的儿子名叫约翰内斯·开普勒,曾积极为她奔走呼号。在母亲遭受审判的漫长岁月中,开普勒不仅写了数百页材料使他的母亲免遭折磨和死刑,而且还撰写了《世界的和谐》(*Harmony of the World*),其中一部分内容后来被称为开普勒第三定律。开普勒认为,天界的和谐在宇宙中心施行着统治,"如太阳一般照彻云涛"。但他从经验中得知,地球上并无类似的和谐。在关于行星音乐的第六章中,开普勒指出,由于地球产生的音符是"Mi-Fa-Mi",有理由推断,*Mi*sery(苦难)和 *Fa*mine(饥荒)统治了这个星球。在他同样名为凯瑟琳的女儿去世 3 个月后,他写完了这本书。

当时很少有科学家默默无闻地终生致力于研究工作。我们无须回想起布鲁诺被烧死在火刑柱上或者伽利略被判为异端等更著名的例子,只要读一下阿德里安·拜耶(Adrien Baillet)的《笛卡尔传》(*The Life of Descartes*),就能对这些时代有很好的认识。它不仅是巫术审判和宗教裁判所的时代,而且也是三十年战争的时代,其字面含义我们很少会停下来思考。那时,欧洲遍布着雇佣军(随后是工匠、厨师、妓女、逃亡者和旅行商),他们盗窃、欺诈、纵火、强奸、谋杀,破坏庄稼,亵渎教堂,洗劫村庄。在同一时期,米兰、塞维利亚、那不勒斯、伦敦等欧洲城市的人口因传染性极强的瘟疫而减少了一半。笛福(Defoe)和曼佐尼(Manzoni)描述的伦敦和米兰的事件绝非孤例,而是屡见不鲜。

　　只有在一个摆脱了纷争、冲突和尘世苦难的理想共和国的背景下,弗朗西斯·培根才可能发出那惊人的声明:追求荣耀或国家权力的科学,不如追求全人类利益的科学在道德上高尚;马兰·梅森(Marin Mersenne)神父在谈到加拿大的印第安人和西部农民时才可能说:"一个人能做的事情另一个人也能做,每个人都拥有一切所需来做哲学和讨论所有问题。"(Mersenne,1634:135—136)此外,科学革命的主角们有一个有趣的共同之处:他们都意识到,有某种东西正经由他们的工作被创造出来。"新"(novus)这个词几乎强迫性地出现在 17 世纪成百上千的科学著作的标题中:从弗朗切斯科·帕特里齐(Francesco Patrizi)的《新宇宙哲学》(*Nova de universis philosophia*)和罗伯特·诺曼(Robert Norman)的《新吸引》(*Newe Attractive*),到培根的《新工具》(*Novum Organum*),甚至是开普勒的《新天文学》(*Astronomia Nova*)和伽利略的《关于两门新科学的谈话》(*Discourses on Two New Sciences*),皆是如此。

　　一种与其他文化形态有着结构性不同的认识形式在那些年扎根和成熟起来,并且费力地创造出自己的制度和词汇。这种认识需要"明智的实验"和"确凿的证据",并首次要求将这两种复杂的东西结合起来,使它们密不可分地交织在一起。所有论断都必须是"公开的",或者可以被其他人确证;必须将它们展示给其他人加以讨论并提出可能的反驳。这时,有些人会承认自己错了,无法证明自己阐述的内容,在别人的证据面前认输。这显然不会经常发生,因为变革的阻力很强大(对所有群体都是如此),但那时人们已

经明白，一个命题的真理性并不依赖于其作者的权威，也绝不依赖 4
于启示，这为今天仍然被欧洲人视为不可剥夺的权利的理想遗产
作出了贡献。

一场革命及其历史

　　现代科学的诞生一直被（合理地）称为一场"科学革命"。革命
有这样的特征：它并不只是着眼未来，产生以前没有的东西，而且
还构想了一个往往负面的过去。例如，启蒙运动《百科全书》的导
言，甚至是卢梭《论科学与艺术》(*Discourse on Science and Art*)的
开篇，都显示了 18 世纪末往往将中世纪定义成一个黑暗时代，即
"重新陷入一种不开化状态"，后被辉煌的文艺复兴时期所终结。

　　历史学家原则上并不接受"假想的过去"，甚至会质疑某些人
试图将自己置于历史过程之中。自 19 世纪中叶以来，一般被称为
"中世纪"的、其间发生了若干次伟大思想革命的一千年历史得到
了细致的研究。今天我们知道，中世纪作为一个野蛮时代的神话，
是由人文主义者和现代性的缔造者们所构建的。在中世纪，人们
建造了许多美丽的教堂、主教座堂、修道院和风车；用重犁耕田；发
明了马镫，这把古典神话中的半人半马怪物变成了封建领主，从而
改变了战争的性质和欧洲政治(White,1962)。

　　城市人口日益增长，成为商业贸易和知识交流的中心。伟大
的中世纪哲学使我们联想起基督教、拜占庭、希伯来、阿拉伯等不
同文化传统的交汇融合(De Libera,1991)。正是在这种背景下，
大学建立起来，知识分子的形象得以确立，他们在 12、13 世纪渐渐

被视为从事某种职业和某种劳动的个人,其具体任务就是生产和传播"自由技艺"(Le Goff,1993)。12 世纪末,博洛尼亚、巴黎和牛津都建立了大学,在接下来的一百年里,大学数量不断增多,在14、15 世纪则遍布整个欧洲。大学成为一种知识的特许之地,这种知识被认为应当得到社会认可和酬劳回报,并且拥有自己精心制定的法律(Le Goff,1977:153—170)。与修道院或主教座堂的学校不同,大学是"一般学校"(*stadium generale*),拥有由一个"普遍"(universal)权威(比如教皇或皇帝)确立的严格的法律地位。教师们可以在任何地方教学(*licentia ubique docendi*),学生们可以自由流动,这在很大程度上为建立统一的罗马天主教文化作出了贡献。拉丁语被用作学术交流的语言,使中世纪大学成为一些国际研究中心,人可以在其中自由流动,思想可以迅速传播(Bianchi,1997:27)。所谓的"经院方法"(基于"讲课"[*lectio*]、"疑问"[*quaestio*]、"论辩"[*disputatio*])给欧洲文化打上了不可磨灭的烙印。的确,要想理解从笛卡尔开始的许多现代哲学家,就必须回到他们激烈反对的那些作者的文本。

中世纪的哲学和科学已经得到广泛研究,其话题远远超出了文化的世俗化以及教会对许多哲学理论的谴责。例如,一些学者认为,默顿学院(Merton College)的学者(比如布雷德沃丁[Bradwardine])、"巴黎物理学家"(比如尼古拉·奥雷姆[Nicole Oresme]和让·布里丹[Jean Buridan])与伽利略、笛卡尔和牛顿的工作之间有很大的连续性。因篇幅所限,我这里无法讨论皮埃尔·迪昂(Pierre Duhem)或马歇尔·克拉盖特(Marshall Clagett)所给出的解释(Duhem,1914—1958;Clagett,1959),而只是列举一些持相反论点的理由,也就是说,中世纪科学传统与现代科学之间有很大的非连续性,这种非连续性令人信服地证明,使用"科学革命"这一表述是完全正当的。

(1)现代科学家和中世纪哲学家对自然持有截然不同的看法。与前人不同,现代科学家认为自然物和人工物之间并无本质差别。

(2)现代科学家在人工条件下研究自然:亚里士多德主义者用日常世界的经验来例证或阐明理论,而现代科学家的"经验"则是人为制造出来的实验,旨在证实或证伪理论。

(3)现代人的科学知识类似于探索新大陆,而中世纪思想家的科学知识则更像是按照成文规则对问题进行耐心的探究。

(4)与现代人的批评相比,经院知识似乎未能质疑自然,而只能问自己,并且总能提供令人满意的回答。那个传统中有老师和徒弟的位置,但没有发明家的位置。

(5)现代科学家,尤其是伽利略,以在中世纪传统中闻所未闻的"自由"和"方法论机会主义"(methodological opportunism)来工作(Rossi,1989:111—113)。中世纪对绝对精确性的要求阻碍而不是促进了对一种数学自然科学的创造。伽利略不断发明越来越精确的计量制,但"把关注焦点从理想的精确性转移到可以通过现有仪器实现的目标所要求的精确性[……]这个使人不能正常活动的绝对精确性神话,是14世纪思想家无法从抽象演算发展到对自然现象进行实际定量研究的原因之一"(Bianchi,1990:150)。

不过,我之所以坚持把现代科学看成一场思想革命,其原因并不在于这份简短的清单,而在于下面的内容。

关于本书

我很荣幸应雅克·勒高夫(Jacques Le Goff)之邀写一本题为《现代科学在欧洲的诞生》(*La nascita della scienza moderna in Europa*)的书[①]。欧洲出版商规定了 85000 字或 300 页、每页 1800 字的严格限制,这是无可非议的。我超出了一些,但超的不是太多。

哪怕仅仅是列出从哥白尼诞生到牛顿去世的所谓科学家(使用一个 19 世纪的术语),以及在科学史教科书上值得一提的人物清单,也得好多页的篇幅。而若要列出他们最重要的一两项贡献,结果将会非常惊人。

因此,我从一开始就不谋求内容的完整,结果也未去编写一部科学史教科书。此外,我想与读者分享一下我所作的一些选择,以告知读者书中的内容,并澄清我的观点。

本书涵盖了新天文学、借助于望远镜和显微镜所作的发现、惯性原理、真空实验、血液循环、微积分的伟大成就等话题,但各章也阐述了在"革命"过程中起核心作用的伟大观念和主题:对秘密的知识概念的拒斥,对技术的新评价,我们对世界的认识的假说性或现实性,尝试运用机械论哲学的模型(甚至用于人的世界),神作为工匠或钟表匠的新形象,以及把时间维度引入自然研究,等等。

在方法上,我认为构成任何科学核心的具体理论并非特定社

① 本书按照英译本将标题译为《现代科学的诞生》。——译者

会历史条件的反映。我确信（我所有的工作都是朝这个方向努力 ⁷
的），历史与呈现在文化中的科学的形象（即关于科学是什么和应
当是什么的讨论）有很大关系。在许多情况下，这些形象影响了对
特定理论的接受或它的成功。某些科学形象常常被用来定义科学
的界限，或者将科学与魔法、形而上学或宗教区分开来。在此基础
上，也可以从无数问题中选择和解决某些问题。

　　今天似乎已经被生物学和物理学的教科书牢固确立和传播的
东西——看似显然和自然的东西——其实是选择、挑选、对比和取
舍的结果。那些取舍和选择在最终编纂之前是真实的，而不是虚
构的。每一项选择都涉及挑选、对比和拒斥，有时是以非常戏剧化
的方式。

　　我希望本书能清楚地说明以下几点：连续论仅仅是一种被强
加于实际历史的平庸的历史哲学；历史研究从未发现单一范式的
阶段或单一面向的时期；理论、科学传统和科学形象之间的批判性
对话一直是（并将继续是）持续不断的；17世纪的科学同时是帕拉
塞尔苏斯的、笛卡尔的、培根的和莱布尼茨的；非机械论模型在意
想不到的地方也很强大；问题和潜在研究领域的出现与哲学和形
而上学方面的讨论密切相关；在个别研究领域，科学家的形象在不
同时代以不同的方式出现，因为在某些情况下（比如在数学和天文
学中）我们会诉诸古代传统，而在一些情况下，我们会谈到特定的
古代传统，在另一些情况下，认知活动和实验活动所具有新的或
"他样的"特性也是至关重要的。

　　历史学家不仅要提醒读者，而且还要提醒当时的学者、哲学家
和科学家一种看似显然的东西。这种东西之所以需要不断被提

醒，是因为每个人（甚至是最细致的哲学家和科学家）都有一种几乎无法遏制的倾向要忘记它：所有在现代科学诞生时期工作、思考、提出理论和做实验的人都生活在一个与我们截然不同的世界里，今天看来属于完全无法相容的文化世界的观点却共存于这个世界。例如，17 世纪不仅见证了繁荣兴旺的炼金术，也见证了非凡的数学创造力。牛顿既是微积分的伟大创造者之一，同时也写了一百多万字（篇幅约为本书的十倍）的炼金术手稿。17 世纪的科学家们并不知道我们今天认为显然的东西，"17 世纪的炼金术是垂死植物的最后一朵花，而 17 世纪的数学则是顽强的多年生植物的第一朵花"（Westfall，1980：290，23）。

不过我认为，我们所谓的"科学"在那时获得了一些保存至今的基本特征，科学的创始人们正确地认为这是人类历史上某种全新的东西：一项致力于认识和探索世界的不断扩展的集体事业。这项事业当然不是也从未被认为是无辜的，与政治、艺术、宗教和哲学的理想不同，它已成为世界历史上一种非常强大的统一力量。

本书不是为科学史家或科学哲学家写的，而是为那些开始对思想史和复杂的、激增的、迷人的科学哲学对象感兴趣的年轻人而写的。我特别想到了这样一些读者，其中包括我的一些好友，他们一直致力于"人文"研究，认为科学很"枯燥"，从心底里相信科学与文化和文化史无甚关联。他们关于科学及其历史的形象是 20 世纪的许多哲学家（往往是著名哲学家）曾经加强和倡导的还原论式的，而且——往往在不知情的情况下——和 20 世纪初一样谈论科学的破产。

　　由于以下内容试图对我 40 多年前开始的关于科学革命的某些主题的研究作出综合（以及修正），如果要致谢许多朋友和现在已经不再年轻的学者，名单就太长了。于是，我转而把本书献给我亲爱而坚定的、意外降临的孙女乔吉娅，她和祖母安德莉娜有着同样迷人的蓝眼睛。

1997 年

当克里斯托弗·哥伦布和葡萄牙的麦哲伦讲述他们在旅途中怎样迷了路时，我们不仅会谅解他们，还会因为我们没能理清他们的叙述而感到遗憾，假如没有他们的这些叙述，便毫无乐趣可言。因此，如果我出于对读者的热爱而遵循他们那样的方法，我应不至于受到责备吧。

——约翰内斯·开普勒:《新天文学》(*Astronomia nova*,1609)

第一章　障碍

忘记已知的东西

相比于人类心灵的永恒结构，历史学家对人类心灵在不同历 9
史时期的不同运作方式更感兴趣。为了理解不同的思维方式，我
们必须设法忘记已知或自认为知道的东西。为此，必须使用在过
去（被推理和研究所支持）的有效性就像数学物理学原理和天文学
数据对于我们来说一样的思维方式或形而上学原则（Koyré，
1971:77）。用托马斯·库恩（Thomas Kuhn）的话说，必须设法忘
记"由之前的经验和教育所带来的思维模式"（Kuhn，1980:183）。

"认识论障碍"（*epistemological obstacle*）一词是法国哲学家
加斯东·巴什拉（Gaston Bachelard）在 20 世纪 30 年代创造的，指
的是从一般知识和科学知识中引出的一些信念，它们倾向于防止
科学知识发展中的任何断裂和不连续性，从而成为断言新真理的
强大障碍。巴什拉所问的问题使科学史得以更新，将它从"一系列
令人愉快的发现"转变为艰辛的理性之路的历史。

我们可以用一个具体的例子来帮助说明巴什拉的几个核心概
念。这些概念包括：（1）认识论障碍；（2）科学与常识实在论的差
异；（3）基于对同一些词的使用的、错误的历史连续性观念。在 19

世纪之前,为了照明必须燃烧某种物质,这似乎是理所当然的。但爱迪生发明的电灯阻碍了某种物质的燃烧。它不是为了避免空气影响火焰,而是为了在灯丝周围创造真空。古代的灯和现代的灯

10 只有一个共同点:都是为了战胜黑暗。只有从日常生活经验的角度来看时,才能用同样的名称来称呼它们。实际上,技术革新涉及复杂的燃烧理论,而燃烧理论又涉及同样复杂的氧气发现史(Bachelard,1949:104;Bachelard,1938)。

物理学

今天的中学生就能区分物体的重量(随着与地球的距离而变化)与质量(在爱因斯坦之前的经典物理学中,在宇宙各处都相同),知道牛顿第一定律或惯性原理,因此知道在没有外在阻力的情况下,需要用一个力来阻止作匀速直线运动的物体,因此,匀速直线运动和静止一样是物体的一种"自然"状态。他们也知道牛顿第二定律,根据该定律,与施加的力成正比的是加速度而不是速度(这不同于亚里士多德的断言,即给定的力赋予物体以确定的速度)。此外,他们还知道一些在古代物理学中完全无法设想的东西:恒定的力赋予物体以变化的速度(匀加速),而且无论多么小的力都可以对无论多么大的质量起这种作用。今天的中学生也知道,任何圆周运动都是加速运动,圆周运动绝非永恒天界运动的原型,而且与牛顿之前的物理学和伽利略本人的看法不同,他们知道圆周运动并不是"自然的",而是可以用向心力来解释,这种向心力会导致物体持续偏离它在没有这种力的情况下所沿的直线路径。

从晚期经院哲学对冲力(*impetus*)理论的设计起草到牛顿在《自然哲学的数学原理》中的清晰阐述,物理学史是一场深刻的概念革命史,它从根本上改变了运动、质量、重量、惯性、重力、力和加速度等概念。由此不仅产生了一种新的方法,而且对物理宇宙有了一种新的理解,并以新的方式来确定自然认识的目标、任务和目的。

要想建立伽利略和牛顿的所谓"经典物理学",必须努力摆脱一些信念,这些看似自明的信念构成了现代科学基础的巨大障碍。这种自明性不仅植根于古老而牢固的思想传统,而且更接近所谓的常识。事实上,以下三种被现代科学所拒斥的一般信念似乎都是对经验观察的合理概括: 11

(1)物体因为重而下落,趋向于其位于宇宙中心的自然位置。因此,运动是内在的,物体越重,下落就越快。下落速度与重量成正比:如果 1 公斤的球和 2 公斤的球同时下落,那么 2 公斤的球将先落地,1 公斤的球将需要两倍的时间才能到达地面。

(2)物体在其中移动的介质是运动现象的一个至关重要的要素,确定落体速度时必须加以考虑。自由落体的速度(与重量成正比)一般被认为与介质的密度成反比。真空(无密度的空间)中的运动将是瞬时的,速度将是无限的:一个物体可以在同一瞬间处于几个位置。这些都是反驳真空存在的有力论据。

(3)由于所有运动者都被别的东西所推动(*omne quod movetur ab alio movetur*),所以物体的受迫运动是由一个作用于它的力产生的。运动需要一个推动者来发动和维持。物体的持续静止状态不需要解释,因为静止是物体的自然状态。任何种类的运动,无论自然的还是受迫的,都是不自然的和暂时的(除了"完美的"天界旋转),一旦不再施加力,它就会停下来;施加的力越大,运动就越快。当施加的力固定时,物体重量越大,运动就越慢。当这个力不再施加时,运动就停止了:"原因停止,结果就停止"(*cessante causa*, *cessat effectus*),当马停下来时,马车就停下来了。

　　所有这三种概括都源于日常经验,例如羽毛和石头的下落,以及马车的运动。它们还与一种拟人化的世界观相关联,在这种世界观中,人的感受、行为和知觉被当作实在性的直接标准。古代物理学的"错误"深深地扎根于我们的生理学和心理学之中。笛卡尔在《哲学原理》(*Principia philosophiae*,1644)中问道,为什么我们通常会认为运动比静止需要更大的作用? 他写道,我们"从生命之初"就犯这个错误,因为我们习惯于按照自己的意愿来移动身体,而身体之所以意识到自己是静止的,仅仅是因为"它以其重量附着在地球上,我们感觉不到它的力"。由于这种重量会抵抗身体的运动,使我们移动肢体时感到疲劳,因此"我们会以为,产生运动比阻止运动需要更大的力和作用"(Descartes,1967:Ⅱ,88)。

　　而现代科学并非基于对经验观察的概括,而是基于能够摆脱常识、情感和直接经验的抽象分析。使物理学的概念革命成为可能的乃是物理学的数学化,伽利略、帕斯卡、惠更斯、牛顿和莱布尼茨都为它的发展作出了决定性的贡献。

宇宙论

　　现在,让我们考察哥白尼、第谷·布拉赫、笛卡尔、开普勒和伽利略所摧毁的持续了上千年的传统宇宙体系的其他一些基本内容。

首先，必须区分天界与地界，自然运动与受迫运动。在亚里士多德的哲学中，地界或月下世界由土、水、气、火四种简单元素混合而成。单个物体的重性或轻性取决于所包含元素的比例，因为土和水有向下的自然倾向，气和火则有向上的自然倾向。元素的运动或混合造成了月下世界的生灭变化。重物的自然运动向下，轻物的自然运动向上：向上和向下的直线运动（被认为是绝对的而不是相对的）取决于物体达到其自然位置的自然倾向。物体在空中下落、火焰升起、浮在水面上的气泡等日常经验都可以确证这种理论。但经验也不断向我们展示其他运动：在空中向上抛出的石头，用弓箭射出的箭，被风向下吹的火焰。这些都是由外力作用所引起的受迫运动，违反了物体的本性。原因停止，结果就停止：当力停止时，物体就倾向于回到其自然位置。

亚里士多德物理学的运动概念不同于现代物理学的运动概念。运动被一般地定义为任何从潜能到现实的转变。对亚里士多德来说，"运动"包括空间中的运动、性质的变化、存在领域的生灭。这种"运动"既包括物理现象，也包括今天我们所谓的化学现象或生物现象。运动不是一种状态，而是一种变化或过程。运动物体不仅改变与其他物体的关系，它自己也会在运动中发生变化。运动是一种影响物体的性质。

地界是一个充满生灭变化的世界，而天界则是永恒不变的。13
天界的运动是规则的，那里没有生灭，一切都是不变和永恒的。围绕地球运转的恒星和行星（其中一颗是太阳）并不是由构成月下世界物体的元素组成的，而是由以太或第五元素组成的，以太坚实透明、如水晶一般、没有重量、不发生变化。天球也由这种物质所组成。太阳、月亮和其他行星（像"木板上的节疤"一样）被固定在这些旋转天球的赤道上。

　　天球和天体规则而持续的匀速圆周运动与地界不规则的、暂时的直线运动相反。圆周运动是完美的，因此符合天界的完美性。它没有开始和结束，不朝向任何地方，而是永远回到自己，直至永恒。除了地界（或月下世界），以太充满了整个宇宙。宇宙以恒星天球为界，因此是有限的。神圣领域或第一推动者携带着恒星，产生的运动通过接触传递给其他天球，并最终传到天界的内边界——月亮天球。地球凭借本性不能作任何圆周运动，它在宇宙中心固定不动。地球的中心性和不动性不仅得到了明显日常经验的支持，而且也是整个亚里士多德物理学的基础。

　　亚里士多德所设想的宏伟的天界机器在接下来几个世纪被多次修改，变得越来越复杂，实际上是把实际的物理世界替换成了尼多斯的欧多克索（Eudoxus of Cnidus）在公元前 4 世纪上半叶详细阐述的纯粹几何的抽象模型。欧多克索的天球并不像后来亚里士多德的天球那样是真实的物理实体，而是纯粹的数学虚构，旨在借助一种思想构造来描述可感现象，从而解释行星的运动、"拯救现象"或证明现象是合理的。

　　事实证明，被理解成构造假说的天文学与试图描述实际现象的天文学之间的这种对立有重大意义。在亚历山大里亚成为哲学和科学文化中心的时期，宇宙论和物理学与纯粹"计算性的"数理天文学之间的分离变得越来越显著。从公元 2 世纪生活在亚历山大里亚的古代大天文学家克劳狄乌斯·托勒密（Claudius Ptolemy）

的理论中，我们明显看到了这种分离。他的《天文学大成》（*Syntaxis*），通常被称为《至大论》（*Almagest*），在一千多年里一直是占星学知识和天文学知识的基础。

亚里士多德的天球是真实的、坚固的、水晶般的实体。托勒密——在开始解释行星运动之前总是先说"想象一个圆"——所描述的偏心圆和本轮在物理上并不存在。正如普罗克洛斯（Proclus，410—485）所说，它们只是描述行星运动的最简单的方法。托勒密把天文学当作数学家而不是物理学家的研究领域。然而，直到哥白尼时代仍然本质上稳固的复杂宇宙图景并不能归结为目前讨论的任何一种学说。它实际上是亚里士多德物理学与托勒密天文学的混合，被植入了一种在很大程度上受到新柏拉图主义潮流的神秘主义、占星学观点、教父神学和经院哲学影响的宇宙论。要想明白这一点，只需想想托马斯·阿奎那（Thomas Aquinas，1225—1274）的宇宙，或者但丁（1265—1321）在《神曲》中描述的宇宙，在那里天球对应着各种天使力量。

接下来以非常简化的形式列出了为建立一种新天文学而必须反驳和抛弃的前提条件。

（1）天界物理学和地界物理学之间原则上的区分，源于宇宙被分成了两个区域，一个完美，另一个会发生变化。

（2）由此确信天的运动必定是圆周运动。

（3）认为地球固定于宇宙的中心，这得到了一系列看似无可辩驳的论据的支持（否则物体和动物会因为地球的运动而被抛到空中）和《圣经》文本的确证。

（4）与自然位置学说相联系，相信宇宙是封闭而有限的。

(5)与自然运动和受迫运动之间的区分密切相关,相信物体的静止状态无须解释,而任何运动必须被解释成要么依赖于物体的形式或本性,要么是产生或保持运动的推动力所造成的。

(6)天文学的数学假说与物理学之间的分离日益增大。

大约从 1610 年到 1710 年的一百年时间里,以上每一条假设都得到了讨论、批判和反驳。经过曲折迂回的过程,一幅新的物理宇宙图景最终在艾萨克·牛顿的著作中得以形成,自爱因斯坦以后,我们将这座大厦称为"经典物理学"。但这种拒斥预设了对心灵图像和解释范畴的彻底推翻,并且蕴含着对自然和人在自然之中位置的重新思考。

卑贱的力学

15　　　在现代科学艰难的形成时期,除了巴什拉注意到的与知识和"看世界"的方式有关的那些障碍,还有一些观点也构成了难以克服的障碍,它们与社会结构、劳动组织以及对学者的社会评价有关,并且主导着产生和传播知识的组织。这其中的一些观点,也的确是很难跨越的障碍。

17 世纪的科学革命植根于技术与科学的相互渗透,这种相互渗透(无论是好是坏)给整个西方文明打上了烙印。它在 17、18 世纪成形,然后传播到整个世界,这种形式并不见诸古代和中世纪文化。希腊词 *banausia* 的意思是机械技艺或手工劳动。在柏拉图的《高尔吉亚篇》(*Gorgias*)中,卡利克勒斯(Callicles)宣称机械制造者是卑贱的,应当被蔑称为 *bánausos*,也没有人会把自己的女儿嫁给这样的人。亚里士多德将"力学家"从公民花名册中除名，他们与奴隶的区别仅仅在于，力学家服务于多个人的需求，而奴隶只服务于一个人的需求。奴隶与自由人的对立渐渐让位于技术与科学的对立，实用知识与沉思真理的知识之间的对立。对被认为天然低人一等的奴隶的鄙视扩展到他们所从事的活动上。七种自由技艺，即三艺（语法、修辞、逻辑）和四艺（算术、几何、音乐、天文），之所以被称为自由的，是因为它们是自由人所实践的技艺，而不是从事机械技艺或手工技艺的非自由人或奴隶所实践的技艺。根据亚里士多德的说法以及在亚里士多德主义传统中，只有不服务于外在目的的知识才能使人认识到人之本质。对"智慧"（*sophia*）的实践需要富足和生活必需品的保障。机械技艺虽然是哲学的必要前提，但被视为较低的知识形式，属于物质的感觉世界，并与实用和手工相关。正如斯多亚派和伊壁鸠鲁派的哲学以及后来阿奎那的思想所表明的，有智慧的学者的理想更符合那些终生致力于沉思、（对基督教思想家来说）期待获得真福（*beatitudine*）的人的形象。

鉴于这些考虑，意义重大的是：15 世纪的许多作者却赞美行 16 动的生活，布鲁诺在其著作中赞美了双手，16 世纪的许多工程学著作或机器制造著作都为机械技艺辩护，培根和笛卡尔也重复了这种观点。

在文艺复兴时期最著名的技术著作之一《矿冶全书》（*De re metallica*，1556）中，格奥尔格·阿格里科拉（Georg Agricola）为冶金术作了热情的辩护。许多人认为，冶金术与自由技艺相比是"无价值和卑贱的"，冶金是卑下的劳动，"对于自由人或诚实可敬的绅士而言是可耻和不诚实的"。但阿格里科拉却认为，"采矿者"

必须善于确认地形,寻找矿脉,区分各种矿石、宝石和金属。他将需要哲学、医学、测绘、建筑、设计和法律等方面的知识。技术工作与科学家的工作是分不开的。对于将论证基于自由人与奴隶之间的对立的那些持相反看法的人,阿格里科拉指出,曾几何时,奴隶从事过农业,为建筑作出过贡献,甚至有不少人成为著名的医生(Agricola,1563:1—2)。

1577 年,在佩萨罗(Pesaro)出版的《力学之书》(*Mechanicorum libri*)中,圭多巴尔多·德尔·蒙特(Guidobaldo del Monte)基于类似的论证作出了同样的辩护。在意大利的许多地方,"为了表达对别人的嘲讽,可以称其为'力学家',被称为'工程师'也会惹人愤慨"。事实上,"力学家"意指"一个能力高超的人,他知道如何用手用心制成美妙的作品"。阿基米德主要是一位力学家。成为力学家或工程师"是一个有尊严的高贵的人的职责,'mechanico'源自希腊语,指某种通过精湛技艺制造出来的东西,包括建筑、装置、仪器或者需要科学、技艺和实践来制作的美妙作品"(Guidobaldo,1581:《致读者》)。

为了理解这种对技术文化价值的"辩护"的意义,应当记住,1680 年出版的里什莱(Richelet)的《法语词典》(*Dictionnaire français*)仍然将"力学"(*mécanique*)定义为:"力学在技艺中是指与自由和荣耀相反的东西,具有低劣、不雅、与体面之人不相配等含义。"卡利克勒斯的论题在 17 世纪依然存在:卑贱的力学是一种侮辱,可能惹得一位绅士拔出剑来。

从 16 世纪中叶到 18 世纪中叶,关于机械技艺的争论非常激烈,这与欧洲文化的几个重大主题相关联。艺术家和实验家的作品,还有工程师和技工的著作,传播了关于劳动、技术知识的功能以及改变自然的人工过程的意义的新观点。在哲学领域,也渐渐出现了一种与传统大不相同的对技艺的评价:技工和工匠用来改变自然的一些过程有助于认识实际的自然,以及(在与传统哲学的明确争论中)显示"运动中的自然"。

　　只有在这种背景下,潜藏在伽利略伟大的天文学发现背后的立场才变得有意义。1609 年,伽利略将他的望远镜指向了天空。具有革命性意义的是,伽利略信任一种诞生于力学环境下、仅仅出于应用才得到改进的仪器;它虽然被认为具有某些军事用途,却被官方的科学界所忽视(即使不是被贬低)。望远镜是荷兰工匠发明的。伽利略重建了望远镜,1609 年 8 月在威尼斯对它做了展示,后将它作为礼物送给了威尼斯共和国的总督府。在伽利略看来,望远镜并不仅仅是服务于宫廷娱乐或直接被军方使用的诸多奇特仪器之一。他将望远镜指向天空是有方法论考虑的,其科学心态将望远镜变成了一种科学工具。为了相信望远镜所揭示的东西,必须相信它不会扭曲视觉,而会增强视觉。必须相信这种仪器是一种知识来源,必须放弃古代那种根深蒂固的人类中心主义观点,即只有人眼的自然观看才是知识的绝对标准。将仪器引入科学世界、将其视为真理的来源绝非易事。在今天的科学中,"看"几乎总是意味着诠释由仪器产生的迹象。我们今天在天空中看到的东西背后是一种独特的思想勇气。

　　为机械技艺辩护,反驳那种认为它不值得尊敬的指责,拒绝将文化视野局限于自由技艺,拒绝将实际操作等同于卑贱的工作,实际上意味着对千百年来科学形象的抛弃,以及"知"与"做"之间基本区分的终结。

第二章　秘密

"丢在猪前的珍珠"

18　　在《马太福音》(7:6)中,耶稣说:"不要把圣物给狗,也不要把你们的珍珠丢在猪前,恐怕他践踏了珍珠,转过来咬你们。"宝贵的东西肯定不是给所有人的,真理应当保密,传播真理是危险的。数个世纪以来,许多学者都认为,这就是福音书的立场。

　　数个世纪以来,认为存在着关于至关重要的事物的秘密知识(传播它们会带来灾难性的后果),这种观念成了欧洲文化中的一种主导范式。只有这种保密范式的广泛传播、持久性和历史连续性,才能解释所谓现代性的奠基们的许多文本中那种强硬和挑起争论的力量:他们异口同声地拒绝接受这种保密所基于的那种区分,即"真正的人"或极少数有学识的人与"混杂的人"(*promiscuum hominum genus*)或无知的大众之间的区别。

秘密的知识

　　知识的交流和传播以及对理论的公开讨论(这在今天是司空见惯的)并不总被认为有价值。相反,它们已成为价值。自欧洲思想之初,交流的重要性就一直与另一种知识形象相冲突,即作为"开示"和"秘传"的知识应该只让少数人知道。

被归于亚里士多德的《秘密的秘密》(*Secreta secretorum*)在中世纪广为流传。亚里士多德以书信形式向他的学生亚历山大大帝透露了留给他最亲密弟子的医学、占星学、相面术、炼金术和魔法的秘密。这一文本被林恩·桑代克(Lynn Thorndike)称为"中世纪最流行的书",在欧洲图书馆中有500多个抄本。这些关于秘密的文献虽然一直游离于中世纪的大学之外,但在新文化的伟大倡导者当中却广为流传。罗吉尔·培根(Roger Bacon)在13世纪末论述了一种"实验科学"(*scientia experimentalis*),正如林恩·桑代克正确指出的,其内容有三分之二是保密的,不能传给庸俗的大众:"贤哲要么在其作品中略去了这些内容,要么用比喻的语言来隐藏它们[……]。正如亚里士多德在其秘密之书中以及他的老师苏格拉底所教导的那样,科学的秘密不会写在羊皮上让众人发现。"(Eamon,1990:336)

人有两类:简单无知的大众和极少数被选者,后者能够辨识出隐藏在文字和符号背后的真理,从而知晓神圣的奥秘。这种起源于诺斯替主义和阿威罗伊主义的区分,与赫尔墨斯主义的世界观和历史观紧密联系在一起。它在公元2世纪的《赫尔墨斯秘文集》(*Corpus Hermeticum*)的14篇文献中得到明确阐述,马尔西利奥·菲奇诺(Marsilio Ficino,1433—1499)在1463年至1464年间将其译成拉丁文。从1471年到16世纪末,这些文本出了16版,此前已经以抄本形式广为流传。菲奇诺(以及之后的整个16世纪和17世纪初)将这些文本归于传说中的三重伟大的赫尔墨斯

(Hermes Trismegistus)，据说他是埃及宗教的创始人，与摩西同时代，还间接教导过毕达哥拉斯和柏拉图。这些文本在 15 世纪末和 16 世纪重新唤起了人们对魔法的兴趣，直到 17 世纪中叶一直深刻影响着欧洲文化。《赫尔墨斯秘文集》将古代和中世纪伟大的魔法和占星学思想遗产纳入了一个宏大的有机论的柏拉图主义-赫尔墨斯主义框架。其突出特征是：寻找差异背后的统一性；渴望调和差异；需要在"一即一切"中达到完全和解。

在那时的人看来，自然哲学与神秘知识之间、认识自然和收集经验的人与像浮士德一样把灵魂出卖给魔鬼以认识和掌控自然的人之间的界限是流动易变的。魔法传统所理解的自然不仅是一种充满空间的连续而同质的物质，而且也是一个自身拥有灵魂的活的整体，该灵魂是其内在自发活动性的本原。对于公元前 5 世纪的爱奥尼亚学派的思想家来说，这种灵魂物质"充满了精灵和神灵"。世界上的每一个物体都充满了将它与万物联系起来的隐秘20 的共感（sympathies）。物质中充满了神。星辰是神圣的生物。世界是神的形象或反映，人是世界的形象或反映，大宇宙与小宇宙（人就是一个小宇宙）之间存在着精确的对应。植物和森林是世界的毛发，岩石是世界的骨头，地下水则是它的血管和血液。位于世界中心的人是世界之脐。作为宇宙的反映，人能够揭示和理解那些秘密对应。魔法师能够参透这个无限复杂的对应系统和包含整个宇宙的中国套箱。他们知晓从上到下的对应链条，知道如何通过祈求、数字、形象、名称、声音、和弦和护身符构建一条连续的上升之链。将世界的各个部分牢牢联系在一起的纽结是爱，菲奇诺认为"它们被一种相互的爱彼此联系起来，[……]就像动物的肢体被一种独特的融合方式统一在一起一样"。活力论和泛灵论、有机论和拟人论是魔法思想的基本范畴。正如弗洛伊德和卡西尔清楚地看到的，其主导思想是我与世界的同一和"思想全能"。

魔法的世界是封闭和包含一切的，既不容易被破坏，也不会遭到拒绝。魔法师所做的奇妙之事难道不是证明他们属于被选者吗？被选者与俗众之间的区分难道不是必然预设了保密态度，即最深的真相必须隐藏起来，直至显得不可识别吗？它的程序之所以显得极为复杂，难道不正是因为无法被大多数人理解吗？其术语的含混和影射难道不是因为程序非常复杂，需要将这些知识留给少数人吗？真理最终不能借助于所使用的语言，而应脱离这种语言来理解，这难道不是恰好证明真理属于少数被选者吗？

常有人说，魔法总可以归结为心理学或宗教。但魔法既不符合心理学或宗教，也不符合神秘主义。正如在占星学中，复杂的计算和拟人化的活力论并存，在魔法和炼金术中，神秘主义和实验主义也并存。在我们今天看来，文艺复兴时期的魔法书似乎包含着一些奇特的组合。我们在同一本书中会发现光学、力学和化学的内容，药物配方，关于如何制造机器和机械游戏的专业说明，书写加密方法，食谱，鼠药配方，对渔民、猎人和农夫的建议，关于卫生、壮阳药、性和性生活的建议，形而上学片段，对神秘主义神学的反思，埃及人和圣经先知的智慧，关于古典哲学和中世纪导师的内容，还有对魔法师的建议。不仅如此，魔法还与千禧年、文化变革和彻底政治革新的渴望深深地联系在一起，只要想想布鲁诺、科内利乌斯·阿格里帕（Cornelius Agrippa）和托马索·康帕内拉（Tommaso Campanella）就可以知道。

炼金术和魔法的语言之所以模糊不清和充满暗示,是因为秘密知识很难用清楚而直接的语言明确表达出来。因此,那种语言充满了语义的曲折、隐喻、类比和暗示并非偶然,而是结构上的考虑。例如,炼金术士费拉拉的波诺(Bono of Ferrara)写道:"任何古人都无法通过其自然禀赋理解这门技艺的神圣对象,无论凭借自然理性,还是凭借经验,因为它超越了理性和经验,如同一个神圣的奥秘。"(Bono of Ferrara,1602:123)

炼金术士并未谈论具体的金和硫。一个对象从不单单是它本身,而且也是其他东西的符号,承载着超越其存在层面的实在。因此,今天阅读炼金术著作的化学家"会和希望从共济会(freemasonry)作品中找到实际操作建议的砖石工(mason)有同样的体验"(Taylor,1949:110)。通过理解这门技艺的秘密,初入门者"证明自己属于觉悟的群体"。费拉拉的波诺写道:所有热爱这门技艺的人"互相理解,仿佛在说一种别人听不懂、只有他们自己才能理解的共同语言"(Bono of Ferrara,1602:132)。在《亚当的魔法》(*Magia adamica*)中,托马斯·沃恩(Thomas Vaughan)指出,知识是由异象和启示组成的,只有通过神的光照,人才能全面认识宇宙(Vaughan,1888:103)。

"动物人"(*homo animalis*)与"灵性人"(*homo spiritualis*)之间的区分,简单的人与有学识的人之间的划分,变成了将知识的目的等同于个人的拯救和完满。科学与灵魂的净化相一致,成为逃避尘世命运的一种手段。直觉知识高于理性知识,对事物的隐秘认识被等同于摆脱罪恶:"我这部作品是为你们这些知识和智慧之子写的。认真阅读它,收集分散在书中各处的智慧。隐藏在一处的东西,我已在另一处将其显示出来[······]。本书只为你们而作,你们精神纯洁,心灵质朴,你们坚定的信仰在敬畏和荣耀着上帝[······]。只有你们能够发现我留给你们的东西。如果没有隐秘的智慧,就无法揭示隐藏在神秘中的秘密。如果你们拥有这种智慧,整个魔法科学都将展现在你们眼前,赫尔墨斯、琐罗亚斯德(Zoroaster)、阿波罗尼奥斯(Apollonius)和其他创造奇迹的人所拥有的能力都将向你们显示。"(Agrippa,1550:Ⅰ,498)

"为了崇拜和荣耀向预定得救者透露了知识秘密的至高全能的上帝"(*Ad laudem et gloriam altissimi et omnipotentis Dei,cuius est revelaresuis praedestinatis secreta scientarum*):保密主题在《贤哲的目标》(*Picatrix*)①的开篇就出现了,并且一再重复。哲学家们小心翼翼地将魔法隐藏在秘密文字背后,这样做是为了他们自己:"如果这种知识被透露给人,就会使宇宙混乱"(*si haec scientia hominibus esset discoperta,confunderent universum*)。科学可以分成公开和隐藏两部分。隐藏的部分很深刻,因为论述宇宙秩序的文字是亚当从上帝那里获得的,只有极少数人能够理解(Perrone Compagni,1975:298)。

关于保密主题,引人注目的不是形式的多样性,而是其不变性。不同时期的文本中总能找到同样的作者、引文和例子。例如,阿格里帕告诉我们,柏拉图禁止透露秘密,毕达哥拉斯和波菲利(Porphyry)要求其门徒严守秘密,俄耳甫斯(Orpheus)和德尔图

①　《贤哲的目标》是一部极为重要的阿拉伯魔法和占星学著作,作于公元 10 世纪,在中世纪和文艺复兴时期影响甚大,原名 *Ghāyat al-Hakīm*,于 13 世纪被译成拉丁文,其拉丁文标题为 *Picatrix*。——译者

良都要求宣誓沉默,提奥多图斯(Theodotus)则因为试图探究希伯来圣经的奥秘而被弄瞎了双眼。印度人、埃塞俄比亚人、波斯人和埃及人都只通过谜来说话。普罗提诺(Plotinus)、奥利金(Origen)和阿莫尼乌斯(Ammonius)的其他门徒发誓永远不会泄露老师的教导。基督本人也掩饰了自己的话,使得只有他最忠诚的门徒才能看懂,并且明确禁止把献祭的肉丢给狗,把珍珠丢给猪。"每一种魔法经验都厌恶公开,希望隐藏。它被沉默所加强,被宣布所摧毁。"(Agrippa,1550:I,498)

真理"有口耳相传的传统",通过言传身教来传播。师徒之间的直接交流是最好的:"我不知道有谁能在没有值得信赖的有经验的老师的情况下,仅仅通过阅读书本就能理解含义[……]。这些东西不是用文字记下来或者用笔写下来的,而是通过圣言从精神注入精神的。"(Agrippa,1550:I,904)

公开的知识

在中世纪的一千年里,主导西方文化世界的是圣徒、修士、博士、大学教授、士兵、工匠和魔法师,后来则增加了人文主义者和廷臣。从 16 世纪中叶到 17 世纪中叶,又有新的人物出现:力学家、自然哲学家和自由实验家(*virtuoso*),这些人既不追求神圣或文学上的不朽,也不制造奇迹来吸引大众。新科学知识也诞生于修士、经院学者、人文主义者和教授关于知识的激烈争论的氛围中。约翰·霍尔(John Hall)在 1649 年提交给议会的一项议案中写道,大学里不讲授化学、解剖学、语言或实验,学生们一直像木乃伊一样沉睡着,学的是三千年前用象形文字写的科学,现在亟待被唤醒。

　　甚至在遭到哲学家反对之前,魔法师和炼金术士的神秘知识就遭到了力学家和工程师的强烈抗议。在《火法技术》(*Pirotechnia*,1540)中,比林古乔(Vanoccio Biringuccio)指责炼金术士无法对其方法做系统编纂,他们只专注于目的,"为可证明的结果提供权威的证言,而不是可能的理由。有人引用赫尔墨斯、阿诺尔多(Arnoldo)或雷蒙德(Raymond),其他人引用盖伯(Geber)、奥卡姆、克拉特利乌斯(Craterius)、圣托马斯·阿奎那、帕里吉努斯(Pariginus),甚至还有某位方济各会兄弟埃利亚斯(Elias);这些作者诉诸其哲学知识的尊严甚至神圣性,期望唤起读者的敬畏,或者让听者要么像无知者一样缄口不言,要么证实他们的断言"(Biringuccio,1558:5r)。与没有读过多少书的比林古乔不同,阿格里科拉是一位博学之士。《矿冶全书》(*De re metallica*,1556)——这本书被锁在新世界教会的圣坛上,充当着所有人的教科书——强烈反对一种原则上不可交流的知识:"还有许多关于这些对象的书籍,但它们都很难懂,因为相关作者使用不属于事物自身的奇特名称来称呼事物,一些人一会儿使用这个名称、一会儿使用那个名称来表示同一个事物。"(Agricola,1563:4—5)

　　后来,一系列社会经济事件也巩固了"保密"在力学世界中的价值。文艺复兴时期的许多工匠和工程师都坚持有权保守其发明的秘密,但这并非因为大众不配知道,而是出于经济原因。最早的专利可以追溯到15世纪初,其数量在16世纪急剧增长(参见Eamon,1990;Maldonado,1991)。

　　在欧洲宗教战争的动荡时期,最先自称"自然哲学家"的一小群人在其居住的更大社会中建立了更小、更宽容的社团。约翰·沃利斯(John Wallis)在 1645 年写道:"我住在伦敦时,有机会见到一些研究我们今天所说的新哲学或实验哲学的人。我们在交谈中把神学排除在外,我们的兴趣集中在物理学、解剖学、几何学、静力学、磁学、化学、力学和自然实验上。"

24　　　　最初的学院成员主要希望免受两件事的干扰:政治以及神学和教会的介入。猞猁学院(Accademia dei Lincei)"特别禁止研究与自然和数学无关的话题,并且排除了政治议题"。皇家学会要求"采用一种清晰、直白、自然的说话方式,具有科学的清晰性,更偏爱工匠和商人的语言,而不是哲学家的语言"(Sprat,1667:62)。

　　关于科学学院和科学社团,应当强调以下几点:首先,学者们的聚会应当服从特定的行为规则,其主要原则是对所有主张持批判态度。真理不应畏于宣布者的权威,而应系于实验证据和证明的力量。

　　其次,必须记住,新科学的所有拥护者都倾向于使用严格的语言和非暗示性的术语。这一立场与拒绝从原则上区分普通人与学者是一致的。理论必须完全可交流,实验需要能够不断重复。威廉·吉尔伯特(William Gilbert)写道:"我们有时会使用新词。但不是为了像炼金术士那样进行掩盖,而是要让隐藏的东西变得完全可理解。"(Gilbert,1958:《序言》)这让我们想起了笛卡尔《方法谈》(*Discours de la méthode*)的著名开篇:"良知是世界上分配最均匀的东西。"判断好坏、区分真假的能力(即理性)"在所有人身上天生平等"。此外,理性还使我们区别于动物,它"在我们每个人身上都是完整的"。霍布斯所遵循的引向科学和真理的方法是为所有人制定的。他在《论物体》(*De corpore*)序言中对读者说："如果你愿意,你也能使用它。"培根也认为,科学方法倾向于减少人与人之间的差异,使其智力平等。

培根写道,仪式魔法违背了神的诫命,即人应当用额头上的汗水来赚取食粮,"宣称只要遵循几个简单易行的步骤,就能实现上帝要求人唯有凭借辛勤的劳动才能实现的崇高目标"。他又说,发明"是由少数人在绝对的、近乎宗教的静默中做出来的"。所有批评和反对魔法的人都会强调魔法知识的"祭司"性,以及赫尔墨斯主义传统所特有的科学与宗教的混合。

梅森神父问,为什么炼金术的追随者不愿"在没有这种神秘或秘密的情况下"研究他们的发现结果呢? (Mersenne, 1625:105)弗朗西斯·培根不仅高度评价伽利略在其天文学发现中表现出来的思想勇气,还赞扬了他理智上的诚实:"这类人一直以诚实和清晰的方式来解释他们研究的每一点。"(Bacon, 1887—1892:Ⅲ, 736)笛卡尔写道,那些在不寻常的道路上迷路的人不应比那些与别人一起犯错的人受到更多指责。莱布尼茨认为,在这种"生命的黑暗"中,人们有必要一起走,因为科学方法比个人天才更重要,哲学的目标不是提升个人的智慧,而是提升所有人的智慧。莱布尼茨、哈特利布(Hartlib)和夸美纽斯(Comenius)都以不同方式提到了"学术进展"的理想,或者知识的增长和传播。对于《普遍智慧导论》(*Pansophiae prodromus*)的作者(即夸美纽斯)来说,"在全世界开办学校的热切渴望"是新时代的一个典型特征。他相信,这种愿望使"各种语言的书籍在每一个国家大量增加,以至于连儿童和妇女也能熟悉它们[……]。现在终于出现了某种坚定的努力,要把研究方法推向完善,使任何值得知道的东西都能轻而易举地灌注到心灵之中。倘若这种努力(如我所希望的)获得成功,我们就将找到那条寻觅已久的向所有人传授所有知识的捷径。"(Comenius,1974:491)

在整个 17 世纪,对一种能被所有人理解、交流和构造的普遍知识的争夺,注定会从学者的观念和计划层面转移到机构层面。托马斯·斯普拉特(Thomas Sprat)这样评价皇家学会的会员身份:"关于学会会员,必须指出,他们可以来自不同的宗教、国家和职业[……]。他们公开宣称,他们不是要为一种英格兰的、苏格兰的、爱尔兰的、天主教的或新教的哲学的基础做准备,而是要为一种人类的哲学做准备。"关于这个组织的设计,他写道:"他们试图在手与心之间建立一种不可侵犯的对应关系,使其工作持续增长。他们努力使其事业不那么短命,或者仰赖幸运的机会,而是使之变得稳定、持久、受欢迎和不间断。他们试图使之摆脱人为操纵、冲动和教派的激情,把它变成一种工具,帮助人类统治事物,而不只是统治别人的判断。最后,他们已经开始对哲学进行变革,不是通过严肃的法律或卖弄的仪式,而是通过可靠的实践和例子;不是通过浮华的言辞,而是通过默默的、有效的、无可置疑的对实际操作的论证。"(Sprat,1667:62—63)

赫尔墨斯主义传统和科学革命

26　　　过去半个世纪的学术研究已经越来越清楚地表明,赫尔墨斯主义-魔法传统对科学革命的许多代表人物都产生了重要影响。

在现代早期的欧洲，魔法和科学形成了一张密不可分的网。今天，启蒙运动时期关于科学知识战胜魔法的黑暗和迷信的实证主义形象已经完全站不住脚。

哥白尼诉诸三重伟大的赫尔墨斯的权威来捍卫日心说。威廉·吉尔伯特援引三重伟大的赫尔墨斯和琐罗亚斯德，将其地磁理论与宇宙有灵魂的理论联系起来。弗朗西斯·培根的形式学说深受炼金术传统的语言和模型的影响。开普勒精通《赫尔墨斯秘文集》，他关于几何结构和宇宙结构之间神秘对应的信念，以及关于天球音乐的理论，都被毕达哥拉斯主义的神秘主义深深地浸透。第谷·布拉赫认为占星学是对其科学的正当运用。在现代人看来，笛卡尔的哲学已经成为理性清晰性的象征，但他年轻时更喜欢想象力的产物而非理性的产物。和16世纪的许多魔法师一样，笛卡尔喜欢制造自动机和"影子花园"（Shadow Garden）；和魔法的卢尔主义（Lullism）①的许多倡导者一样，笛卡尔坚信宇宙的统一与和谐。这些主题也以不同形式出现在莱布尼茨的作品中，莱布尼茨的思想部分源于赫尔墨斯主义和卡巴拉主义的卢尔主义传统。还需指出，莱布尼茨的和谐观念乃是基于对一部很难被赋予"科学"地位的文本的热情解读。威廉·哈维的《心血运动论》（*De motu cordis*）将心脏誉为"小宇宙的太阳"，这使人联想起15、16世纪赫尔墨斯主义文献和太阳文献的主题。哈维对卵（ovum）的

---

① 卢尔主义是最初由西班牙（加泰罗尼亚）神秘主义者、诗人和传教士拉蒙·卢尔（Ramon Llull，1232—1316）提出的一种神秘哲学。基于在所有知识领域中寻找真理，卢尔主义源于一种信念，即可以通过操纵字母来破解尘世的秘密和天界的存在等级。——译者

定义（既非完全具有生命，亦非完全没有生命）与菲奇诺（以及其他许多帕拉塞尔苏斯主义者和炼金术士）对"星体"的定义之间有精确的关系。人们甚至发现，连牛顿的作为神的感觉中枢（*sensorium Dei*）的空间观念也受到了新柏拉图主义思潮和犹太教卡巴拉的影响。牛顿不仅阅读和总结了炼金术文本，还花了大量时间研究炼金术。他的手稿也清楚地表明他相信一种"古代神学"（*prisca theologia*）（这是赫尔墨斯主义的核心主题），其真理性必须通过新的实验科学来"证明"。

在 16 世纪末和 17 世纪初，要想在"魔法师"和"科学家"之间暂时地划清界限，仅仅把一般地诉诸经验或反抗权威（*auctoritates*）当作理由是不够的。例如，吉罗拉莫·卡尔达诺（Gerolamo Cardano）是一位成功的数学家，詹巴蒂斯塔·德拉·波塔（Giambattista della Porta）在光学史上占有重要的一席之地。许多占星学家所做的计算要比霍布斯在数学方面的离题论述更少争议；与帕拉塞尔苏斯相比，笛卡尔更像"经院哲学家"。

对于培根来说，谦卑地浏览伟大的自然之书，意味着放弃在过分脆弱的概念和实验基础上构造整个自然哲学体系。在他看来，弗朗西斯科·帕特里齐和彼得·索伦森（Peter Sørensen 或 Severinus）、贝纳迪诺·泰莱西奥（Bernardino Telesio）、乔尔达诺·布鲁诺、托马索·康帕内拉和威廉·吉尔伯特都是哲学家，他们相继登场，任意定义了其世界的对象。另一方面，培根对维罗纳医生吉罗拉莫·弗拉卡斯托罗（Girolamo Fracastoro，1483—1553）的著作作出了不同评价，认为他诚实可靠且能够自由判断。这种看法差异的原因不难弄清。在《论事物的共感与反感》（*De symphathia et antipathia rerum*,1546)中,弗拉卡斯托罗讨论了一系列常见主题(例如,为什么磁针指向北方,鲫鱼如何能够阻挡船只,等等),但认为他关于事物之间的"共感与反感"的研究是传染病研究的必要前提。弗拉卡斯托罗指出,迄今为止,传染病一直被视为隐秘性质的表现。人们不是去研究传染病的原理、表现方式、严重程度的差异以及传染病与中毒之间的差异,而是满足于指出神秘原因。这是因为,哲学家们致力于解释"普遍原因",而忽视了对"特殊和特定原因"的研究(Fracastoro,1574:57—76)。要想解释"共感",需要用一种力来替代物体的神秘本性的概念。这种替代使亚里士多德的理论变得毫无用处。通过引用德谟克利特、伊壁鸠鲁和卢克莱修斯的著作,弗拉卡斯托罗认为物体的流溢(effluxion)是吸引的本原。两个物体之间的吸引是物体 A 与物体 B 相互传递微粒的结果。所有这些微粒形成了一个统一的整体,但在各个部分上是不同的:两个物体附近和位于它们之间的微粒并没有相同的疏密度。因此,在"原子云"中产生了趋于达到平衡或与整体达成最大一致的运动。这些调节性的运动使两个物体相向移动,在某些情况下合在一起。

在《论传染和传染病》(*De contagionibus et contagiosis morbis*,1546)的第六章,弗拉卡斯托罗断言:"超距发生的传染不能归因于隐秘性质。"(Fracastoro,1574:77—110)一些传染病通过简单接触发生(疥疮、麻风病),另一些通过衣服或床单等传播媒介发生,还有一些(如瘟疫和天花)则通过看不见的"种子"(*seminaria*)远距离传播。弗拉卡斯托罗(亦因其著名的拉丁文诗歌《梅毒或论高卢病》[*Syphilis sive de morbo gallico*,1553]而闻名)与神秘学的划清界限也清楚地显示于他的小册子《论危险期的成因》(*De causis*

28

criticorum diebus)中。危险期或疾病的"危机"无疑在特定的日子降临,但这些日子既不能通过严格的数字对应(如"毕达哥拉斯主义哲学家"所做的)来确定,也不能基于行星运动的因果关系(如占星学家所做的)来确定。在这些问题上,医生们错误地"被占星学家的观点所诱导"(Fracastoro,1574:48—56),而没有耐心地做实验研究。

在更一般的哲学语境中,关于事物的共同性以及共感和反感形成了不同的立场。人们可以对这些观念作不同的应用,将它们与一种神秘的实在观联系起来,或者用作对自然进行"实验"探索的标准或假说。

秘密和公开的知识

要想理解文艺复兴时期的魔法与现代科学之间的明显差别,我们不仅要思考内容和方法,还要思考知识和学者的形象。我们的世界里肯定有许多秘密,有许多理论家和实践家在研究"国家机密"(*arcana imperii*)。科学史上也有许多往往不够"诚实"的掩饰。但应当指出,第一次科学革命之后,在科学文献中再也没有、也不可能再有对掩饰的赞扬或正面评价了(这与在政治领域发生的事情有所不同)。掩饰或者不公开自己的意见,只能意味着欺骗和背叛。组成共同体的科学家们虽然可以被迫保守秘密,但这必然是出于强迫。当科学家被强加这种约束时,他们会抗议,甚至像这个世纪的情况那样进行反抗。"开普勒定律"这个表述绝不是在表达一种所有权,而只是为了纪念一位伟人。因为对于科学本身以及在科学内部,保密成了一种负面评价。

第三章　工程师

实践和论说

在 1580 年于巴黎出版的《美妙的论说》(*Discours admirables*) 序言中,伯纳尔·帕利西(Bernard Palissy)向索邦大学的教授们发起责难,并追问一个人是否可能在没有读过拉丁语书籍的情况下认识自然作用。帕利西是一个玻璃制造商的学徒,在寻求用白色瓷釉制陶的秘密时声名鹊起,最终断送了性命。在其冒险的一生中,他设计了许多机器,但从未制造出来。他曾数次面临饿死和被处决的危险,后于 1589 年或 1590 年在巴士底狱去世。对于向读者提出的问题,帕利西的回答是肯定的:实践表明,哲学家(甚至是最知名的哲学家)的教导可能是错误的。与在索邦大学研究古代哲学家相比,他所建立的自然物和人工物的作坊和博物馆可以传授更多的哲学(Palissy,1880)。

帕利西的《美妙的论说》出版一年后,一本名为《新吸引》(*The New Attractive*, *Containing a Short Discourse of the Magnet or Lodestone*)的小册子在伦敦出版。这本关于磁性和磁针偏角的书后来对威廉·吉尔伯特影响很大,其作者是英格兰水手罗伯特·诺曼(Robert Norman,活跃于约 1560—1596),他在船上度过大约

20 年后做起了制造和销售罗盘的生意。在这本书的序言中,诺曼自称"未受教育的数学家",在其职业生涯中收集了大量数据。于是,他决定冒着丧失荣誉的危险,顶住敌人的诽谤中伤,将其工作成果公之于众,以荣耀上帝和惠及英格兰。他提醒读者,作者只是一个水手,无力与逻辑学家辩论,或者对地球磁性的原因给出令人满意的解释。他很清楚自己的研究与"学者"的研究之间的根本差异。学者们提出了精致的概念,并希望所有工匠都能向他们展示自己的认识。诺曼得出结论说,幸运的是,"在这个国家,有许多工匠知道如何娴熟地运用自己的技艺,并且比那些谴责他们的人更愿意并且同样有效地将其用于不同的目的"(Norman,1581,《序言》)。

这种观念很快就进入了学术界。例如,伊拉斯谟(Erasmus)和托马斯·莫尔(Thomas More,亨利八世的宫廷教师,学识广博,为有教养的人文主义公众写作)的朋友胡安·路易斯·比维斯(Juan Luis Vives,1492—1540)以不那么朴素的方式、但同样热情地表达了同样的想法。在《论教育》(*De tradendis disciplinis*,1531)中,比维斯促请欧洲学者认真研究与机器、纺织、农业和航海有关的问题。学者们必须克服传统上对手艺的鄙视,深入作坊和农舍,向工匠询问,试图了解其工作细节。比维斯在《论技艺败坏的原因》(*De causis corruptarum artium*,1531)中写道,自然科学并非哲学家和辩证法家的专利,从未提出形式和本质等虚构概念的工匠比他们更了解自然。

帕利西、诺曼和比维斯虽然有着不同的文化层次和意图,但都表达了同样的知识需求。较之纯粹的语词表达,这种知识更看重实际工作和经验研究。同样的要求亦见于新科学的一部伟大著作。在《论人体结构》(*De corporis humani fabrica*，1543)中，安德烈亚斯·维萨留斯(Andreas Vesalius)激烈抨击在医生职业中发展出来的二分法：一方面是教授，他们与尸体解剖小心翼翼地保持着距离，在讲台上借助书本来讲授课程；另一方面是解剖者，他们不懂任何理论，沦为屠夫的地位。

　　上述文本可以追溯到 1530 年至 1580 年的半个世纪。巴黎工匠、英格兰水手、西班牙哲学家和与意大利文化传统相关的佛兰芒语(Flemish)科学家所写的这些著作有着共同的主题：工匠、艺术家和工程师的工作对于知识的进步是有价值的，应当赋予其文化尊严(参见 Rossi，1970：1—11)。

工程师和机器

　　古典文本在 16 世纪的许多地方语言译本明显是面向新兴的 31
工匠阶层的。让·马丁(Jean Martin)为工人和其他读不懂拉丁文的人写作，他于 1547 年将维特鲁威(Vitruvius)论建筑的著作(公元前 1 世纪)译成了法文。曾于 1548 年将同一文本译成德文的瓦尔特·里维乌斯(Walter Rivius)，同样是面向工匠、建筑工人、石匠、建筑师和纺织工进行著述。关于维特鲁威著作的大量评注，其中至少包括威尼斯贵族达尼埃莱·巴尔巴罗(Daniele Barbaro)翻译和评注的维特鲁威《建筑十书》(*I dieci libri dell'architettura di M.Vitruvio tradotti e commentati*，1556)，都清楚地说明了对经典文本的这种"再现"的意义和重要性。

　　通过进入人文主义的文化环境,许多先进的工匠都与古典世界的遗产相接触,在欧几里得、阿基米德、希罗(Hero)和维特鲁威的著作中寻求其问题的答案。众所周知,在 15、16 世纪的文献中,技术论著极为丰富,其中一些是实际的手册,另一些则只是工匠或"力学家"对所做工作或者在运用各种技艺的过程中所使用程序的零碎思考。这些由工程师、艺术家和工匠大师所写的大量文献包括:菲利波·布鲁内莱斯基(Filippo Brunelleschi,1377—1446)、洛伦佐·吉贝尔蒂(Lorenzo Ghiberti,1378—1455)、皮耶罗·德拉·弗朗切斯卡(Piero della Francesca,1406—约 1492)、达·芬奇(1452—1519)和保罗·洛马佐(Paolo Lomazzo,1538—1600)的著作;康拉德·凯泽尔(Konrad Keyser,1366—1405)关于武器的论著;莱昂·巴蒂斯塔·阿尔贝蒂(Leon Battista Alberti,1404—1472)、被称为"菲拉雷特"(il Filarete)的弗朗切斯科·阿维利诺(Francesco Averlino,1416—1470)和弗朗切斯科·迪·乔治·马尔蒂尼(Francesco di Giorgio Martini,1439—1502)的建筑论著;里米尼的罗伯托·瓦尔图里奥(Roberto Valturio of Rimini)讨论武器的著作(1472 年出版,1482 年和 1483 年在维罗纳重印,1483 年在博洛尼亚出版,1493 年在威尼斯出版,1532 年到 1555 年在巴黎出版四次);阿尔布莱希特·丢勒(Albrecht Dürer,1471—1528)关于画法几何(1525)和防御工事(1527)的两部论著;比林古乔(约 1480—约 1539)的《火法技术》于 1540 年初版,然后两次拉丁文再版,三次法文再版,四次意大利文再版;塔尔塔利亚(Niccolò Fontana,又名 Tartaglia,约 1500—1557)的弹道学著作(1537);阿格里科拉(1494—1555)在 1546 年和 1556 年出版的关于采矿的两部论著；雅克·贝松（Jacques Besson）的《数学仪器和机械仪器剧场》(*Théâtre des instruments mathématiques et méchaniques*, 1569)；奥古斯丁·拉梅利（Augustine Ramelli, 1531—1590）的《人造机器种种》(*Diverse et artificiose machine*, 1588)；圭多巴尔多·德尔·蒙特的《力学之书》(*Mechanicorum libri*, 1577)；西蒙·斯台文（Stevin 或 Stevinus, 1548—1620）的三本力学著作；福斯托·韦兰齐奥（Fausto Veranzio, 1551—1617）的《新机器》(*Machinae novae*, 1595)；维托里奥·宗卡（Vittorio Zonca, 1568—1602）的《机器和建筑新览》(*Novo teatro di machine et edificii*, 1607)；以及托马斯·哈里奥特（Thomas Hariot, 1560—1621）和罗伯特·休斯（Robert Hues, 1553—1632）的航海论著，分别于 1594 年和 1599 年出版。

大学和修道院不再是唯一产生和传播文化的地方。一种新的知识诞生了，它涉及机器设计，攻防武器制造，筑造堡垒、运河、堤防，以及从矿山中提取金属。阐述这种知识的人——工程师或艺术家/工匠——正在获得一种与医生、魔法师、宫廷天文学家和大学教授相当甚至更高的声望。作为画家、雕塑家、建筑师、城市规划师和文雅的人文主义者，莱昂·巴蒂斯塔·阿尔贝蒂认为，数学（比例论和透视理论）是艺术家和科学家工作的共同基础。在他看来，画家使用的透视和绘画一样是一门科学。他还感到，"理性"和"规则"与"行动"在建筑师的作品中统一在一起。对建筑师的赞美成为对工程师能力的赞美，工程师能给大山钻孔，移动大量水和岩石，抽干沼泽，规范河流走向，建造船只、桥梁和武器。

作坊

正如安塔尔(F.Antal)提醒我们的,在 14 世纪,艺术仍被视为一种手工活动(Antal,1947)。几乎所有 15 世纪初的艺术家都出身于工匠、农民和小资产阶级家庭。安德烈亚·德尔·卡斯塔尼奥(Andrea del Castagno)是农民的儿子,保罗·乌切洛(Paolo Uccello)是理发师的儿子,菲利波·利比(Filippo Lippi)是屠夫的儿子,而波拉约洛(Pollaiolo)[①],正如他的名字所暗示的,是禽贩的儿子。在 15 世纪初,佛罗伦萨的雕塑家和建筑师属于泥瓦匠和木匠的较小行会,而画家以及房屋粉刷匠和颜料研磨匠则属于医生和药剂师的较大行会。从作坊里不仅会产生不朽的杰作,还会产生徽章、旗帜、镶饰、挂毯和刺绣图案,以及陶器和金器,可谓应有尽有。学徒从手工作业开始,比如研磨颜料和准备画布。建筑师不仅设计和建造房屋,而且研究机械仪器和武器,以及用于列队行进和庆祝活动的"机器"和复杂装置。

到了 16 世纪中叶,即乔治·瓦萨里(Giorgio Vasari)的时代,手工作业似乎已经不再符合艺术家的尊严。查理五世俯身拾起提香(Titian)掉落的画笔,这一姿态无论是否是传说,都标志着"艺术家"提升到了一个新的社会地位。然而,早在艺术家被等同于"天才"或不朽杰作的作者之前,在 15 世纪佛罗伦萨的作坊里就已经产生了体力劳动与理论的融合。一些作坊(比如洛伦佐·吉贝

---

① 这个名字来自意大利语的"鸡贩"(pollaiolo)一词。——译者

尔蒂的作坊,在制造佛罗伦萨洗礼堂的大门时)成了实际的工业实
验室,培养出了画家、雕塑家、工程师、技师、机器设计者和制造者。
除了学习制备颜料、切割石块、铸造青铜、绘画和雕塑,学徒们还要
学习解剖学、光学、透视法和几何学的一些基础知识。对一个"未
受教育者"(uomini senza lettere)的教育是一种建立在各种文献
基础上的实践教育,这种教育也知晓一些古典科学伟大文本的片
段,并以引证欧几里得和阿基米德为荣。像达·芬奇这样的人的
经验知识,就是这种环境的产物。

达·芬奇

　　达·芬奇(1452—1519)是画家、工程师、机器发明家和设计
师、"未受教育者"和哲学家。对于现代人来说,他已经成为博学多
才者的象征,得以克服机械技艺与自由技艺、实践与理论、体力劳
动与脑力劳动之间的传统划分。他年轻时的兴趣源于 15 世纪的
作坊实践,对材料特性的熟悉使他坚信必须把实践与理论结合起
来。"始于心灵并且终于心灵"的科学并不包含真理,因为纯心灵
的论说"并不包含经验,而没有经验就没有确定性"。反之亦然,没
有数学应用的地方也不可能有确定性。热爱实践却没有科学指引
的人,就像"领航员登上了没有舵或罗盘的船,不确定自己应该驶
向哪里"(Solmi,1889:84,86)。指责达·芬奇的含混性或不确定
性是毫无意义的。对他来说,为实践与理论的结合作辩护意味着,
有些时候要批评纯粹理论的支持者,另一些时候则要批评那些对
手,根据达·芬奇的说法,他们"不想要太多科学,因为实践对他们

来说已经足够"。达·芬奇于 1472 年加入了画家行会,并且在韦罗基奥(Verrocchio)的作坊待到 1476 年。

　　1478 年,达·芬奇应洛多维科·斯福尔扎(Lodovico Sforza)之邀来到米兰,担任雕塑家和铸造工。在那里他接受了一项任务,要为利尼(Ligny)伯爵准备一份托斯卡纳的军事防御报告。1499 年,斯福尔扎家族失势后,他被迫逃离米兰,到曼托瓦(Mantova)避难。同年,他在威尼斯被聘为军事工程师。经过一段时间的"漫游"(包括在佛罗伦萨暂住),他于 1502 年被切萨雷·波吉亚(Cesare Borgia)聘为军事工程师。在意大利中部旅行时,达·芬奇在一个笔记本(被称为"L 手稿")上记录和概述了他感兴趣的所有内容。波吉亚倒台后,达·芬奇于 1503 年回到佛罗伦萨,《蒙娜丽莎》和未完成的《安吉亚里战役》就是在这一时期完成的。阿尔诺河(Arno)改道以及在佛罗伦萨建设港口的宏伟计划因佛罗伦萨与比萨的战争而中断。1506 年,达·芬奇回到米兰侍奉法国国王路易十二,并组织其入城庆典。他在米兰待到 1513 年法国人撤退,然后去了罗马,侍奉教皇利奥十世。1516 年,达·芬奇应弗朗索瓦一世之邀离开意大利前往法国,在那里担任工程师、建筑师和力学家,直到去世。

　　有人正确地指出,特别是在第二次逗留米兰时期,达·芬奇越来越转向理论(Brizio,1954:278)。然而,虽然他在这一时期的确有设计水泵、水闸、河道取直和导流的复杂计划,但要想在这位艺术家的思想中找到实验方法和新科学的基础肯定是不可能的。在对达·芬奇的"奇迹"大加强调之后,评论家们不无道理地回想起他对印刷的绝对蔑视,并且强调说,他们在达·芬奇的手稿出版时

对它们的评价,是在对 16 世纪科学知识的实际状况几乎毫无了解
的情况下作出的。达·芬奇的研究虽然富含惊人的洞察力和卓越
的见解,但从未超越为追求好奇而做的实验的层面,因此并不具有
作为现代科学技术基本特征之一的系统性。达·芬奇的研究总是
在实验与注解之间来回穿梭,看起来像是一系列零碎的简短笔记
和随意观察,他专为自己使用一种个人化的、令人费解的符号语
言,有意使之无法传播。达·芬奇总是为具体的问题所吸引,并无
兴趣研究一套系统的知识体系,也不愿向他人传播、解释和证明自
己的发现(这也是我们所谓科学技术的一个基本特征)。从这个角
度看,他设计的许多著名机器便重新获得了其真正的参照系。它
们与其说是减轻人们疲劳、增加对世界掌控的工具,不如说是出于
逃避的目的:节日、娱乐、机械上的惊奇,等等。达·芬奇更关心其
计划的制订而非执行,这绝非偶然。他的机器始终面临着沦为“玩
具”的危险,而一直被人津津乐道的他的“力”的概念则更多地与赫
尔墨斯主义-菲奇诺的万物有灵主题有关,而不是与理性力学的诞
生有关。

　　但不要忘了,达·芬奇的笔记经常包含着能在现代文化的不
同语境下强力回归的各种想法:比如认为数学与经验之间存在着
必然联系,但这种关系又难以呈现出来;强烈反对炼金术的徒劳断
言;痛斥“他人作品的背诵者和鼓吹者”;反对诉诸那些利用记忆而
非独创性的人的权威;“不违反自身法则”的自然形象,这种法则是
一个美妙而无情的原因之链;声称经验结果能够“平息”诡辩家的
“口舌之争”和“永恒喧哗”。不难想到这些说法的具体影响:伽利
略所说的“眼见为实”和“记忆力的医生”,认为自然“对我们虚妄的

35

欲求充耳不闻",并以"我们无法揣测的方式"产生结果。此外还有,培根拒绝接受纯经验的知识,认为人只有在服从自然不可抗拒的法则时,才能成为自然的主人。

那种长期占主导地位的以达·芬奇为主要代表的"科学童年"形象无疑需要拒斥。但达·芬奇作为令人敬佩的"先驱者"的形象和"达·芬奇奇迹"也需要得到解释。与"先驱者"的隐喻有所不同,童年隐喻仍然富含意义。现代科学开端处的重大选择(数学化、微粒论、机械论)使我们所谓的艺术和科学走上了不同的道路,日渐分歧、渐行渐远。试图将它们重新拉近或者合为一体似乎不再有任何意义。然而,达·芬奇的绘画并不是可以在其他地方找到其方法论的科学研究的简单工具。他画的许多岩石、植物、动物、云、人体部分、面孔、空气和水的运动,本身就是"科学认识活动,即对实际自然的认真研究"(Luporini,1953:47)。流传下来的达·芬奇作品,他的笔记、绘画以及对文本与绘画独特而非凡的融合,使我们看到了另一个世界:在那里,科学与艺术的交融和相互渗透(这对我们来说是不可能的和虚幻的)似乎是可能的,而且的确已经实现。

"构造"与"论说"

比林古乔的《火法技术》(1540)是 16 世纪最伟大的技术论著之一。为了忠实于一种描述性的理想,比林古乔避免作任何修辞点缀。他认为,炼金术士属于这样一类人,他们将自己对所讨论主题的极度无知隐藏在"一千则神话传说"背后。他们没有能力研究

"方法"，太想直接变得富有，看得太远以至于没有看到"中间的东西"(Biringuccio,1558:6v,7v)。与比林古乔不同，阿格里科拉（真名格奥尔格·鲍尔［Georg Bauer］）是一个学识渊博、兴趣广泛的人。他1494年出生于萨克森的格拉豪(Glachau)，曾在莱比锡、博洛尼亚和威尼斯学习。1527年，他开始在波希米亚的约阿希姆施塔尔(Joachimstal)行医，那里是欧洲当时最大的矿区之一。阿格里科拉是开姆尼茨的市长，曾加入出使奥地利皇帝查理五世和国王费迪南德的几次政治使团，且颇受伊拉斯谟和梅兰希顿(Melanchthon)尊敬。《论地下之物的起源和原因》(*De ortu et causis subterraneorum*)和《论矿物的本性》(*De natura fossilium*)属于地质学和矿物学最早的系统论著。阿格里科拉去世一年后即1556年出版的《矿冶全书》(*De re metallica*)，在两个世纪的时间里一直是采矿和冶金领域的权威著作。在为整个欧洲提供黄金和白银的波托西(Potosi)，阿格里科拉的作品被奉为"圣经"，并且被置于教堂的圣坛上，以便矿工们解决技术问题时进行敬拜。这部著作的十二卷书讨论了金属的提取、熔合和处理过程的方方面面，矿脉的位置和方向，机器和工具，使用方法、试金方法和冶炼方法。这部著作还显示了对一场严重文化危机的认识，它源于对事物研究缺乏兴趣和语言的退化。"我只写自己见过、读过或者从别人那里听闻之后认真考察过的事情。"在此基础上，阿格里科拉严厉批评炼金术士有意使语言费解和任意使用术语，他们的书"完全无法理解"，因为其作者"用奇特的而不是固有的名称来指称事物"，"一会儿用此名、一会儿用彼名来指称同一个事物"(Agricola,1563:《序言》,4—6)。

在 1556 年关于维特鲁威的评注中,达尼埃莱·巴尔巴罗非常清楚地问道:"为什么实践家没有获得赏识? 因为建筑产生于论说。为什么学者没有获得赏识? 因为建筑产生于构造[……]建筑师是一个人为产生的行当,需要寻求论说与构造的统一。"(Vitruvius, 1556:9)论说与构造、思辨与制造的实际结合带来了严重的问题。例如,在威尼斯共和国担任柯西莫·德·美第奇(Cosimo dei Medici)军事工程师的博纳尤托·洛里尼(Bonaiuto Lorini)充分意识到了它们的重要性。在《论防御工事》(Delle fortificationi, 1597)中的某处,他讨论了"纯思辨数学家"与"实践力学家"的工作之间的关系。数学家处理"想象的、与物质分离的"的线、面和体,数学家的证明"在运用于物质事物时并不能完美地符合",因为力学家处理的材料总有其"障碍"。力学家的判断力和技能在于能够预见到所使用材料的多样性所引出的困难和问题(Lorini, 1597:72)。伽利略在《关于两门新科学的谈话》的开篇谈到了"物质的不完美"和"至为纯粹的数学证明"之间的关系问题。

将"理想化"模型与"物理"思考相结合、并且始终直接引用阿基米德的一个典型例子是西蒙·斯台文的研究。斯台文 1548 年生于布鲁日,1620 年在海牙去世。他为取悦奥兰治亲王而建造了一艘帆船,并且在施赫弗宁根(Scheveningen)海滩上展示,这令其同时代人惊叹不已。斯台文写过关于算术和几何的书,讨论过防御工事,设计并建造过机器和水磨,出版过利息计算表。《十分之一》(De Thiende, 1585)讨论了小数表示法,《寻港》(De Havenvinding, 1599)讨论了经度的测定。斯台文相信荷兰语是世界上最古老的语言之一,而且比其他语言更为精确。由于面向的读者是工匠,而且为了力求清晰,所以他以荷兰语而不是拉丁语写作。1586年出版的三卷本《称量术原理》(*Beghinselender Weeghconst*)的标题与中世纪的"重量科学"(*scientia de ponderibus*)有关。它在《数学著作集》(*Hypomnemata mathematica*[①],1605—1608)中被译成拉丁文,1634年被译成法文。

可以生长的知识

从15世纪艺术家和实验家的著作以及16世纪关于采矿、航海、弹道学和防御工事技艺的著作中,不仅产生了关于体力劳动和机械技艺文化功能的新的评价,就像我们已经看到的那样,而且知识越来越被理解成一种渐进式的构造,或者一系列日趋复杂或完美的结果的积累。

也正是从这个角度来看,技师的知识正在取代以魔法师和炼金术士为代表的赫尔墨斯主义传统的知识。赫尔墨斯主义传统相信,学者们数千年来一直重申同样的不变真理,真理不会从历史和时间中出现,而是一种永恒的"逻各斯"(*logos*)的永恒显现。历史只是表面上显得多变,实际上只包含一种不变的"智慧"(*sapientia*)。在力学家的著作中,这种看法似乎被完全颠倒过来。阿戈斯蒂诺·拉梅利(Agostino Ramell)在《人造机器种种》(*Diverse et artificiose macchine*,1588)的序言中写道,机械技艺源于初民的需求和辛勤劳动,他们试图在恶劣的环境中保全自己。

38

---

① 字面意思为"数学忆札"。——校者

这些技艺在后来的发展不像风的猛烈运动那样,起初可以突然把海上的船掀翻,然后逐渐减弱,而是像一条河,在源头处很细小,但随着支流的汇集而越发壮大,奔涌入海(Ramelli,1588;《序言》)。在《论人体比例》(*Treatise on the Proportions of the Human Body*,1528)的献词中,阿尔布莱希特·丢勒仔细解释了为什么他虽然不是学者,却敢于讨论这样一个重要的话题。他之所以决定甘冒遭受指责的危险出版这本书,是为了所有艺术家的共同利益,并促使其他人也这样做,"以使我们的后继者有某种东西可以完善和推进"(Dürer,1528:《献词》)。巴黎人安布鲁瓦兹·帕雷(Ambroise Paré)是一位自学成才的外科医生,他不懂拉丁文,不讨同事们喜欢,他宣称不应躺在古人的功劳簿上睡大觉,因为"相比于已经知道的,还有更多的东西要发现,技艺尚未完善到不能改进的程度"(Paré,1840:I,12—14)。

培根、笛卡尔和波义耳等哲学家把从非哲学环境中产生的、遭到大学文化怀疑(即使不是遭到彻底鄙视)的观念置于相关的理论语境中,使之提升到哲学思考的层面。

技 艺 与 自 然

虽然培根作为"现代科学奠基人"的实证主义形象已经过时,但可以肯定的是,他将处于官方科学边缘的那些主题和观念提升到了哲学层次,这些观念源自比林古乔和阿格里科拉所属的技师、建筑师和工程师的世界。培根对机械技艺的评价基于三个标准:(1)机械技艺帮助揭示了自然的过程,是一种认识形式;(2)与所有其他形式的传统知识不同,机械技艺是渐进累积的,它发展得如此迅速,以至于"在达到完善之前,人的欲望就已经得到满足";(3)与其他文化形式不同,机械技艺建立在合作的基础上,是一种集体的知识,"其中汇集了许多人的才能,而在自由技艺中,多个人的思想服从于一个人,其追随者通常会使之败坏,而非推进它"。

培根主义者罗伯特·波义耳(Robert Boyle,1627—1691)反复将自然之书、工匠的作坊和解剖室与图书馆、学者和人文主义者的书房以及纯理论研究对立起来。在许多情况下,他的争论接近于一种科学原始主义(scientific primitivism)。在《论实验自然哲学的用处》(*Considerations Touching the Usefulness of Experimental Natural Philosophy*,1671)中,波义耳清晰地描述了培根主义群体的兴趣和目标。实验哲学家们在实验室里做的实验具有明显的精确性,而工匠们在作坊里做的实验虽然不那么精确,但可以被他们更大的勤勉所弥补。《论实验自然哲学的用处》的第四篇文章有一个意味深长的标题:"自然哲学家对手艺的兴趣可以大大增进人类的利益"。

戈特弗里德·威廉·莱布尼茨(Gottfried Wilhelm Leibniz,1646—1716)谈到伽利略和哈维的工作时,最清晰地表达了在培根那里已经出现的认为实用技艺会为理论带来启示的观点。在一篇题为《为公共福祉而建立和发展科学的一种新普遍科学的开端和范例》(*Initia et specimina scientiae novae generalis pro instauratione et augmentis scientiarum ad publicam felicitatem*)的论文中,莱布尼茨指出,学者们仍然在很大程度上忽视了机械技艺的进步。一方面,技师们不知道自己的实验如何得到利用,另一方面,科学家和理论家们不知道自己的很多愿望可以通过力学工作来实现。《论确定性的方法和发明的技艺》(*Discours touchant la méthode de la certitude et l'art d'inventer*)致力于更广泛地讨论技艺的历史:散见于从事各种技术活动的人当中的未被写下来或未被编纂的知识,无论在数量上还是在重要性上都远超书本中的知识。人类所拥有的最珍贵的知识宝藏尚未被记录下来。此外,并不存在什么可鄙的机械技艺无法为科学提供重要的观察和材料。我们需要的是一个源于人的实践的人类生活剧场,因为哪怕只损失了其中一种技艺,也无法被所有图书馆所弥补。莱布尼茨认为,将工匠和技师的工序写下来,是新文化最紧迫的任务之一。

在《百科全书,或科学、艺术和工艺词典》(*Encyclopédie ou dictionnaire raisonné des sciences*,*des arts et des métiers*,1751)的序言中,让·达朗贝尔(Jean d'Alembert,1717—1782)意识到这部鸿篇巨著完成了一项具有明确历史起源的计划。达朗贝尔写道,在威廉·钱伯斯(William Chambers)的百科全书中,关于自由技艺,我们只找到了一个词而不是许多页,而在机械技艺的部分,所有东西都从零开始。钱伯斯的知识只来自书本,他从未见过什么工匠,而有些东西只能在作坊中学到。在 1750 年为《百科全书》所写的《简介》(*Prospectus*)中,德尼·狄德罗(Denis Diderot,1713—1784)也表达了在实践中掌握工作方法的必要性:"我们已经转向了巴黎和整个法国最熟练的工人,不辞劳苦地参观他们的作坊,向其提问,记下他们的口述,发展他们的思想,发现其行当的专业术语,将它们编成目录并加以定义……"(Diderot,1875—1877:ⅩⅢ,140)在"技艺"这个词条中,狄德罗指出了自由技艺与机械技艺的传统区分所带来的有害后果。由此产生的针对"转向可感物质对象"的偏见，是"对人类精神尊严的贬低"。他又说，这种 40 偏见"使城市里满是傲慢的空谈家和无用的冥想家，乡村里满是无知、懒惰、蛮横、狭隘的暴君"。为机械技艺所作的辩护与政治平等这个宏大的主题相关。

代达罗斯和迷宫

今天，无数哲学家、普及者和新闻记者都将整个现代性归于对技术的令人无法接受的危险赞颂，并把弗朗西斯·培根看成"技术中性论"的精神之父，后者处于现代性典型的异化和商业化过程的核心。但事实恰恰相反。在所有这些关于技术与其模糊性的论述中，只有很少一些类似于培根 1609 年对《代达罗斯或机械师》(*Daedalus sive mechanicus*)神话的诠释。代达罗斯是一个心灵手巧但可恶的人的形象，尤以"非法的发明"而闻名：比如让帕西淮(Pasiphaë)与公牛交配并生下吞噬年轻人的米诺陶(Minotaur)的机器，以及用来隐藏米诺陶、"用恶来保护恶"的迷宫。由代达罗斯的神话可以得出一般结论：机械技艺既可以产生对生活有用的东西，也可以产生"恶与死的工具"。在培根看来，技术知识的特征是：它虽然可能产生恶的和负面的东西，但同时也提供了诊断和治愈恶的可能性。代达罗斯还创造了"犯罪的解决方案"。他发明了可以帮助人穿过迷宫的线团："设计迷宫的人也显示了对线团的需求。事实上，机械技艺的用处很模糊，既可以产生恶，也提供了恶的补救。"(Bacon,1975:482—483)

　　科学革命的领导者们认为，只有在宗教、道德和政治的更大背景中实现时，重建人类对自然的统治和知识的进展才是有价值的。托马索·康帕内拉（Tommaso Campanella）的"普遍神权政治"、培根的"爱"、莱布尼茨的"普遍基督教"和夸美纽斯的"普遍和平"都与他们对新科学的兴趣和热情密切相关。在这些领域，科学技术知识可以充当救赎和解放的工具。对于培根和波义耳来说，就像对于伽利略、笛卡尔、开普勒、莱布尼茨和牛顿一样，人的意志和统治自然的欲望并不是最高原则。自然既是统治的对象，也是敬畏的对象。它必须被"拷问"并且服务于人，但也是必须被谦卑阅读的"上帝之书"。

第四章　看不见的世界

印刷术

读书是个人安静地独立完成的一项活动。我们认为这一行
为是理所当然的,以至于很难想象我们手中的这个熟悉物件曾
是一项令人震惊的创新,它不仅使思想和知识的交流成为可能,
而且也取代了那种在一群人当中朗读不带标点的文本的习惯
(McLuhan,1964)。印刷术、火药和罗盘是经常被并称的三项机
械发明。在《太阳城》(*The City of the Sun*,1602)中,康帕内拉将
它们生动地描述为与历史本身的加速发展相伴随的一系列征
服:"这 100 年间的历史要比 4000 年里整个世界的历史还多;这
100 年间所写的书要比 5000 年里更多;磁石、印刷术和枪支是
世界统一性的伟大标志。"(Campanella,1941:109)1620 年,弗朗
西斯·培根写道,它们引发了如此根本的变化,以至于"在人类
事务上,任何帝国、教派或名人所施加的影响似乎都不及这些机
械发明"(Bacon,1975:635—636)。

这并非夸张。不同的工艺(造纸和制墨、金属活字的铸造以及
印刷技术本身)融合成一种全新的技术,这为欧洲引入了处于现代
制造技术核心的"可替换零件理论"(Steinberg,1955)。在美因

茨，约翰内斯·古腾堡（Johannes Gutenberg）开始使用一种技术印刷书籍（他印刷的《圣经》可以追溯至 1456 年），这种技术在 16 世纪得到完善，直到 19 世纪依然未变，甚至今天仍在使用。1480 年，欧洲 110 多个城市都有印刷机在运转：意大利有 50 个城市，德国 30 个，荷兰和西班牙各有 8 个，比利时和瑞士各有 5 个，英格兰 4 个，波希米亚 2 个，波兰 1 个。仅仅 20 年后，到了 1500 年，已有 286 个城市拥有印刷机。根据费弗尔（L. Febvre）和马丁（H. J. Martin）的计算，到了 1500 年，已有 10000～15000 种不同的作品被印刷出来，共有 35000 个版本，而且至少有两千万册书在流通。在整个 17 世纪，大约有两亿册书在流通（Febvre and Martin, 1958:396—397）。

阿尔多·马努齐奥（Aldo Manuzio）出版的小型书已经与今天的平装本类似。巴黎、里昂和威尼斯成了主要的出版中心。16 世纪末，里昂、梅迪纳德尔坎波（Medina del Campo）、莱比锡和法兰克福举办了最早的国际书展。每个版本的印数在 300 册到 3000 册之间，平均为 1000 册。

思想的传播和学术的进展现在需要企业家投入大量资本，并且承担很大的风险。在知识还只是产生于僧侣小屋和人文主义者书房的年代，这种难题并没有出现。

古代书籍

伟大的意大利人文主义者（如列奥纳多·布鲁尼［Leonardo Bruni］、瓜里诺·维罗内塞［Guarino Veronese］、吉安诺佐·曼内蒂［Giannozzo Manetti］和洛伦佐·瓦拉［Lorenzo Valla］等）相信，研习古代世界的伟大经典意味着回到一种更优越的文明，以及各种形态的人类社会所难以企及的典范。但人文主义者并不只是被动的模仿者，他们在自己的著作里不仅与中世纪经院学术的"野蛮"论战，也与因循重复和古典主义的危险论战。需要"竞争"（*aemulatio*）而非"模仿"（*imitatio*），成了从安杰洛·波利齐亚诺（Angelo Poliziano）到鹿特丹的伊拉斯谟的欧洲知识分子的战斗口号。人文主义者费力搜寻和评注的那些重见天日的佚失文本绝不仅仅是一些文献。在他们看来，他们运用精湛的语文学功底整理的古代文本包含着可以直接为科学及其实践所用的知识。有很多版本是直接根据希腊语原文整理的，也有很多译本不再根据希腊著作的阿拉伯文译本转译（这是中世纪的做法），它们的传播对科学知识的发展产生了重大影响。值得提及的重要版本包括：希腊语原文的欧几里得著作（巴塞尔，1533）以及由费德里科·科芒蒂诺（Federico Commandino）翻译的拉丁文译本（佩萨罗［Pesaro］，1572）；希腊语原文的阿基米德著作（巴塞尔，1544）和科芒蒂诺的拉丁文译本（威尼斯，1558）；科芒蒂诺翻译的阿波罗尼奥斯的《圆锥曲线论》（*Conics*）和帕普斯（Pappus）的《数学汇编》（博洛尼亚，1566；佩萨罗，1588）；托勒密的《天文学大成》（巴塞尔，1538）的整理本以及他的《地理学》（*Geography*）（直到中世纪才为人所知）的译本。希波克拉底作品最早的拉丁文译本（罗马，1525）出版之后，随即在 1526 年（威尼斯）和 1538 年（巴塞尔）又出版了希腊语的整理本。当前未知的那些论著在西方世界被重新发现之后，盖伦（Galen）的大量著作（其中许多曾在中世纪由阿拉伯语翻译过来,并且混杂有不少伪托的文献)得以精心地编排整合。盖伦的著作集先是于 1490 年出版了第一种拉丁文译本(威尼斯),随后又于 1525 年出版了希腊语的整理本(威尼斯),之后又有约阿希姆·卡梅拉里乌斯(Joachim Camerarius)和莱昂哈特·富克斯(Leonhart Fuchs)编辑的版本(巴塞尔,1538)。

旧 与 新

　　所谓"文艺复兴"时期的两个特征——对古人的重新发现以及对新事物的感知——以一种复杂的方式相互关联。对于古代,科学革命的领导者们与人文主义者有着完全不同的态度。培根和笛卡尔既使用古典文本,同时又拒绝接受古典世界的典范性。他们不仅拒绝迂腐的模仿和被动的重复,而且也拒绝"竞争",虽然人文主义者仍然认为"竞争"至关重要,但这些新思想家却不这样认为。与古人"争夺"的那块战场,如今也已被放弃:笛卡尔指出,一个在旅行上花太多时间的人会成为自己国度里的异邦人,同样,一个对过去过分好奇的人也容易对当下无知。培根认为古希腊人的精神狭隘而有限,如果遵循他们的道路,就不可能模仿他们。必须改变路线,扮演"向导而非裁判"的角色(Bacon,1887—1892:Ⅲ,572)。

　　1647 年,布莱斯·帕斯卡仍然认为,不可能提出新的观念而又不受责罚,因为对古代的尊重"已经达到了这样一种程度,以至于所有古代思想都被视为神谕,所有无法理解的东西都被视为奥秘"(Pascal,1959:3)。然而,即使是"竞争"也不再有意义。古人基于他们可资利用的唯一方式即肉眼来解释银河。我们今天对自然的了解比他们更多,这使我们可以持有新的观点而不致冒犯他们或显得忘恩负义。因此,我们可以说出与之相反的观点,而不与他们发生冲突(Pascal,1959:7—8,9—11)。

新天文学不仅不可估量地扩大了宇宙的边界,而且在某些情况下甚至宣称宇宙是无限的,这使许多人清晰地感到,他们所了解的传统知识已经终结了。皮埃尔·博雷尔(Pierre Borel)在 1657 年写道:"我们不知道有任何东西是不被争论或不可争论的。"天文学、物理学和医学"每天都摇摇欲坠,眼看着自己的基础渐渐垮掉"。彼得·拉穆斯(Petrus Ramus)摧毁了亚里士多德的哲学,哥白尼摧毁了托勒密的天文学,帕拉塞尔苏斯摧毁了盖伦的医学:"我们不得不承认,我们知道的东西要比不知道的东西少得多。"(Borel,1657:3—4)

意识到知识即将发生巨变,这种观念会带来兴奋和热情,但也常常带来惊愕、迷惑或无助的危机感,当时的很多文献都可以证实这一点。约翰·德莱顿(John Dryden)写道,在最近的这个世纪里,一种新的自然不是已经向我们清楚地显示出来了吗?"新奇性"这个主题充斥于整个欧洲文化,"新"这个词几乎强迫性地出现在 17 世纪数百部科学出版物的标题中,兹举几例:培根的《新科学》,弗朗切斯科·帕特里齐的《宇宙哲学新论》(*Nova de universis philosphia*,1591),吉尔伯特(Gilbert)的《我们月下世界的新哲学》(*De mundo nostro sublunary philosoplaia nova*,1651),开普勒的《新天文学》,伽利略的《关于两门新科学的谈话》,维托里奥·宗卡的《机器和建筑新览》(1607)等(Thorndike,1957)。

插图

根据潘诺夫斯基(Erwin Panofsky,他于 1943 年出版了一部关于丢勒的重要专著)的说法,15～17 世纪伟大的绘画和雕刻对自然世界的严格描绘之于描述性科学的重要性,并不亚于望远镜和显微镜的发明之于天文学和生命科学的重要性。植物学、解剖学和动物学文本中的插图不仅是对文本的简单补充,它们有自身的价值——由于缺乏恰当的术语(例如,直到 19 世纪才在植物学中实现),语词描述本身是不够的。艺术家在描述性科学中的协作产生了革命性的影响。

因此,让我们回到达·芬奇以及他对使所有事物变得可见的绘画艺术的兴趣。他所绘制的许多石头、植物、动物、云彩以及空气和水的运动,都显示了对于活生生的自然的科学认识。1506 年以后,达·芬奇的解剖画发生了重大变化,可能正是在这个时候,他读了盖伦的《论身体各部分的用途》(*On the Use of Parts*),他的解剖活动也变得越来越频繁。多年来,达·芬奇深入研究了脊椎动物的比较解剖学、鸟的飞行和生理光学,并为这些学科绘制了不计其数的画作。他研究了马的解剖,并且为计划中的米兰公爵洛多维科·斯福尔扎骑马雕像绘制了数百幅图(他于 1483 年开始这项工作)以及巨幅壁画《安吉亚里战役》(始于 1503 年)。但达·芬奇的好奇心远胜于对艺术解剖学或表浅肌肉解剖学感兴趣的其他雕塑家和画家。他是一位讲求方法的系统观察者,这种进路与他关于眼高于心、对真实世界的认真观察高于书本和经文的信念密切相关。这既导致了他最大的局限（经常被那些反对达·芬奇作为"现代科学家"的神话形象的人所引用），也造就了他独一无二的伟大。

达·芬奇的绘画尚未闻名。为活字印刷书籍插图的最早木刻画可以追溯到 1461 年。雕刻画（丢勒的作品属最著名之列）和蚀刻画（伦勃朗是使用这一技巧的艺术巨匠之一）的转变使插图艺术逐渐完善。第一部带有插图的解剖学著作是 1521 年贝伦加里奥·德卡皮（Berengario de Carpi）对蒙蒂诺·德卢齐（Mondino de'Luzzi）《解剖学》（*Anatomia*）的评注（1315 年到 1318 年间，德卢齐是博洛尼亚大学的教授）。其后有 1523 年的《解剖学简明入门》（*Isagoges breves in anatomiam*），以及这类文本中最著名的一种——查理·艾斯蒂安（斯蒂芬努斯·里韦留斯）（Charles Estienne，或 Stephanus Riverius）的《论人体各部分的解剖》（*De dissectione partium corporis humani*，1545）。但安德烈亚斯·维萨留斯在《论人体结构》中所作的精美的大幅版画，以其描绘人体解剖方面的精确性和准确性而超越了所有其他画作，当之无愧地标志着对真实世界的观察发生了根本转变。瓦萨里将这些画作归于提香的学生扬·斯蒂凡·凡·卡尔卡（Jan Stephan van Calcar）。我们只需将维萨留斯的插图与中世纪约略性的解剖图作一比较，便会赞叹它们在观察和再现人体方面的巨大飞跃。常常有人指出，1543 年，哥白尼为人类提供了新的宇宙形象，而维萨留斯则为人类的身体提供了新的图像。维萨留斯出生在布鲁塞尔的一个医生家庭，曾在鲁汶和巴黎学习，随后游历到意大利，在威尼斯待过一段时间。他于 1537 年前往帕多瓦大学教授解剖学，随后在博洛尼亚大学从事教学。1538 年，他出版了《解剖六图》(*Tabulae sex*)。1543 年，他前往巴塞尔亲自监督《论人体结构》及其《概要》(*Epitome*，亦于同年出版)的印制。这部杰作出版时，他只有 28 岁，他在序言中写道："我知道，由于年纪尚轻，我的工作不会有什么权威性，而且会因为我屡屡批评那些不合实际的盖伦原理而招致批评[……]除非它能找到一位杰出的庇护者。"这位杰出的庇护者正是查理五世皇帝，他任命维萨留斯为御医，这本书正是献给他的。

维萨留斯在构成著作内容的解剖方案和对营养过程的解释上沿袭了盖伦，并且重申了盖伦关于静脉系统比动脉系统更重要的信念。和盖伦一样，他也认为静脉源于肝脏。但他在序言中着重指出，他正在远离盖伦的传统，因为这位大师"不知道猴子的身体与人的身体之间存在着众多实质性的差异，而只注意到了脚趾和脚踝的弯曲有所不同"；而盖伦仅在一次解剖学演示中"就犯了 200 多次错误，没能正确地描述人体的部位、和谐、用途和功能"。

强调维萨留斯的"盖伦主义"的当代学者不仅往往忽视这些陈述，而且也没有考虑《论人体结构》受到了传统盖伦主义者的激烈批评。维萨留斯在巴黎的老师雅克·迪布瓦(雅各布斯·西尔维乌斯)(Jacques Dubois，或 Jacobus Sylvius)成了他最大的对手和敌人，时常称他为维萨努斯(*Vesanus*)，这是一个双关语，意思是"疯狂的或精神错乱的"，并且指责他用自己的作品毒害了医学界。维萨留斯热情支持将临床医学与解剖(和外科手术)完全合并；他批评那种缩减为书本文化的医学，并且力争将医学中的直接观察和理论结合起来。他提出了关于医生、医学教授以及"实验"科学中体力劳动与脑力劳动之间关系的新理想。他认为"鄙视体力劳

动"是医学堕落的原因之一。医生们只负责开药和规定食谱,并把
其余的医学丢给了"他们认为不比奴隶高明多少的所谓的外科医
师"。一旦把所有手术操作都转交给理发师-外科医师,"医生就不
仅失去了对内部器官的认识,其切割技巧也完全退化了"。医生不
会冒险亲自做手术,而那些做手术的人又太过无知,无法理解医生
的著作。因此,一种应受谴责的习俗被确立下来,即一个人做手
术,另一个人描述部位。后者"居高临下地、专横地喋喋不休",单
调地重复着从未直接观察而只是记自书本的事物。教学是如此糟
糕,以致学生们在混乱的气氛中学到的东西,甚至比屠夫在肉店里
所能教给医生的东西还要少(Vesalius,1964:19,25,27)。1555
年,《论人体结构》第二版出版,做了一些小的更正。维萨留斯被任
命为西班牙腓力二世的御医。他于1562年放弃了这个职位,并于
两年后在从耶路撒冷朝圣返回途中因海难去世。他本要应威尼斯
元老院的任命回到帕多瓦教书。

　　维萨留斯的伟大著作也见证了自然科学家、艺术家、制图员
和雕刻家之间日益紧密的合作。人们研究了绘制插图的技巧,
以及与工程学、动物学、解剖学和植物学相关的这类并不总那么
顺利的合作的种种形式。通过这些研究,可以一再看到16世纪发
生了一种异乎寻常的迅速转变,那就是从基于文本的插图转变为基
于自然的插图。两部重要著作标志着现代草药学传统的开端:由奥
托·布伦费尔斯(Otto Brunfels)撰写、并由汉斯·魏迪茨(Hans
Weiditz)绘制插图的《植物活图谱》(*Herbarum vivae icones*,
1530—1536),以及莱昂哈特·富克斯撰写的《植物志》(*De historia
stirpium*,1542)。两者的新颖性都更多地来源于插图而非文本。

47

在《植物志》的序言中,富克斯写道,这些插图竭尽全力"描绘了每一棵植物及其根、茎、叶、花、种子和果实;此外还有意避免以暗部阴影或其他艺术手法对植物的自然形态做任何修改"。至少在这个案例中存在着某种监督;"我们不允许艺术家沉溺于奇想,以免这些再现未能精确地符合现实"(Fuchs,1542:《序言》)。最早的大学植物园于 1544 年在帕多瓦和比萨建立。在 17 世纪初,作为维持大学名望的不可或缺的要素,"花园"仅次于解剖剧场。

动物学的百科全书著作要少得多。一些重要的"专论性"动物志(也配有重要的插图)包括:皮埃尔·贝隆(Pierre Belon)的《鱼的本性和多样性》(*La nature et diversité des poissons*,1555)和《鸟的自然志》(*L'histoire de la nature des oyseaux*,1555);纪尧姆·龙德莱(Guillaume Rondelet)的《论河海中的鱼》(*De piscibus marinis*,1554)和博洛尼亚大法官卡洛·鲁伊尼(Carlo Ruini)的精彩论著《论马的解剖和疾病》(*Dell'anatomia et delle infermitadi del cavallo*)。在一般性著作领域,除了乌利塞·阿尔德罗万迪(Ulisse Aldrovandi)的著作以外,康拉德·格斯纳(Konrad Gesner)的《动物志》(*History of animals*)也是 16 世纪文化的一部巨著。虽然英年早逝,但作为医生和人文主义者的格斯纳出版了关于植物学、语言学、阿尔卑斯山和登阿尔卑斯山的书籍。1545年,29 岁的格斯纳出版了《万有书库》(*Bibliotheca universalis*),这是一部关于拉丁文、希腊文和希伯来文印刷书籍的书目。1551年至 1558 年,《动物志》以五卷对开本(第五卷是在 1587 年格斯纳去世后出版的)和三卷本的《动物图谱》(*Icones Animalium*)的形式出版,共约 4500 页,并配有 1000 多幅由格斯纳家乡即苏黎世的艺术家们创作的木刻插图。著名的犀牛图乃是取自丢勒的版画，并且是根据二手材料绘制的。这幅插图——直到 18 世纪末仍然是所有犀牛插图的样板——表明，艺术家所知道的最著名的"异域"动物是一种覆有鳞片的龙（Gombrich, 1960）。除了鼻角之外，丢勒还在颈椎附近、耳朵之后增加了一只额外的、螺旋状的小角，直到 1698 年，这只角才从插图中消失。

格斯纳无视比较解剖学，他将各种动物按照字母顺序进行分类（因此，河马[*Hippopotamus*]便排在了海马[*Hippocampus*]和水蛭[*Hirudo*]之间）。每一种动物都常常以很长的一章来描述（对于马的描述有对开纸的 176 页，对于象的描述则有 33 页），各章之下所分的节以字母标出。这些小节记述了这种动物在不同的古代语言和现代语言中的名称，其栖息地、形态、疾病、行为、用途、繁殖、（假如可能的话还有）可食用性、对医学的用处、词源和谚语，等等。

贡布里希（Gombrich）在他关于"插图"论题和"写真的局限性"的论述中主张，一种业已存在的描绘"总是会对艺术家产生影响，即使他的目标是精确地描绘现实"，"视觉形象不会凭空产生"。这种观点显然是正确的。正如他本人曾经指出的那样，将哥特式建筑师维拉尔·德·奥内库尔（Villard de Honnecourt）所画的狮子和豪猪与丢勒的水彩画兔子作一比较，即可表明：在 14 世纪到 16 世纪之间出现了一种显著的风格变化。艺术"风格"失去了形式性，"学着以足够灵活的方式来适应"它所呈现的题材（Gombrich, 1950）。这种变化对科学知识的发展产生了重大影响。

48

新星

　　1609 年，伽利略·伽利莱开始用望远镜观测夜空。随后，他在 1610 年 3 月 12 日于威尼斯出版的一本名为《星际信使》(*Sidereus nuncius*)的小书中发表了自己的观测结果。伽利略称月球表面并非"如无数哲学家所声称的那样，和其他天体一样是均匀光滑且完全球形的，而是不平坦的、粗糙的、充满凹陷和隆起的，如同覆盖着地球表面的山谷和山脉一样"。经过更仔细的观测，他发现暗区与亮区之间的界限是不规则的和蜿蜒的，而月亮暗区中出现的光点与亮区融合在一起。地球上的情况不是也一样吗？晨光照亮了最高的山峰，而下面的平原仍处在阴影中。一旦太阳升起，阳光照耀下的群山最终会与平原连在一起。因此，月球的景观就像地球的景观一样。地球的特征在宇宙中并非独一无二。至少就月球而言，天体并非天然不同，它们并不拥有古老传统赋予它们的那些绝对完美的特征。星体的数量要比"肉眼"可见的多得多。望远镜揭示出一个充满无数天体的天空。它显示出已知星座的复杂结构，并且揭示了银河的本性："我们观察到的是银河的本质或物质，我们借助于望远镜对它作了仔细考察。数个世纪以来一直困扰哲学家的奥秘，现在可以通过我们能够亲眼所见的东西来解决，从而使我们从烦琐的讨论中解脱出来。"能够看到月球表面的暗区使伽利略断言，太阳光被从地球反射到月球又反射回来。至于星体，他最终得出结论说，恒星与行星之间存在着巨大差异：恒星看起来仍然像是被"闪烁的光线"包围的亮点，透过望远镜去看并不显得更大；而行星看起来像是完美的圆球且有明确的边界，如同小型的月亮，可以被望远镜放大。因此，恒星与地球之间的距离要比行星与地球之间的距离大得多。

伽利略还在《星际信使》中提出了另一项重要发现，关于它的内容至今仍然回荡着预见到一种新真理所伴随的那种战栗感。1月7日晚上，他观测到木星旁边有三颗明亮的小星，东边两颗，西边一颗。第二天晚上，它们的位置发生了变化，它们都位于木星的西边，而到了1月10日，有两颗在东边，第三颗则似乎隐藏在了木星后面。1月12日，经过两个小时的观测，伽利略看到第三颗星又重新出现了，次日夜晚则出现了四颗星：它们是木星的"月亮"或卫星（现在被称为"伊俄"[Io，木卫一]、"欧罗巴"[Europe，木卫二]、"盖尼米德"[Ganymede，木卫三]、"卡利斯托"[Callisto，木卫四]），伽利略称之为"美第奇星"，以向美第奇家族的科西莫二世（Cosimo Ⅱ）表示敬意。

伽利略的发现的革命性得到了其同时代人的认可。在一首献给"我们这个世纪最杰出的数学家"的诗歌中，约翰内斯·法伯（Johannes Faber）宣称，曾在未知海域航行的韦斯普奇（Vespucci）和哥伦布应当让位于给全人类带来新星座的伽利略。人们常常将其与地理大发现和新世界航行进行类比。在英格兰，威廉·罗威尔（William Lower）写信给他的朋友托马斯·哈利奥特（Thomas Hariot）说，伽利略的成就甚至要比同样开辟了未知领地的麦哲伦更大。在1612年的一部描述他所生活的知识界的著作中，弗朗西斯·培根赞扬了"力学家的勤勉，一些学者的热情和精力，他们最近使用像小船一样的新光学仪器以天界的奇迹开启了新的事业"。

培根又说,他们的事业应当被视为"某种值得全人类追求的高贵的东西,那些勇敢的人也应当因其坦诚和清晰而得到赞誉,他们条理清晰地解释了其研究中的每一步"。虽然培根并不接受哥白尼的宇宙论,但他仍然是一位伟大的哲学家。而英格兰驻威尼斯大使亨利·沃顿(Henry Wotton)爵士虽然极富修养、斯文儒雅,却并非大哲学家。《星际信使》出版当日,他便送了一本给国王,并承诺很快送去一架望远镜,他的话清楚地表达了伽利略的观测结果对于传统宇宙论的挑战:"我把地球上闻所未闻的最奇特的消息连同这封信一起送给陛下。我指的是我所附上的那位帕多瓦数学教授的书[……]。他先是推翻了所有之前的天文学[……]然后是所有的占星学[……]。这位作者要么会极负盛名,要么会极为荒谬。"

这其中不乏激烈的争论、坚决的拒斥以及亲亚里士多德主义学院派所表现出的顽固不信。伽利略在帕多瓦的同事和朋友,即著名的克雷莫尼尼(Cremonini),不相信伽利略看到了任何东西,他反对那些"令人头脑昏乱"的"眼镜",并谴责伽利略卷入了"所有这些阴谋"。博洛尼亚的天文学家乔万尼·安东尼奥·马吉尼(Giovanni Antonio Magini)采取了一种敌视和恶意的立场。当伽利略1610年4月在博洛尼亚试图向全体教员证明他的发现时,后来成为伽利略死敌的马丁·霍尔基(Martin Horky)写信给开普勒说,他"已经用低等和高等的事物以多种方式检验了伽利略的仪器;虽然对于前者它表现良好,但对于天界它却失灵了,因为恒星看起来是完全一样的"。

最终,开普勒承认了伽利略的工作;在最初的怀疑之后,罗马的耶稣会士们也承认了伽利略的工作。伽利略赢得了胜利,因为正如他后来所说，为了战胜不屈不挠的最终反对者，以及让那些基于逻辑和形而上学的理由拒绝接受月亮山脉或木星卫星的教授们闭嘴，甚至连"众星自身的宣誓证词"也是不够的。通过使用一种能够辅助、完善和提升人类感官的机械工具，宇宙的实在性得到了扩展。对于那时的人来说，伽利略的天文观测不仅标志着一种世界观的终结，而且代表着一种新的经验和真理概念的诞生。"眼见为实"，证据最终打破了一个无尽的争论循环。

发现一个未知的视觉世界

在 17、18 世纪，人们对于无限小和无限大（比如无尽的距离和一个似乎无限的宇宙）有同等程度的痴迷。自然作为一种"形式的实满"（*plenum formarum*），即一个无限的形式等级结构，一个完全的、被分成无尽等级的存在之阶（过去两个世纪的哲学里伟大的观念之一），这个概念本身似乎就意味着存在一种微小而不可见的实在，它必然不为人类有限的视觉能力所见。1664 年，亨利·鲍威尔（Henry Power）出版了《实验哲学》（*Experimental Philosophy, Containing New Experiments Microscopical, Mercurical, Magnetical*）。他认为"新的屈光学发现"证明，人类肉眼可见的最小物体仅仅是两个无法察觉的极端的"一种比例平均"。甚至连自然可以通过研究其微粒结构或细胞结构而得到解释，这种观念也暗示着对于能够拓展人类感官自然范围的仪器的兴趣。培根的《新大西岛》（*New Atlantis*, 1627）中的居民拥有比当时使用的眼镜和镜片更加优越的视觉辅助，使他们能够"完美而清晰地看到微小的物体,比如小苍蝇和蠕虫的形状和颜色,宝石中的颗粒和缺陷,还可以观察尿液和血液,若非如此,这些东西都是不可见的"(Bacon,1975:861)。

然而,在显微镜及其对科学的贡献的历史中,最具戏剧性的莫过于望远镜历史上的 1609 年。人们常常指出,望远镜在一个深深地植根于古代的既定科学框架中发挥了影响力,而显微镜则是在一个最终导向新科学的漫长过程的开端被引入的。组织学(histology)和微生物学直到 18 世纪才建立起来。"显微镜"(*microscopium*)一词最早出现在 1625 年 4 月 13 日约翰内斯·法伯致弗雷德里科·切西(Federico Cesi)亲王的信中。切西和三位朋友于 1603 年开始学习科学,那时他们都还年轻,并且是猞猁学院的核心成员。关于显微学的第一本"单独的"著作是皮埃尔·博雷尔的《显微镜观测百图集》(*Centuria observationum microscopicarum*,1655)。

17 世纪初的显微镜是一种管状的"小眼镜",一端是透镜,另一端是放在载玻片上的物体。物体被放大到约为十倍的直径。猞猁学院最早的成员使用了这种仪器,事实上,他们学院的名称指的就是猞猁敏锐的视觉。1625 年,切西给《论蜜蜂》(*Apiarum*)补充了一幅《蜜蜂图》(*Tavola dell'ape*),并且在斯泰卢蒂(Stelluti)的《佩尔西乌斯著作译文》(*Persio tradotto*,罗马,1630)中出版。这很可能是最早印制的用显微镜看到的物体的插图。斯泰卢蒂坚持认为,能在插图中看到的东西"是亚里士多德和其他任何博物学家所未知的"。除了一只"正在走路的"蜜蜂的图像,还有关于它的翅膀、舌、"毛茸茸的眼睛"和足的插图。1644 年,奥迪亚纳(Odier-

na)在巴勒莫研究了各种昆虫的复眼。两年后,丰塔纳(Fontana)在那不勒斯完成了一项关于醋线虫的研究。

所谓的"古典显微学家"——罗伯特·胡克(Robert Hooke)、安东尼·凡·列文虎克(Antony van Leeuwenhoeck)、扬·斯瓦默丹(Jan Swammerdam)、马切洛·马尔皮基和尼希米·格鲁(Nehemia Grew)——则属于下一代人。他们使用的仪器可将物体放大到 100 倍,尽管分辨率并不高。在复式显微镜(列文虎克并未使用)中,物镜固定在纸管末端,目镜的管子安装在物镜内部,通过上下滑动管子来聚焦。这种类型的显微镜(由坎帕尼[Campani]在意大利制造)广为人知。胡克描述的那种显微镜有一套用来聚焦的螺旋机械装置,它由一个大的圆柱体所组成:物镜是一个由光阑控制的双凸透镜,目镜则由一个平凸透镜和一个小的双凸透镜所组成(直到 1720 年左右才发明出向上投光的镜子)。这些显微镜(以及列文虎克的小到令人难以置信的镜片)并非只限于放大已知世界(就像切西放大蜜蜂一样),而是开启了一个由具有结构的矿物质和有机组织所组成的令人意想不到的新世界,一个由肉眼看不到的生命有机体所栖息的世界。

让我们简要地回到插图及其对科学的重要性这一主题。和一个世纪前维萨留斯的著作一样,著名建筑师克里斯托弗·雷恩(Christopher Wren)为胡克的《显微图谱》(*Microscopia*,1665)绘制的精美版画使这部作品在同时期的其他作品中脱颖而出。《论肺》(*De pulmonibus*,1661)的作者马切洛·马尔皮基是胡克的同时代人,他显然是比胡克更优秀的生物学家。一个半世纪以来,人们已经承认插图艺术对科学多有助益,但第一代显微学家似乎没有意识到这一点。《显微图谱》中 32 幅精细的图片(在 19 世纪的教科书中仍在使用)表明了这一媒介的潜力(Hall,1954)。

胡克不仅观察了针尖、跳蚤、苍蝇、蚂蚁、虱子等其他人从未观察过的物体,而且还以非凡的精确性事无巨细地描述了他所看到的东西。他说苍蝇眼睛的外壳柔软而透明,就像人的角膜一样。当眼球和暗色的黏液物质被去除时,胡克指出,"遮盖物是如此透明,就像一层薄薄的皮肤,许多小孔与外部突起有同样的排列"。显然,这个奇异的装置是苍蝇和甲壳类动物的视觉器官(Hooke,1665:《序言》);"细胞"(cell)一词第一次被用于其第 18 项观察的标题中,"论软木塞的样式(Schematisme,这是培根的用语)或质地,以及其他一些这样的多泡体的细胞和孔腔"。他之所以使用这个词,是因为这些结构与蜂巢的蜂房(cell)类似,因此认为胡克是细胞的发现者是错误的。

作为培根传统的科学家,胡克经常强调对感官领域的拓宽。望远镜敞开了对天空的观察,揭示了"大量不为古代天文学家所知的新的星体和运动"。与此同时,曾经熟悉的地球现在看起来也是新的,对其物质的每一次观察都揭示了"与我们曾在整个宇宙中发现的同样丰富的各种有机体"。"新的仪器使我们既可以考察可见世界,又可以发现未知世界:望远镜和显微镜的每一次显著改进都"带来了我们未曾见过和知晓的新世界和新领域。"(Hooke,1665:177—178)

53　　在 1677 年皇家学会的几次会议上,胡克读到了列文虎克写给那个著名学会的一封长达 17 页的信。这位作者既不是自然哲学家,也不是学者。列文虎克是荷兰南部代尔夫特(Delft)总督的管家,他亲手制作了数百个微小的双凸透镜(直径小于 2.5 毫米),并将它们放置在金属支架上,用作单式显微镜。他凭借配镜师的卓越技艺(他开发的一种镜片被证明优于其他任何已知的单式镜片)和不知餍足的好奇心观察了精子和红血球,并且鉴定出原生动物和细菌。1674 年 9 月,他描述了生物体在一滴水中的运动:"[……]看起来迅速而奇妙,我判断这其中的一些小生物比我迄今为止在奶酪或霉菌中看到的最小的生物还要小一千倍以上。"微小的动物甚至活在人体内部。1676 年 10 月,他这样描述原生动物:"就好像用肉眼看到小鳗鱼彼此扭动翻转那样,水似乎因为这些不同的小动物而变得有生命了;对我来说,这是我所观察到的所有自然奇迹中最伟大的。"

新世界

何塞·阿科斯塔(José Acosta)写道:"在印度,一切事物都是奇妙的、令人惊讶的、与众不同的,而且规模比旧世界的任何东西都要大。"哥伦布、麦哲伦以及其他许多现代早期的探险家和航海家,都曾目睹从未见过的事物,就像伽利略、胡克和列文虎克后来所做的那样。新大陆的发现也挑战了古代的优越性。许多水手自称能够看到与希腊哲学家和教父的说法相反的东西,涉及热带地区的可居住性、对跖点的存在、大洋上的航行以及赫拉克勒斯之柱(Pillars of Hercules)的无法通行,等等。

新世界有未知的植物(玉米、木薯、土豆、豆类、西红柿、胡椒、南瓜、鳄梨、菠萝、可可、烟草、橡胶树)和未知的动物(火鸡、美洲驼、猞猁、美洲狮、大兀鹰、美洲豹、貘、羊驼、大鳄鱼）。曾在圣多明各担任黄金检验员逾四十年的冈萨罗·费尔南德斯·德奥维耶多·瓦尔德斯(Gonzalo Fernández de Oviedoy Valdés)在《印度群岛的通志和自然志》(*Historia general y natural de las Indias*，1526)中描述了新的动植物。在 16 世纪初的海图和地图中，新大陆上居住着独角兽、狗头生物以及胸部长着眼睛、鼻子和嘴巴的人；德奥维耶多没有对怪物和假想的生物做这种描述。他相信同

54　一个自然在世界的不同地区具有不同形态；在一个地方被认为危险的植物在另一个地方并不危险，人可以有白色或黑色的皮肤，在欧洲敏捷迅速的老虎在"陛下统治的印度群岛则沉重而缓慢"。甚至连耶稣会士阿科斯塔也在《印度群岛的自然志和道德志》(*Historia natural y moral de las Indias*，1590)中描述了土壤、矿物、火山、金属、植物、动物、鱼类和鸟类的特征。新世界居住着"希腊人、拉丁人或这个世界(*mundo de acá*)上任何其他人从未见过的许多动物"。赞赏伽利略并曾与开普勒通信的大数学家托马斯·哈利奥特在 1588 年的一本名为《关于新发现大陆的简要而真实的报告》(*A Briefe and Troue Report of the New Found Land*)的小册子中触及了类似的主题。在意大利，切西获得了《墨西哥宝典》(*Tesoro messicano*)或《新西班牙药典》(*Rerum medicarum Novae Hispaniae thesaurus*)的手稿，这是基于国王腓力二世的御医弗朗西斯科·埃尔南德斯(Francisco Hernández)的报告而编纂的异国动植物汇编。经历了一系列编辑事故之后，斯泰卢蒂于 1651 年出版了这部作品。

　　阿科斯塔还详细讨论了新世界的男人、女人及其习俗。这本

书于 1604 年被译成英文,1606 年译成意大利文,1624 年译成荷兰文,在从 16 世纪中叶至维柯(Vico)时代的欧洲文化大辩论中,这本书占据了中心地位。书中提出了许多困难的问题,比如如何调和圣经叙事与有些人的居住地距离犹太教-基督教世界的中心很遥远这一事实;美洲土著是否来源于曾经开化、但随后又陷入野蛮的种族;地球不同地区的不同种族和民族是否有着不同的起源;如何能够解释所有人都是亚当的直接后裔?大洪水是波及了地球上的所有土地,抑或只是一场局域性的灾难,如果是后者,那么《圣经》中的记述是否仅限于一个地方的一个族群;如何能够解释与已知的动植物如此不同的生物的存在;新世界的动物是如何登上并走下挪亚方舟的;为何旧世界没有这些物种幸存下来;在上帝在第六日的创造之后,是否可能继续创造了新世界;最重要的是,旧世界的人是如何到达新世界的?

　　各种自由派思想家都用新世界的发现来表达他们对《圣经》记述的有效性的怀疑,并且提出了在 17 世纪末和 18 世纪非常流行的那种亵渎神圣的问题,他们自称卢克莱修主义者、斯宾诺莎主义者和唯物主义者。卡尔达诺含蓄地断言人从物质中自发产生。亚里士多德主义者安德烈亚·切萨尔皮诺(Andrea Cesalpino)明确表示,"包括人在内的所有动物都可能起源于腐败的物质",他认为,这在像新世界这样草木繁茂的热带更容易见到。乔尔达诺·布鲁诺认为,动物和人在新世界的存在并不构成问题,它证明每一块土地都会产生自身种类的动物。认为美洲人是亚当的后裔,这是荒谬的,"事实上,并非第一只狼、狮子或牛孕育了生活在世界各地的所有狼、狮子和牛,而是不同地方从起源处就产生了自身的种类"。多源发生论者与单源发生论者（如阿科斯塔）之间的争论注定是轰动性的。

　　帕拉塞尔苏斯不会将人的特征归于新世界的族群。和巨人、侏儒和山泽仙女一样，"他们在各方面都与人相似，除了他们的灵魂"。就像"蜜蜂及其蜂王以及野鸭及其领导者一样，他们不是按照人间法的秩序活着，而是遵照自己的固有天性活着"。甚至连人文主义者胡安·吉内斯·德塞普尔韦达（Juan Ginés de Sépulveda）也和其他作家、哲学家和旅行家一样，声称美洲土著是一个能做出任何"恶名昭彰之事"的人类亚种。蒙田在《随笔集》（*Essays*，1580）中对巴西部落的男子提出了一种截然不同的观点："采用欧洲人或基督徒的观点来判断非欧洲族群既不可能也不公正。"人类表现为无限多种形态，"每一种都声称另一种是不开化的"（Montaigne，1970：272）。

　　关于"善与恶的野蛮人"的讨论与生物学和政治哲学中的事件相互交织。在布封（Buffon）、修道院院长科内利乌斯·德波（Corneille de Pauw）和浪漫主义者之前，人们并不怀疑新世界的所有自然都是"退化的"、"颓废的"甚至"劣等的"。黑格尔在《历史哲学》（*Philosophie der Geschichte*）中称新世界的动物更小、更弱、更不强健。

第五章 新的宇宙

哥白尼

一位名为尼古拉·哥白尼（Niklas Koppernigk，1473—1543）
的波兰天文学家选择将他的名字拉丁化为"Copernicus"。在现代
世界，这个名字渐渐代表了一场伟大的思想发展、一个新时代的诞
生和一场思想革命。但经常有学者指出，尼古拉·哥白尼从未采
取一种革命立场，无论在个人还是专业上。和所有优秀的人文主
义者一样，他相信在古代哲学家的作品中可以找到一种计算天体
运动的新方法，从而解决未被解答的天文学问题。他认为自己的
作品试图恢复毕达哥拉斯和菲洛劳斯（Philolaus）的古老学说。他
谨慎而犹豫不决，担心自己关于地球运动的古怪和不寻常的想法会
遭到神职人员和学者的"蔑视"。他最伟大的著作《天球运行论》
（1543）仿效了托勒密的《天文学大成》，逐卷逐节地遵循着它的结
构。开普勒后来评论说，哥白尼诠释了托勒密，而不是诠释了自然。

1466 年，哥白尼出生在当时波兰国王统治的维斯图拉河畔的
小镇托伦（Toruń，德语写作 Thorn）。身为商人的父亲去世后，他
被舅舅（后来成为瓦尔米亚［Warmja］的主教）收养。他先是在克
拉科夫大学学习，随后在舅舅的敦促下去了意大利。根据《日耳曼

民族》(*Natio Germanorum*)的记录,哥白尼 1496 年就读博洛尼亚大学,在那里成了天文学家多梅尼科·马利亚·诺瓦拉(Domenico Maria Novara,1454—1504)的朋友和学生。1500 年他去了罗马,次年回到波兰担任弗劳恩堡(Frauenburg)主教座堂的教士。然而同年他又回到意大利,先是在帕多瓦学了四年医学和法律,然后在费拉拉大学获得了教会法的博士学位。1506 年,在意大利待了 9 年之后,他回到波兰,担任他舅舅的秘书和医生。1512 年舅舅去世后,哥白尼回到弗劳恩堡生活,在那里度过了余生,并且撰写了他的杰作。

57

　　1507 年至 1512 年(虽然专家们在这些时间上意见不一),哥白尼草拟了《关于天界运动的假说简短评注》(*De hypothesibus motuum coelestium commentariolus*),它以抄本形式广为流传。该文本提出了将要建立一种新天文学的七条要求(*petitiones*)。

　　(1)不存在一个所有天体的运动中心(这意味着有两个旋转中心——行星围绕太阳和月球围绕地球——而不是托勒密描述的那一个中心)。

　　(2)地心并非宇宙的中心,而只是重力的中心和月亮天球的中心(这条"要求"导致需要对重力进行解释)。

　　(3)所有行星都围绕太阳旋转(因此,太阳相对于宇宙中心是偏心的)。

　　(4)与太阳到恒星天球的距离相比,地球与太阳的距离小到可以忽略不计(这意味着宇宙太过巨大,以至于地球的运动不会导致恒星的任何明显的相对运动)。

　　(5)天界所有视运动并非源于天界中的运动,而是源于地球的运动。天穹静止不动,而地球及其最近的元素(它的水域和大气)则围绕其固定的极点作完整的周日旋转。

(6)太阳的视运动并非源于其自身的运动,而是源于地球绕太阳的运动。因此,地球有不止一种运动。

(7)诸行星看上去的逆行和顺行并非源于它们自身的运动,而是源于地球的运动。地球的运动足以解释天空中所有表面的不一致(所谓行星的"逆行"实际上是视运动,因为它们依赖于地球的运动)。

大约在这个时候,哥白尼将其鸿篇巨制《天球运行论》的手稿交予他早期的弟子和仰慕者格奥尔格·约阿希姆·雷蒂库斯(Georg Joachim Rheticus, 1514—1576)。雷蒂库斯原本的姓是"劳申"(Lauschen),他也改过名字,以确认自己出身于罗马的雷蒂亚(Rhaetia)行省。1540年,他出版了《第一叙事》(*Narratio Prima*),该文本将对罗马帝国衰落的占星学反思、穆斯林帝国的诞生、基督的再临与对哥白尼天文学理论的清晰解释结合在一起。随着此书次年在巴塞尔重印,关于哥白尼的作品和思想的知识传播到了更广泛的学术受众那里。

雷蒂库斯热情地宣称,哥白尼体系比托勒密体系更简单、更和谐。所有行星运动都可以通过地球的匀速运动来解释。通过将太阳固定在宇宙中心,并允许地球沿着偏心轨道绕之旋转,天体的真正智能完全依赖于行星地球本身规则而均匀的运动。为什么哥白尼不能采用地球运动的"方便理论"呢?这样一来,为了构建一种关于天界现象的精确科学,只需要"第八层天球,太阳在宇宙中心保持不动,要想解释其他行星的运动,只需将偏心圆与本轮、偏心圆与偏心圆以及本轮与本轮结合起来"(Rheticus, 1541：460—461)。将运动归于行星地球可以使我们重新肯定，天界的运动本质上是圆周运动。传统宇宙论将行星置于一个本轮之上，而该本轮的中心则在地球的均轮上围绕地球旋转，从而解释了逆行。在新的体系中，行星一直在运动，而且全都沿同一个方向。不规则的运动源于运动地球上观察者的视角在不断变化。

据说哥白尼在灵床上收到了《天球运行论》（出版于 1543 年 5 月）。在献词中，哥白尼和之前的雷蒂库斯一样坚称自己的体系更简单、更和谐。他比较了新旧两种体系，并且指出了传统天文学家信念中的分歧、怀疑和矛盾。

哥白尼革命既不在于天文学方法的改进，也不在于发现新的数据，而在于基于托勒密天文学所提供的那些事实构建一种宇宙论。此外，这种宇宙观与几个基本的亚里士多德主题深刻地联系在一起：哥白尼的宇宙是完全球形的和有限的；所有物体都倾向于的球形是一种完美的形式，是一个被正确地归于神圣物体的自足整体；水晶天球的圆周运动源于它们的运动是圆周的（*mobilitas sphaerae est in circulum volvi*），太阳的静止状态（和恒星的静止一样）源于它的神圣性，其中心性源于这盏"世界之灯"位于"同时照亮万物"的最佳可能位置(Copernicus, 1979：212—213)。

新体系看起来比它实际上更简单：为了证明观测数据的正确性，哥白尼首先不得不将宇宙中心指定为地球轨道的中心，而不是指定为太阳（他的体系被称为日静的，而不是日心的）；于是，和托勒密一样，他不得不引入围绕其他圆环旋转的一系列圆环；最后，他不得不赋予地球（除了绕轴自转和围绕太阳的旋转）第三种倾角运动(*declinationis motus*)，以证明地轴相对于恒星天球是不变的。

哥白尼革命并不只是用新观念挑战旧观念，而是成功地实际取代了托勒密，并通过计算和行星表改进了《天文学大成》。由伊拉斯谟·莱茵霍尔德(Erasmus Rheinhold，1511—1553)拟订的新的星表被称为《普鲁士星表》(*Prutenic Tables*)，它基于哥白尼的观念，甚至连新世界体系最激烈的反对者也接受它。莱茵霍尔德本人也从来不是一个哥白尼主义者。《天球运行论》所描述的体系基于复杂的毕达哥拉斯主义数学，给专业天文学家留下了深刻的印象。他们当中的一些人发现新体系不仅比旧体系更简单、更和谐，而且也更加符合(哥白尼所坚持的)形而上学假设，即天界的运动是完美的圆形。

哥白尼的杰作甚至没有包括被认为构成了伟大的"天文学革命"的许多基本要素：消除偏心圆、本轮以及坚固天球的实在性，或者暗示一个无限的宇宙。但的确有一些文本虽然本身并不具有革命性，却可以引发巨大的思想革命。哥白尼就是如此，就像后来的达尔文一样。这些文本被越来越多的非专业人士阅读，即使理解得不是非常精确。它们吸引了读者的理智和想象力，废除了陈旧的、既定的答案，并且引出了一系列新问题，例如什么是重力？为何重物会落到移动地球的表面？行星由什么东西推动，它们如何保持在轨道上？宇宙有多大？地球与恒星之间的距离是多少？科学界之外也有问题被提出。接受地球运动和新的世界体系不仅引发了天文学和物理学的剧变以及对其进行重构的必要性，而且也改变了人对世界、自然以及人在其中地位的看法。任何不稳定的体系(这无疑是哥白尼时代天文学的状况)都有其成问题的观点，

60 这些观点是不可触及的,以免整个体系发生崩溃。地球的运动就是其中之一。

支离破碎的世界

在 1539 年的一次桌边谈话(*Table Talks*)中,路德提到一个"愚人天文学家"声称地球在运动,旨在颠覆整个天文学,并且挑战《圣经》中关于约书亚命令太阳而非地球停住不动的说法。哥白尼的杰作出版 6 年之后,菲利普·梅兰希顿(Philip Melanchthon)在其《物理学纲要》(*Elements of Physics*)中强调,那些认为八层天球和太阳并非围绕地球旋转的人持有的是"缺乏诚实和体面"的有害观点。而甚至没有提到哥白尼的加尔文(Calvin)则极力重申《圣经》的字面真理。

关于新教和天主教对哥白尼学说的反应已有许多讨论。一个著名的编史学传说认为,罗马教廷和经院神学家对此一直基本上漠不关心。1546 年,即哥白尼去世后仅三年,多明我会修士托洛萨尼(Tolosani),巴托罗缪·斯皮纳(Bartholomew Spina)的伙伴和教皇神学家,作为准官方发言人表明了罗马教廷对哥白尼学说的看法,并且在一份直到 1975 年才公之于世的文件《论圣经的真理性》(*De veritate Sacrae Scripturae*)中批评了新体系。按照托洛萨尼的说法,哥白尼的学说有一个根本缺陷:它违反了"科学的从属"(*subalternatio scientiarum*)这一不可放弃的基本原则,即"一门较低的科学需要一门较高的科学"。这绝非小事,因为最高的科学——神学——为宇宙论者提供了一种关于物理宇宙的描述,没有任何科学能与神学相冲突。哥白尼虽然是一位有才华的数学家和天文学家,但被认为"在物理科学和辩证法方面能力较弱,在《圣经》方面缺乏经验"。另一位多明我会修士托马索·卡齐尼(Tommaso Caccini)认真研究了托洛萨尼的论文,1614 年 12 月 20 日他在佛罗伦萨新圣母玛利亚教堂的讲坛上对哥白尼学说所作的猛烈攻击,是教会 1616 年谴责哥白尼的理论"在哲学上愚蠢荒谬和明显异端"的基础。在给教皇保罗三世的献词中,哥白尼曾诉诸他的影响和判断,以"遏制中伤者的叮咬,尽管俗话说,对诋媚者的牙齿没有解药"(参见 Camporeale,1977—1978;Garin,1975:283—295;Kuhn,1957:143)。

　　事实上,随着时间的推移,将会有很多叮咬,但就像面对新事物时常常发生的那样,也有来自专家的谨慎接受、热情、反对,特别是对怀疑和困惑的表达。初版 13 年后,《天球运行论》于 1556 年 61 在巴塞尔再版,并将雷蒂库斯的《第一叙事》收入附录,以向外行解释新世界体系的重要性。莱茵霍尔德的《普鲁士星表》(1551)于 1557 年得到修订和增补。一年以前,医生和数学家罗伯特·雷科德(Robert Recorde,1510—约 1558)的《知识的城堡》(*The Castle of Knowledge*)在伦敦出版。在大师(Master)与学者(Scholar)的对话中,①大师认为现在讨论地球是否运动为时尚早,因为认为它稳定的想法是如此牢不可破,以至于提出相反的看法是疯狂的,而学者则认为,广泛持有的观点并不总是正确的。

---

　　①　雷科德的绝大部分著作都是以"大师"与"学者"的对话形式写成的。——译者

　　尽管如此,大多数天文学家都谨慎行事。除了开普勒和伽利略这两个显著的例外,他们都拒绝宣称有一个体系优于托勒密体系。新的星表的成功引发了以托马斯·布伦德维尔(Thomas Blundeville)1594 年的评论为代表的回应,布伦德维尔指出,哥白尼借助于一个错误的假说,成功地作出了比以前更严格的证明。图宾根天文学教授米沙埃尔·梅斯特林(Michael Maestlin,1550—1631)在其《天文学概要》(*Epitome of Astronomy*)的最终版(1588年)中增加了一个附录来解释哥白尼体系。由于梅斯特林是开普勒的老师,我们可以认为他以哥白尼体系指导学生。他还帮助开普勒撰写和出版了《宇宙的奥秘》(*Mysterium cosmographicum*,1596)(其中包含复杂的计算),为了表示感谢,作者给了他一个镀金的银质高脚杯和 6 个银币。1587 年左右,黑塞-卡塞尔(Hesse-Kassel)的伯爵领主威廉四世的天文学家克里斯托弗·罗特曼(Christoph Rothmann)在给第谷·布拉赫的信中热情地捍卫哥白尼的学说。他驳斥了反对地球运动的传统论证,宣称不可能捍卫对《圣经》的字面解释,否则人们将不得不相信"天上的水"的存在,这在整个中世纪都是一个至关重要的问题。

　　数学家乔万尼·巴蒂斯塔·贝内代蒂(Giovanni Battista Benedetti,1530—1590)在他的《数学和物理学思辨种种》(*Book of Diverse Speculation on Mathematics and Physics*,1585)一书中指出,亚里士多德主义观念对哥白尼毫无价值。在哲学家中,除了托马斯·迪格斯(Thomas Digges)和乔尔达诺·布鲁诺,还有弗朗切斯科·帕特里齐(1529—1597)的观点。帕特里齐是一位研究柏拉图主义哲学的教授,先是在费拉拉大学任教,后被克雷芒八世召到罗马,从今天的角度看,他的宇宙论观点是一种奇特的混合。在帕特里齐的体系中,地球仍然是宇宙的中心,太阳围绕地球运转,然而事实上,地球却按照哥白尼的理论运动,尽管只是周日自转(帕特里齐拒斥了哥白尼描述的另外两种运动)。星星并非固定于真实的天球上,而是像巨大的动物一样依靠自己的灵魂驱动。存在着唯一一个连续而流动的天空。恒星只是看起来在运动,并且依赖于地球的绕轴周日自转。星星并非都与地球等距,并且散布于无限的宇宙中。 62

　　天文学家们也许并不高兴,但拒斥哥白尼学说的人与那些接受它或怀疑其新颖性的人之间的分界线,并不仅仅是专业天文学家与哲学家或文学家之间的分界线。例如,最初在英格兰支持哥白尼理论的人既很难跻身"现代人"之列,亦非新科学方法的倡导者。罗伯特·雷科德认为天文学是占星学的婢女。哥白尼主义数学家约翰·迪伊(John Dee,1527—1608)著有著名的《欧几里得〈几何原本〉序言》和《象形单子》(*Monas hieroglyphica*,1564),这本书讨论的是由犹太教卡巴拉(Cabala)的奥秘、毕达哥拉斯主义数的组合和赫尔墨斯主义封印(Hermetic Seal)所揭示的超越天界的德性(super-celestial virtues)。托马斯·迪格斯(1543—1575)在他所撰写的一个附录中提到了隐秘事物(回忆起三重伟大的赫尔墨斯以及斯泰拉图斯·帕林吉尼乌斯[Stellatus Palingenius]1534 年的诗歌《生命的天宫》[*Zodiacus vitae*]),并将它补充到他父亲 1576 年版的《永恒的预言》(*Prognostication Everlasting*)中。该附录题为《对天球的完美描述》(*Perfit Description of Caelestiall Orbes*),他描述了不动的恒星天球处在一个没有上界的无限球体中,它是"幸福的宫殿[……]天使的宫廷，没有忧伤，到处都是[……]选民的居所"。乔尔达诺·布鲁诺（1548—1600）1585 年前后居住在伦敦，他竭力捍卫哥白尼主义世界观。在《论无限宇宙和诸世界》（*On the Infinite Universe and Worlds*，1584）中，布鲁诺结合星界魔法和太阳崇拜的背景描述了哥白尼的理论，并将它与菲奇诺的《论从天界获得生命》（*De vita coelitus comparanda*）中的主要主题联系在一起。他认为哥白尼的"图"揭示了上帝的"象形文字"：地球运动是因为它围绕着太阳生活；行星就像活的星体一样和她一起旅行；其他无数世界像巨大的动物一样生活和移动，居住在一个无限的宇宙中。身为"哥白尼主义者"的威廉·吉尔伯特的著作也包括了泛灵论主题，并且提到了赫尔墨斯、琐罗亚斯德和俄耳甫斯。

由于日心说常常与魔法和隐秘传统的一些典型主题联系在一起，为了对抗这一传统，哥白尼思想的追随者们不得不陷入与神秘主义的新柏拉图主义更大规模的斗争中。我们应当结合这种巨大的不确定性和模糊性来看待弗朗西斯·培根对哥白尼学说的看法（1610 年到 1623 年），因为这些看法常常被（19 世纪末的唯灵论者和 20 世纪的新实证主义者和波普尔主义者）认为表达了一种不顾史实的谴责。将这样一段充满不确定性和怀疑的时期视为"科学上落后"，很难说是公平的。伽利略 1612 年的发现使培根非常兴奋，但培根本人于 1626 年去世。梅森对哥白尼主义的"皈依"发生在 1630 年到 1634 年之间。在 1634 年的《对书的新观察》（*Novarum observationum libri*）中，数学家吉尔·佩尔索纳·德·罗贝瓦尔（Gilles Personne de Roberval，1602—1675）宣称他无法从三种相互竞争的世界体系中选择哪一种是正确的,因为完全有可能"所有这三种体系都是错误的,而正确的体系尚未发现"。

1561 年萨拉曼卡(Salamanca)大学的章程规定,数学研究应包括欧几里得以及托勒密或哥白尼,对后者的选择由学生决定。他们几乎从不选择哥白尼,但这使萨拉曼卡成为一个真正的例外。直到 17 世纪,大多数大学(甚至是新教国家的大学)都同时教授两种(或三种)世界体系。同样要记得,在 17 世纪初,第谷、吉尔伯特和罗特曼等拒绝承认天球存在的人并非学院派。其人数直到 17 世纪 20 年代才有实质性的增长,而且该学说在 17 世纪 30 年代被从天文学教科书中彻底移除。从文化上接受新的世界体系需要回答那些本质上并不仅仅是天文学的棘手问题。伽利略和开普勒等人之所以伟大,部分就在于他们选择了哥白尼的学说。两人都把哥白尼视为自己的老师,并为他所开启的天文学革命作出了贡献,尽管他们的工作也不无艰难地开辟了新的领域。约翰·多恩(John Donne,1573—1631)的诗歌《世界的解剖》(*Anatomy of the World*,1611)中的以下诗句捕捉到了许多人在面对自己熟悉和安心的世界崩溃时的失落感:

> 新哲学置一切于怀疑之中,
> 火元素已被扑灭,没有了痕迹;
> 太阳丧失了,地球也丧失了,
> 人的智慧无法很好地引导人到哪里去找寻它。
> 人们坦言这个世界已经耗尽,
> 他们在行星中,在天穹里,找到了许多新的世界,

然后凝视他的世界碎成原子。

它分崩离析,一切条理都已丧失;

一切都只是储备,一切都只是关系:

君、臣、父、子,皆被遗忘,

因为每个人都认为自己

已经成为一只凤凰……

(Donne,1933:202)

第谷·布拉赫

　　本章前面提到了第三个世界体系。丹麦天文学家第谷·布拉
64 赫(1546—1601)自学成才,他曾在莱比锡学习(未正式注册入学),
对炼金术非常感兴趣,并且坚信天界事件与地界现象密切相关。
他的《新天文学的仪器》(*Astronomiae instaurate mechanica*)扉页
上的插图显示,第谷手执罗盘坐在一个地球仪旁,举目望天,图上
标有"*suspiciendo despicio*"(通过上观而下视)字样。在另一幅插
图中,一条蛇(医神阿斯克勒庇俄斯的象征)缠在他的手臂上,他正
在看化学设备。图上标有"*despiciendo suspicio*"(通过下视而上
观)字样。

　　第谷不仅是一位自然哲学家,而且还是一位耐心细致的观测
者,也许是天文学史上最伟大的裸眼观测者。1563年,他16岁时
作了最早的观测,他一生中越来越精确的观测结果令许多天文学
史家感到震惊。他既使用别人制作的仪器,也使用自己制作的精
密仪器。与许多专业的同行不同,他持之以恒地观测行星,而不仅

仅在它们处于有利的位形时进行观测。

　　1572 年 11 月 11 日晚,时年 26 岁的第谷在回家的路上看到仙后座有一颗明亮的新星。这是他生命中的一个转折点。他放弃了移居巴塞尔的机会,其观测结果引起了丹麦国王的注意,后者将汶岛(Hveen)赐予了他。第谷在那里建造了宏伟的天堡(Uraniborg),遍布天文台和实验室,成为许多年轻欧洲天文学家的训练场。这颗新星最亮时如金星一般明亮,然后逐渐变暗,到 1574 年初则完全消失不见。开普勒后来写道,这颗星"即使没有产生别的东西,也造就了一个伟大的天文学家"。第谷将他的观测结果记录在《论新星》(On the New Star,1573)中。倘若这颗新星不是彗星,而且相对于恒星天球出现在同一位置上,那么他就目睹了不变的天界中的一场变化,于是就有必要质疑不变的天界与可朽的月下世界之间的差异。第谷确信他对 1577 年和 1585 年彗星的观测证实了他的理论。他试图测量 1577 年彗星的视差:它太小而不属于月下区域。他写道:"我所观测的所有彗星都在世界的以太区域移动,从未进入月下的气,就像亚里士多德及其追随者们试图毫无理由地使我们相信了数个世纪那样。"于是,如果彗星位于月球上方,诸行星就不可能固定在传统的水晶天球中。在致开普勒的一封信中,第谷写道,他认为"必须废除天球在天界的物理实在性"。彗星不遵循任何天球的法则,而是"与这些法则相矛盾"。天界机器并不"像大多数人至今一直相信的那样,是一个充满各种真实天球的坚硬而不可透过的物体[⋯⋯]。它[⋯⋯]四处延伸极富流动性,非常单纯,从未显示出以前认为的那些障碍,行星轨道是完全自由的,没有任何真实存在的天球在运转,神以一种给定的法则统治着行星"。诸天球"实际上并不存在"于天界,"只是为了学术才被允许"(Kepler,1858—1871:Ⅰ,44,159)。

这一陈述与哥白尼宣称地球在运动一样具有革命性。传统宇宙论的一个核心信条——天界的不朽和不变——已经在天文学领域崩溃(而不像在帕特里齐那里,只在思辨想象的舞台上崩溃)。在1588年于天堡出版的《论以太世界最近的现象》(*On the Most Recent Phenomena of the Aetherial World*)("最近"一词的使用是对传统的挑战)的第八章中,第谷概述了他在拒斥了托勒密体系和哥白尼体系之后不得不创造的世界体系。虽然哥白尼体系很优雅,在数学上优于托勒密体系,但第谷并没有接受"巨大而怠惰的地球"能够运动的观念(更不用说作三重运动了)。他指出,倘若地球果真在运动,那么从塔上丢下的一块石头将不会(像在现实中那样)落在塔基处。哥白尼体系之所以不可接受,另一个原因是,考虑到没有观测到恒星视差,土星与恒星之间的距离将是巨大的。最后,哥白尼的宇宙与《圣经》中关于地球不动的章节相矛盾。一个新的体系将不得不"与数学和物理学协调一致,避免神学上的谴责,同时完全符合天界现象"(Brahe,1913—1929;Ⅳ,155—157)。

在第谷的体系中,地球被固定在宇宙的中心,宇宙由一个每日旋转的恒星天球包裹着,这个天球解释了恒星的运动。和在托勒密体系中一样,太阳和月亮都围绕地球旋转。另外五颗行星(水星、金星、火星、木星和土星)则围绕太阳旋转。第谷拒绝接受天球的坚实性,因为各个轨道在几个点上相交。为使他的体系能够运作,就必须保留本轮、偏心圆和偏心匀速点。

第谷体系在数学上与哥白尼体系等价。它既不与《圣经》相矛盾,又不必然拒斥像地球的不动性和中心性这样根深蒂固的原则。该体系对于那些拒绝哥白尼革命的人很有吸引力,许多耶稣会士都更偏爱它。虽然第谷作为伟大天文学家的声誉无疑阻碍了哥白尼理论的传播,但其著作所引出的问题却加剧了托勒密世界体系的瓦解和逐渐被弃。

开普勒

　　约翰内斯·开普勒(1571—1630)出生于符腾堡州的小镇韦 66
尔,父母都是路德宗信徒。他进入了图宾根的新教大学,打算成为牧师。在那里,梅斯特林指导学生们同时学习托勒密天文学和哥白尼天文学。开普勒成为施蒂里亚(Styria)的地区数学家,同时也在奥地利格拉茨(Graz)的新教神学院教数学。他的各种职责中包括为"预测"做准备,其中一次同时预言到了寒冬、农民起义和与土耳其人的战争。他在职业生涯后期也没有停止绘制天宫图,其中一些——例如华伦斯坦(Wallenstein)的天宫图——是富有洞察力的心理学概述。1595 年,他撰写了《宇宙的奥秘》,并且在梅斯特林的帮助下于 1596 年出版。

　　历史学家们一直认为开普勒的学术成就是异乎寻常的。和大多数科学作家不同,他并非只解释自己研究的结果,而且还讨论其理论背后的理由,描述对其方法的反复试验,讲述他的不确定之处和他如何在错误之处徘徊。他认为,解释他写书的动力对于理解其著作是必不可少的。他告诉我们,他对传统体系的不足已经感到不满,对哥白尼体系的描述使他产生了极大兴趣,他热情地捍卫它并且开始了一项研究——不仅要研究太阳运动的数学理由（哥白尼已经做了），还要研究"物理的和形而上学的理由"。在开普勒看来，哥白尼体系尊重天界现象，能比托勒密或其他天文学家更加精确地解释过去的运动和预测未来的运动。古代哲学家总是需要发明天球，而哥白尼简化了这个宇宙论机器；这种更大的简单性证明了这个新体系的真理性，因为自然喜欢简单性和统一性，从不藏匿任何无用或多余的东西。

然而，《宇宙的奥秘》主要并不是为了替哥白尼辩护。它表明，上帝在创造世界和天界时，"着眼于自毕达哥拉斯和柏拉图时代以来一直非常著名的五种正立体"，并且在它们的本性与天体轨道的数量、比例以及运动的关系之间创造了和谐。开普勒提到的五种正立体或"宇宙"立体有一个特殊的共同特征，即只有这些立体的各个面才是相同和等边的图形：立方体、正四面体、正十二面体、正二十面体和正八面体。然后开普勒追问诸行星的数目、尺寸和运动背后的原因，并说他的研究动力来自太阳、恒星和其间的空间与三位一体这两者之间令人惊叹的对应。但他关于一个行星轨道比另一个行星轨道大两倍、三倍或四倍的可能性的研究几乎毫无结果，他从理论上假设有另外两颗小到在其他行星轨道之间不可见的行星也是如此。经历了多次不幸的尝试之后，五种正立体似乎是一种解决方案，这在开普勒看来是一项非凡的发现。根据哥白尼的说法，天体轨道总共有六个，正好对应于五个形体，它们"在无数可能的数中，具有其他数都没有的非凡特性"。地球轨道成为所有其他行星轨道的量度。如果土星天球外接于立方体，木星天球内切于立方体，并且如果正四面体内接于木星天球，火星天球内切于正四面体,(按照上面给出的形体顺序)以此类推,那么所有天球的相对尺寸就将是哥白尼计算出来的结果。实际上存在一些差异,但开普勒希望通过更准确的计算可以加以纠正,所以他转向了第谷·布拉赫的工作。

在《宇宙的奥秘》中,开普勒不仅试图发现宇宙的结构法则,而且试图回答行星为何会运动以及运动有多快(离太阳越远就越慢)的问题。他认为以下两种假设必须接受一种:要么单个行星离太阳越远,其驱动力就越弱;要么只有一个驱动力存在——太阳——它驱动所有天体:对近处的天体有更大的力,对远处的天体则力较弱,因为力随距离而减小。开普勒选择了第二种假设,并认为力与它在其中传播的圆成正比,而且随着距离的增加而减小。鉴于周期随着圆周的扩大而增加,因此"行星与太阳距离的增加双倍地增加了周期,反过来,周期增加的一半与距离的增加成正比"。他的计算结果与哥白尼相差不远,他认为自己已经"接近了真相"。太阳位于开普勒宇宙的中心(哥白尼宇宙的中心并不是太阳,而是地球轨道的中心),它是一切生命和运动的核心,是宇宙的灵魂。恒星静止,行星由于一种次级的推动作用而运动。主要的推动或力出自一切造物中最灿烂、最美丽的太阳,它的首要推动比所有次级推动都更高贵。太阳固定不动,是一切运动之源,正是圣父的形象。不只宇宙,而且整个天文学都变成了日心的。太阳不仅是宇宙的建筑中心,也是其动力中心。

《宇宙的奥秘》给梅斯特林留下了深刻的印象,年轻的开普勒将它寄给了第谷·布拉赫。伽利略看到了这本书,写信给开普勒对其哥白尼主义观点表示祝贺。但他很可能尚未读过。开普勒后 68

来试图与他建立通信时,没有收到任何回应。事实上,伽利略与各种形式的神秘主义的距离使他疏远了开普勒所践行的那种科学。事实证明,这也使伽利略难以欣赏开普勒在该领域的所有重要发现。另一方面,开普勒与第谷·布拉赫的接触非常重要,后者更容易接受赫尔墨斯主义-神秘主义观点。

第谷写信给开普勒说,宇宙的和谐与比例应当是后验地发现的,而不是先验地决定的。除了这个基本的保留意见,第谷对《宇宙的奥秘》评价甚高。此时他已经离开丹麦,成为波希米亚的皇家数学家,于是他给开普勒提供了一份担任自己助手的工作。1600 年,开普勒开始提出一种新的火星轨道理论,以便制定新的星表来取代《普鲁士星表》。事实上,直到 1627 年,《鲁道夫星表》(*Rudolphine Tables*)才得以出版。第谷 1601 年的去世改变了开普勒的处境,他接替第谷成为皇家数学家,并且能够查阅他的所有文稿。

正是在这一时期,除了关于历书和预测方面的作品,开普勒还撰写了以下著作:《论占星学更为确定的基础》(*De fundamentis astrologiae certioribus*,1601);《威特罗补遗》(*Ad Vitelionem paralipomena*,这是光学史上的一部基础著作,1604);《论新星》(*De stella nova*,1606);《论我们的救主耶稣基督的真正生年》(*Dejesu Christi Salvatoris nostri vero anno natalitio*,1606)。1606 年,他还完成了其杰作《新天文学或天界物理学》(*Astronomia nova seu Physica coelestis*),虽然它直到伽利略开始用望远镜观测天空的 1609 年才得以发表。

在《新天文学》中,开普勒详细描述了他使第谷的火星轨道数据与托勒密和哥白尼天文学给出的各种轨道组合相协调的全部

60 次尝试。他的预测与第谷的观测结果之间的差异只有 8 弧分。
虽然这个解决方案或许已经能使这一时期的天文学家感到满意，
但开普勒还是放弃了这个问题，他绝望于难以找到一个可接受的
解决方案，遂决定研究地球轨道。地球离太阳最近时运动最快，离
太阳最远时运动最慢。虽然这项工作基于一个错误的假设（即地
球的速度与它到太阳的距离成反比），而且开普勒犯了一些严重的
数学错误，但他仍然设法推断出了我们今天所谓的开普勒第二定
律：行星与太阳的连线在相等时间内扫过相等的面积。开普勒的
解决方案暗示——旧天文学和哥白尼本人并没有作此暗示——地
球和其他行星的运动是实际上并非匀速运动，而不只是看起来不
是匀速运动。

　　用一个简单的几何学定律就可以解释这种非均匀性。此变化
的物理原因再次与太阳有关。开普勒不仅将第谷和哥白尼视为自
己的老师，而且也将吉尔伯特视为老师。吉尔伯特的磁哲学使开
普勒得以解释速度的物理变化。开普勒明确提到了内在于天体中
的灵魂。然而，与帕特里齐或布鲁诺不同，他不仅作了数学计算和
精确的天文观测，而且还追问这些灵魂或致动精气（motive spirits）
是如何运作的。亚里士多德物理学的基本命题处于他思维方式的
核心，也是他将天界物理学与地界物理学联系在一起的动力的核
心。在这方面，开普勒是一个亚里士多德主义者，只有施加力才能
解释连续运动。开普勒既不知道惯性定律，也不知道向心力的概
念。从太阳辐射出来的力并未施加一种向心的吸引力：它可以推
动行星并使之保持运动。在《新天文学》中，甚至当开普勒拒绝接
受为每颗行星安排一个特定灵魂的解释时，他将一个单独的灵魂

69

分配给太阳也绝不是对唯灵论形而上学的某种"让步"。诸行星的推动者是吸引力,就像"趋向于一极并且吸引铁的磁石中的吸引力"一样。因此,所有行星运动都受"纯粹物质的力即磁力"的支配。但有一个例外,它对于该体系的运作是必要的:"唯一的例外是太阳自身的绕轴自转,看来必须通过一种灵魂来解释它。"开普勒没有将旋转归于月球。但宇宙的中心物体太阳必须绕轴自转并且带动整个宇宙:"太阳如灯塔上的灯标一样绕轴自转,并且发射出太阳物体的一种非物质的种相(species),类似于灯标的光的非物质种相。太阳的旋转使该种相以一个高速涡旋的形式旋转,此涡旋在整个广阔的宇宙中传播,并且携带着诸行星与之一起旋转。"

　　开普勒宣称行星的轨道并不是正圆,而是"在两侧逐渐内转,在近地点又再次增加到一个圆的幅度。这种路径的形状被称为卵形",此时他便与一种悠久的传统决裂了。从卵形到椭圆形的转变极为复杂,开普勒详细描述了他的计算错误和遇到的困难。只有以太阳为一个焦点的完美椭圆(这个想法如闪电般降临到他身上)才符合观测数据和面积定律;这一认识后来被称为开普勒第一定律。圆锥曲线足以描述每颗行星的轨道,通过放弃正圆教条,就不再需要偏心圆和本轮,从而大大简化了系统。正如理查德·韦斯特福尔(Richard Westfall)所指出的,"如果说开普勒'完善了'哥白尼天文学,那么同样也可以说他摧毁了哥白尼天文学"(Westfall,1971:12)。

70　　开普勒曾用复杂的数学语言向《新天文学》的某些读者解释天界现象。现在,他计划写一本问答形式的书来总结新天文学,并可作为一本教科书(来取代当时流行的教科书)。他 1610 年出版了

《与星际信使的谈话》(*Dissertatio cum Nuncio Sidereo*)，1611 年出版了《屈光学》(*Dioptrice*)。1612 年，鲁道夫二世退位后，开普勒离开布拉格搬到了林茨(Linz)，在那里待了 14 年。战争迫使他放弃了作为这座奥地利城市的数学家的工作。他尽管怀有愿望，但从未回到德国。他曾为几位赞助人(包括华伦斯坦)效劳，1630 年在雷根斯堡(Regensburg)去世。

开普勒的概要/教科书《哥白尼天文学概要》(*Epitome of Copernican Astronomy*)的各卷于 1617 年至 1621 年之间出版。他的天文学发现在毕达哥拉斯主义和新柏拉图主义的背景下得到讨论，这些观念都是其早期著作《宇宙的奥秘》的典型特征。光、热、运动以及运动的和音构成了完美的世界结构，这是一种与灵魂官能类似的实体。恒星天球"保持着太阳的热，因此它不会丧失，而会像宇宙的墙壁、皮肤或外衣一样起作用"。太阳是行星运动的原因。太阳的植物官能对应着动植物的营养；太阳的热对应着生命官能；太阳的运动对应着动物官能；光对应着感觉官能；太阳的和谐对应着理性官能。不能仅仅把运动解释为上帝在创世那一刻赋予太阳的一种冲力："世界上所有生命都依赖于它的恒常和永恒，最好是通过一种灵魂的作用来解释这一点。"

这些"毕达哥拉斯主义"主题在 1619 年于林茨出版的《世界的和谐》(*Five Books of the Harmonies of the World*)中表现得更为明显。和《哥白尼天文学概要》一样，这部著作经历了长时间的计划阶段；1600 年，开普勒曾写信给霍恩堡的赫瓦特(Herwart of Hohenburg)："但愿上帝能把我从天文学中解救出来，这样我就可以把所有时间都投入到对和音的研究中。"除了《宇宙的奥秘》中运用的几何关系(开普勒会给它补充第六个形体,即星形多面体),开普勒还考虑了和音关系——鉴于上帝不只是几何学家,而且也是音乐家。第五卷的目录显示,每颗行星都对应于某个音符或音程。行星的对位或宇宙和谐彼此不同,诸行星表现出四种类型的声部:女高音、女低音、男高音和男低音。第五卷的第三章不仅概述了《宇宙的奥秘》的中心思想,而且还补充了一个新的理论:"任意两颗行星的周期之比恰好等于它们平均距离即轨道本身的二分之三次幂,这是一个绝对确定的严格事实"。这就是开普勒第三定律:任意两颗行星周期的平方与其各自与太阳平均距离的立方成正比。一旦轨道确定,速度也就确定了,反之亦然。这样便发现了一个不只是调节单个轨道的行星运动的定律:它在沿不同轨道运动的行星的速度之间建立了一种关系。在开普勒看来,第三定律的发现就像是一项伟大的形而上学发现:"我感谢你,造物主。"(*Gratias ego tibi*,*Creator Domine*.)对开普勒来说,这本书可能会被当时的人或后人读到。他甚至想象它可能要等上一百年才能找到读者;毕竟,"为了让人沉思他的奇妙作品,上帝不是等了六千年吗?"

开普勒的发现之路漫长而曲折,只有亚历山大·柯瓦雷(Koyré,1961)有毅力以分析的方式重建它:开普勒不仅由"错误的"假设推导出了第二定律,而且在确定行星轨道是椭圆之前就把它确立为真理。如果以笛卡尔和伽利略为参照,那么以开普勒命名的这三条定律是在一种很难被认为是"现代"的氛围中出现的。

历史学家一直强调数秘主义与观测热情在开普勒著作中的非凡结合。许多人都详述了他是如何下决心寻找符合想象中的形而上学假说的数据的。许多人将新毕达哥拉斯主义和隐秘传统与开普勒联系在一起，以至于将他等同于这些传统。在伽利略与牛顿之间的谱系中，开普勒的确是一个麻烦的存在。在他所有的神秘主义倾向中，与帕特里齐和文艺复兴晚期的魔法师和自然哲学家不同，开普勒对天体的灵魂如何运作深感兴趣。除了坚信新柏拉图主义的神秘潜能，开普勒的"现代性"可以与两个主题相关联：(1)研究在时间和空间中运作的神秘的力的定量变化；(2)部分放弃唯灵论的观点，而倾向于一种更加机械论的观点。无论是空间中发生的运动，还是太阳经由空间辐射的"力"（virtus），都是"几何事物"。这种"力"服从几何学的必然性。从这个角度看，天界机器"不应比作一个神圣的有机体，而应比作时钟的机械装置"。其运动的发生要"归功于一种非常简单的磁力，就像引起时钟运动的简单重量一样"。

　　世界不是一个神圣的有机体，这种观念将开普勒完全置于魔法思想的对立面。开普勒本人认为，将（个体行星的）众多灵魂归结为（太阳的）单一灵魂，以及将灵魂等同于力，都是正面的结果。在一本注解版的《宇宙的奥秘》(1625)中，开普勒说，他在《新天文学》中已经证明，个体行星的特定灵魂并不存在，而且对太阳来说，"如果用'力'这个词替代'灵魂'这个词，你便得到了我的天界物理学所基于的那个原理"。有一次他写道，"我坚信一个灵魂（anima）是行星运动的原因"。通过反思运动者随距离而成比例地变弱，以及太阳光也是如此，"我断言，这个力是有形的，尽管我并不是指字面上的有形，而是作为一个隐喻，就像我们说光是某种有形的东西一样"。

开普勒的神秘主义与一种特定的信念有关:真理无法通过符号和象形文字来辨别,而只能通过数学证明来辨别。他写信给魔法师罗伯特·弗拉德(Robert Fludd)说,如果没有数学证明,"我将是盲目的"。这并非"在被神秘包裹的事物中寻找乐趣"(就像魔法那样),"而是澄清它们"。第一种方法"是炼金术士、赫尔墨斯主义者和帕拉塞尔苏斯主义者的,第二种方法则完全为数学家所拥有"。

要想理解这些差异,拥护伪装成神圣启示的科学发现,并且在一个既没有熟悉的古代天文学问题,也没有新哲学的清晰观念的思想体系中进行研究,在当时肯定是困难的。伽利略不仅强调开普勒的"做哲学"与他自己的"做哲学"之间的深刻差异,而且坚持认为,开普勒的一些观念"对哥白尼的学说更多是不利而非支持"(Galileo,1890—1909:XVI,162;XIV,340)。在很多方面都与赫尔墨斯主义传统联系在一起的培根则完全忽视了开普勒。在1638年3月31日致梅森的一封信中,笛卡尔称开普勒为"我的第一位光学老师",但并不认为他的其余作品值得一提。只有阿方索·博雷利(Alphonse Borelli,1608—1679)理解开普勒天文学的重要性。直到牛顿发现了它们的用处之后,开普勒的定律才最终被认为是"科学的"。直到17世纪60年代,它们才被大多数天文学家所接受。

第六章　伽利略

早期作品

1564 年 2 月 15 日，伽利略出生于意大利的比萨。他的父亲 温琴佐·伽利莱（Vincenzio Galilei）是来自佛罗伦萨的商人，同时也是一位颇有成就的音乐家和音乐理论家。他的母亲朱利亚·阿曼纳提（Giulia Ammannati）来自邻近的佩夏（Pescia）。伽利略 1581 年进入比萨大学时打算学医，但最终学的是数学。1585 年，他未完成学位就离开了这所大学。他对物理学和阿基米德方法很感兴趣，第一个成果就是《关于固体重心的定理》（*Theoremata circa centrum gravitatis solidorum*）。基于对阿基米德的研究，他于 1586 年设计了一种流体静力学天平，并且撰写了《小天平》（*La bilancetta*）。

1589 年，在圭多巴尔多·德尔·蒙特的影响下，在费迪南大公的帮助下，伽利略在比萨大学担任数学教授，这是他的第一份工作。正是在比萨任职期间，伽利略写了《论运动》（*De Motu*，约 1592）。在这部著作中，他给出了一个反亚里士多德的论断，即所有物体本质上都是重的，而轻完全是相对的：例如，火焰上升并非因为火拥有轻的特性，而是因为火比空气轻。在同一著作中，伽利略还讨论了同一介质中的不同物体、不同介质中的同一物体,以及不同介质中不同物体的速度。他并不是要证明所有物体都以相同的速度下落,而是要证明物体下落的速度与它自身的重量和它所穿过的介质的密度之差成正比。同样密度的相似物体会以同样的速度在空气中下落,无论它们的重量是多少。然而,如果两个重量相等但成分不同的物体同时下落,则密度较大的物体下落较快。因此,与亚里士多德的看法相反,假定介质的密度逐渐减小,那么真空中的运动实际上是可能的,由不同材料制成的物体将以不同的速度穿过真空。

74　　这部著作标志着一段漫长旅程的开始,这段旅程最终导致伽利略拒绝接受亚里士多德的学说。在接下来的五十年里,他研究了各种问题:单摆的等时性、物体的下落、抛射体运动、内聚力、材料的强度、冲力。在这半个世纪里,他的理论和方法多次发生变化,他修正了自己的著作,对问题有了更深的理解,概念也有所发展。然而,有一个要素始终保持不变,那就是对"神圣的阿基米德"的进路和方法的默认接受。

　　伽利略对技术问题的兴趣最早在《小天平》中表现出来,甚至在他 1592 年成为帕多瓦大学的数学教授之后,这种兴趣也仍然保持着。从 1592 年到 1593 年,他写了三部著作——《军事建筑简论》(*A Brief instruction in military architecture*)、《论防御工事》(*On Fortifications*)和《论力学》(*On Mechanics*)。这三部著作直到 1634 年才出版,后被梅森译成法文。他讲授过欧几里得的《几何原本》和托勒密的《天文学大成》。1597 年,他撰写了《论球》(*Treatise on the Sphere*)或《宇宙志》(*Cosmography*),这是一本写给学生的关于地心体系的简明指南。然而，他已经走上了一条不同的道路。他在那年写给开普勒的一封信中透露，他早已皈依了哥白尼主义，尽管由于害怕遭受哥白尼的厄运，他尚不敢发表自己的发现。他也没有放弃自己的其他兴趣。他上课和做其他事情所需的仪器都是在他书房旁边的一个小作坊里制造出来的。除了研究材料强度所需的仪器以及制造几何军事罗盘、望远镜和热气压计，这个作坊还生产了与他关于军事建筑和防御工事、弹道学、水力学工程的研究有关的物件。他对观察、测量和仪器的热情从未减退，对实验的无限好奇心也一如既往。1606 年，他出版了一本小册子《几何军事罗盘的操作》(*The Operations of the Geometric and Military Compass*)，次年他又写了《驳巴尔德萨·卡普拉的欺骗》(*Defense against the deception and fraud of Baldessar Capra*)，卡普拉谎称自己是罗盘的发明者。

天文学发现

1609 年在科学史上至关重要。当年的重大天文学发现（《星际信使》于 1610 年问世）不仅破坏了一种稳固的世界观，而且削弱了反哥白尼体系的主张。首先，月球本质上是地界的，但又在天空中运行：从这个角度看，认为地球也在运行，这种观点不再荒谬可笑。不仅如此，木星以及绕之旋转的卫星突然显得像是整个哥白尼体系的一个小型版本。对恒星的观察表明，它们距地球比行星距地球远得多，而且它们似乎并不位于土星天的正后方。观测不到恒星视差一直是对哥白尼体系最有力的反驳之一。视差是指从不同位置观察同一物体时出现的位置变化（如果你闭着一只眼睛看一支铅笔，然后睁开那只眼睛，再闭上另一只眼睛，则铅笔看起来好像移动了）。距离越大，变化就应当越小。第谷等人提出的反对意见是：如果地球在空间中移动，那么星座的形状应当随着季节的变化而变化。观测不到恒星视差现在可以用恒星和地球之间的巨大距离来解释。

支持哥白尼体系、反对托勒密体系的新证据来自伽利略所作的天文学观测。1611 年 9 月，伽利略离开帕多瓦大学，前往佛罗伦萨担任"大公的首席哲学家和数学家"。临行前不久，他观测到了土星的"三体"外观（他的望远镜看不到那些"环"）、太阳黑子和金星的位相。伽利略正当地认为，金星"像月亮一样显示出位相"这一观测结果至关重要。它的确揭示了一种既不符合托勒密的世界观，也不能用托勒密的世界观来解释的情形。

1612 年 5 月，伽利略在写给切西的一封信中宣称，他所发现的太阳黑子的"新颖性"标志着"伪哲学的死亡，或者说是对它的最后审判"。他后来在《关于太阳黑子及其现象的历史和证明》（*History and Demonstration Concerning Sunspots and their Phenomena*）中解释说，对于从不相信月下区之上的天界永恒不变的"自由派思想家"来说，黑子形状的改变及其在太阳表面的消失并不构成障碍（Galilei，1890—1909：V，129）。

在 1610 年做出那些伟大的天文学发现之后，伽利略将所有谨慎都抛到了九霄云外。1611 年 1 月，他写信给朱利亚诺·德·美第奇（Giuliano de Medici）说："我们对世界上最伟大的思想家们至今仍未解决的两个问题有了感觉经验和必要的论证。"（Galilei，

1890—1909：Ⅺ，12）一是行星是不透明的物体，二是行星围绕太阳旋转。虽然毕达哥拉斯学派、哥白尼、开普勒和伽利略本人都"相信"这是真的，但它从未得到"合理的证明"。开普勒和其他哥白尼主义者现在可以自诩"有了正确的信念和很好的哲学思考，尽管书斋里的哲学家一直认为我们不够博学，跟傻瓜差不多"（Galilei，1890—1909：Ⅺ，12）。

　　为了确保他所期盼的宫廷任命——除了首席数学家，还有首席哲学家——伽利略在《星际信使》出版后几乎立即写信给大公的国务秘书，描述他未来的计划。他说自己计划写两本书讨论宇宙的体系和构成；写三本书讨论位置运动（"一门全新的科学，古往今来的任何人都未曾发现我所证明的令人惊叹的定律"）；写三本书讨论力学；甚至还要讨论声音、潮汐、连续量的本性以及动物的运动。新的天文学和物理学不仅证明了哥白尼的学说，而且还建立了一门新的自然科学。对于学院派哲学家和教授们"恶毒的固执"，伽利略现在自豪地提出了自己的哲学，并宣称他"研究哲学的年数比研究纯粹数学的月数更多"（Galilei，1890—1909：Ⅹ，353）。

　　1611 年 9 月，伽利略被任命为托斯卡纳大公的首席哲学家和数学家，因此从帕多瓦搬到佛罗伦萨。这给了他极大的信心。根据最近发现的文件，他离开帕多瓦的决定实际上导致了严重的后果。在 1992 年安东尼诺·波皮（Antonino Poppi）发现一份更早的文件之前，人们一直认为，罗马教廷在 1611 年 5 月 17 日的圣会上首次表达了对伽利略及其工作的关注，当时明确问道，伽利略是否在针对切萨雷·克雷莫尼尼（Cesare Cremonini）的诉讼中被提及。而波皮的文件则表明，7 年前，也就是 1604 年 4 月 21 日，"帕多瓦的宗教裁判所正式指控他犯有异端和持自由思想之罪"。虽然控告人（很可能是伽利略的抄写员西尔韦斯特罗·帕格诺尼[Silvestro Pagnoni]）承认，"在信仰上，我从未听他说过任何负面的话"，但他指责伽利略为不同的人占星、不参加弥撒、不接受圣礼、有情人、读不体面的书。"我从他母亲那里得知，"控告人说，"他从来不做告解，也不领圣餐，她有时叫我去看看他是否在宗教节日参加了弥撒；但他不是去做弥撒，而是造访了住在蓬特科尔沃（Pontecorvo）的威尼斯妓女玛丽娜。"（他提到的那个女人是玛丽娜·甘巴[Marina Gamba]，她在 1601 年到 1606 年间给伽利略生了三个孩子：维吉尼亚[Virginia]、利维娅[Livia]和温琴佐[Vincenzio]。）他又说："我相信他的母亲违背了儿子的意愿，去了佛罗伦萨的宗教裁判所，他给她起了一些难以启齿的粗鲁名称，比如'妓女'。"如果最后这句话是真的，那么伽利略早在 1592 年就受到了宗教裁判所的谴责。

77　　　根据这一新的信息，伽利略从帕多瓦搬到托斯卡纳宫廷似乎并非明智之举。最终受到宗教裁判所怀疑的那些帕多瓦教授得到了威尼斯共和国强有力的辩护。辩护者说："这些指控是那些不怀好意、自私自利的人提出的[……]。出于这个合理的理由，以及帕多瓦大学的声誉将会受到损害，学生之间将会出现分歧和争论，我们促请您以您一贯的审慎和睿智，不再进一步调查这些说法。"

诚然，历史书写中不能使用"要是……多好"，但从我们今天掌握的证据来看，克雷莫尼尼的说法会有全新的意义："哦，要是伽利略先生没有卷入这些阴谋，并且从未离开他在帕多瓦的自由，那该多好啊！"（Poppi，1992：11，58—60，26—27，62—63）

　　无论如何,伽利略的安全感也与他搬到佛罗伦萨之后发生的事件有关。1611 年访问罗马期间,他受到了学者和神职人员的热烈欢迎:他当选为猞猁学院院士,并且得到了可敬的枢机主教、耶稣会士和教皇保罗五世的认可。1612 年 12 月,伽利略心中充满了希望和乐观。但就在那一刻,乌云密布,山雨欲来。伽利略写了一系列"书信",旨在说服公众相信新的真理。然而,充满乐观情绪的伽利略未能发觉关于哥白尼学说的争论所具有的伟大的文化和"政治"含义。当时,他似乎确信胜利就在眼前,认为自己面对的仅仅是个别人的无知和自负。他既没有意识到某些教会圈子里的反对声音越来越大,也没有意识到他自己立场的一般含义。他时而极度自信,时而又难以遏制地爱好争论、能言善辩、吹毛求疵。

自然与《圣经》

　　伽利略并非没有得到警告和谨慎的建议。保罗·瓜尔多(Paolo Gualdo)写信给他说:"在您把自己的观点作为事实发表之前要三思而行,因为很多东西只是为了争论,断言它们为真是不明智的。"1612 年亡灵节那天,多明我会修士尼科洛·洛里尼(Nicholas Lorini)在佛罗伦萨的圣马可修道院布道,指控哥白尼主义者为异端。次年年底,伽利略的朋友兼忠实弟子贝内戴托·卡斯泰利(Benedetto Castelli)在大公和他的母亲洛林的克里斯蒂娜(Christina of Lorraine)大公夫人面前为地球运动的学说辩护。[78]越来越多的争议,加上担心失去美第奇家族的好感,促使伽利略直接采取了行动。他在 1613 年 12 月 21 日致卡斯泰利的广为流传的信中明确提出了《圣经》与科学真理是否相容的问题。

同年出版的切西亲王的《关于太阳黑子及其现象的历史和证明》遭到严格审查。伽利略曾写道,关于天界不朽的理论不仅是假的,而且"是错误的,它与《圣经》不容置疑的真理相违背,《圣经》告诉我们,天界和整个世界[……]是受造的、可朽的和短暂的"。切西不得不告诉伽利略,教会的审查员们"批准了其余的一切,但不希望这一部分出现"(Galilei,1890—1909:V,238;Ⅺ,428—429)。《关于太阳黑子的书信》的最终批准的版本中没有提到《圣经》。

伽利略在信中写道,《圣经》中的法令是绝对的不可侵犯的真理。《圣经》从来没有错,但诠释它的人可能会犯错,特别是其中一些句子已经作了调整,以适应希伯来人的理解能力。就"语词的字面含义"而言,许多句子显得"不同于真理",它们已经按照普通人的理解作了调适,需要睿智的诠释者作出解释。自然与《圣经》都来自上帝的话语:一个是"圣灵的命令",另一个是"上帝命令的忠实执行者"。然而,《圣经》的语言已经被调整得能让人理解,因此它的语词可能具有不同的含义;而自然则是"无可变更和不可改变的",它不在乎自己的原因和功能能否"被人的理智清楚地把握"。在讨论自然时,应当把《圣经》"留到最后的位置"。自然拥有《圣经》中所没有的那种一致性和严密性:"《圣经》不像支配所有自然结果的规则那样在每一个表述中都与严格的规则相联系。"我们通过感觉经验看到的"自然结果"不可能"因为《圣经》段落的证词而被废除,因为《圣经》段落可能有一些不同的含义"。(考虑到自然与《圣经》永远不可能相互矛盾,)"睿智的《圣经》诠释者"的任务是"努力寻找"与业已证明的科学结果相一致的"《圣经》段落的真实含义"。此外，考虑到《圣经》中有许多远离字面的隐喻，而我们也无法实际确定所有释经者都受到了神的启示，因此，明智的做法是不允许任何人用《圣经》段落来证明将来可能被证明为假的自然现象。《圣经》倾向于说服人相信对自己的拯救必不可少的真理，但没有必要认为我们通过感官和心灵认识的真理是《圣经》给予我们的。这封信的（更为简短的）第二部分指出，《约书亚记》中关于神希望约书亚让太阳停住不动以使白天变长的一段话（Joshua 10：12）与哥白尼的宇宙而非亚里士多德-托勒密的宇宙完全一致（Galilei，1890—1909：V，281—288；Galilei，1957：181，182，183，212）。

　　伽利略巧妙地试图通过声称哥白尼的学说与《圣经》相容来分裂他的对手，但这仍然没有消除一些难题。举例来说，如果《圣经》是一个只关心灵魂拯救的文本，那么声称《约书亚记》中的段落"清楚地向我们表明，亚里士多德-托勒密的宇宙是不可能的"有什么意义呢？而且，在严格的自然语言与《圣经》的隐喻语言相对立的地方，自然哲学家们不就成了那种语言的权威诠释者了吗？那些阅读和诠释（同为上帝写的）自然之书的人，难道不也应该向《圣经》的诠释者们指出《圣经》中与自然真理相一致的"意义"吗？最后，他们难道不是不可避免地非法闯入了专属于神学家的领地吗？

　　现在许多人都觉得，神学与自然哲学的结合已经永远被打破了，数个世纪以来，这种结合似乎保证了教会在良心和理智问题上的权威性。虽然尼科洛·洛里尼在 1615 年 2 月 7 日的指控中展示了哥白尼和伽利略理论的一个粗糙的近似版本，但他在以下几点上非常清楚：伽利略曾在"经过了每个人之手"的致卡斯泰利的信中表示，在物理问题上，"应当把《圣经》留到最后的位置"；《圣经》的诠释者们经常犯错;《圣经》"不应关注信仰以外的问题",就自然事物而言,"哲学或天文学的解释比神圣的解释更有分量"(Galilei,1890—1909:XIX,297—298)。1615 年,甚至连贝拉闵枢机主教(Cardinal Bellarmine)也坚持认为,特伦托(Trento)会议所得出的结论禁止人们"违反教父们的共识"对《圣经》进行解释。讨论《创世记》《诗篇》《传道书》和《约书亚记》的教父们和现代作者们"都同意作字面解释,即太阳在天上飞速地围绕地球旋转,而地球离天很远,静止于世界的中心"。教会根本不可能支持赋予《圣经》"一种与教父和所有希腊拉丁释经者相违的含义"(Galilei,1890—1909:XII,171—172;Galilei,1957:163)。

伽利略肯定曾努力把灵性真理与科学事实分开,但应当记住,他也曾试图为新的科学发现寻找《圣经》中的证据,这是一项更为艰巨的任务。在 1614 年 3 月 23 日写给皮耶罗·迪尼(Piero Dini)的信中,伽利略试图引用《诗篇》第 18 章的文本——"神在其间为太阳安设帐幕",迪尼称这句话构成了哥白尼体系的"最大障碍"(Galilei,1890—1909:V,301)。在评论这段话时,伽利略指出了与先知话语"相一致"的含义,并且使用了典型的新柏拉图主义和菲奇诺主义的论证。一种"极为活跃、精细且迅速的"物质能够穿透所有位置,其主要位置在太阳之中。它从这里传遍整个宇宙,提供热和生命,使所有生物变得丰饶。上帝在第一天创造的光与太阳中丰饶的精神相结合并且得到加强,正是由于这个原因,太阳位于宇宙的中心,从这里它们重新开始传遍整个世界。太阳是"众星之热在世界中心的一个汇合",作为生命之源,伽利略将太阳比作不断更新生命精气(vital spirits)的动物的心脏(Galilei,1890—1909:V,297—305)。

　　伽利略试图证明，的确有一些《圣经》段落揭示了哥白尼体系的真实性。例如，有证据表明，太阳位于宇宙的中心，其绕轴自转正是推动行星运转的力。伽利略相信，《诗篇》作者知道现代天文学的这个基本真理，即太阳"使宇宙中所有其他运动物体都绕之旋转"（Galilei，1890—1909：V，304）。

　　正当伽利略运用其辩证法技能来寻找新宇宙论的圣经证据时，其核心论点——信仰与科学的严格区分，以及"如何去天堂"与"天界如何运行"的严格区分——也有受到质疑的危险（Galilei，1890—1909：V，319；Galilei，1957：186）。

假说和实在论

　　特伦托会议于 1563 年结束，次年伽利略出生。1564 年 11 月 13 日，《特伦托会议信纲》（*Professio fidei tridentinae*）一经颁布，异端与正统之间的界限便失去了弹性。1592 年，弗朗切斯科·帕特里齐因宣称存在着单一的天、地球的旋转、星界的生命和智慧，以及月下区之外存在着无限空间而受到谴责。不过十年时间，教皇克雷芒八世就查禁了帕特里齐的《新哲学》、泰莱西奥的《论事物的本性》（*De rerum natura*）以及乔尔达诺·布鲁诺和托马索·康帕内拉的所有作品，对詹巴蒂斯塔·德拉·波塔和切萨雷·克雷莫尼尼提起诉讼，判处弗朗切斯科·普奇（Francesco Pucci）死刑，囚禁了康帕内拉，并且对布鲁诺处以火刑。

　　1614 年 12 月 20 日，在佛罗伦萨新圣母玛丽亚教堂的讲坛上，一位名叫托马索·卡齐尼的多明我会教士宣布哥白尼理论和

任何试图纠正《圣经》的人的思想为异端。他猛烈抨击"数学的魔
鬼技艺"和应被每一个基督教国家驱逐的那些异端数学家。1615
年初,伽利略已经因为致卡斯泰利的信中那些"可疑和鲁莽"的
陈述而受到教廷的正式谴责。此后,一本名为《加尔默罗会的安东
尼奥·福斯卡利尼关于毕达哥拉斯和哥白尼观点的书信》(*Letters
of the Carmelite Paolo Antonio Foscarini on the opinions of
Pythagoras and Copernicus*)的书在那不勒斯问世。该书认为,
《圣经》与哥白尼的学说是相容的。枢机主教贝拉闵对它的反应意
义重大。贝拉闵写道,福斯卡利尼和伽利略最好是只把自己的观
点当作假说。说"假设地球运动、太阳静止不动"可以比传统体系
更好地"拯救所有现象",不仅"说得好",而且"毫无危险"。而断言
太阳实际上固定于宇宙的中心、地球在运动"则非常危险,它不仅激
怒了所有神学家和经院哲学家,而且因为违背了《圣经》而伤害了我
们神圣的信仰"(Galilei,1890—1909:XII,171;Galilei,1957:163)。

　　1598 年,耶稣会教士罗伯特·贝拉闵(1542—1621)被克雷芒
七世任命为枢机主教。他是当时教会中受教育程度最高、最有影
响力的人物之一。在致福斯卡利尼的信中,他重申了辛普里丘
(Simplicius)、约翰·菲洛波诺斯(Giovanni Filopono)和托马斯·
阿奎那的著作中贯穿的一个观点,即天文学是纯粹的"数学"和纯
粹的"计算",是对假说的构造,因此,判定这些假说是否符合物理
实在并不重要。奥西安德尔(Osiander)在为哥白尼的《天球运行
论》所写的匿名前言中也提出了同样的主张,而布鲁诺则激烈地驳
斥了这个观点。开普勒也说,托勒密的原理是"假的",而哥白尼的
原理是"真的"。

　　在这一点上，伽利略与布鲁诺和开普勒完全一致。他把纯粹天文学比作哲学，主张对自然作一种物理描述而不是假说性的描述。他认为，哥白尼的研究并不是一种用来寻找与观测结果相符的计算的手段，而是一种关于"宇宙所有部分在事物本性上（in rerum natura）的构成"以及"世界所有部分的真正构成"的讨论。他还认为，哥白尼从不相信托勒密的世界体系对应于实在："在我看来，如果认为哥白尼并不真正相信地球在运动，那就没有读懂他[……]。此外，我认为，由于其整个学说的核心思想都基于地球的运动和太阳的静止，所以他是无法调和的：因此，我们要么完全谴责它，要么使之完全保持原样。"(Galilei, 1890—1909：V, 299)

哥白尼被谴责

　　1615 年 12 月，伽利略在罗马再次直接表述了他的思想。他在《致洛林的克里斯蒂娜夫人的信》(Letter to Madame Christina of Lorraine)中详细阐述了致卡斯泰利的信中的观点。他还以给枢机主教亚历山德罗·奥尔西尼(Alessandro Orsini)的信的形式写了《论潮汐》(Discourse on the tides)，后来成为其《关于两大世界体系的对话》(Dialogue on the Two Chief World Systems)中第四天的内容。然而，他所有的计划和不切实际的希望很快就被打破了。2 月 18 日，罗马教廷的神学家们考察了卡齐尼所提供的粗糙版本的哥白尼学说。罗马教廷宣称，第一个命题——"太阳在世界的中心，因此固定不动，并不自转"——"在哲学上愚蠢而荒谬，本质上是异端邪说，因为它明显与《圣经》相矛盾"。第二个命题——"地球不在世界的中心,也并非固定不动,而是自身在作周日运动"——"在哲学上应当受到与前者相同的批评;就神学的真理性而言,它至少在信仰上是错误的"。

教皇保罗五世下令警告伽利略放弃哥白尼学说。如果他拒绝,他应当着证人和公证人的面被命令(或要求)放弃受谴责的学说,既不捍卫也不讲授它。事实证明,警告与命令之间的区分是至关重要的,因为这是1633年指控他为异端以及他随后对这些指控进行谴责的基础。2月26日,枢机主教贝拉闵传唤伽利略。那次会议的非正式记录(与会者未签字,只有草稿形式)表明,伽利略先是受到枢机主教警告,紧接着(*successive et incontinenti*)以教皇和宗教裁判所全体委员的名义被命令"完全放弃这些主张,不以任何方式(*quovis modo*)在口头或书面上持有、捍卫和讲授它们"。伽利略在第二次审讯中面对这份文件时表示很惊讶,说这些条款"[对他来说]是全新的,他以前闻所未闻"。许多历史学家都认为,这次会议的记录并未反映实际发生的情况。

伽利略被贝拉闵审讯之后,宗教裁判所于3月3日颁布法令,查禁哥白尼的著作,直到被纠正。该法令还谴责和查禁了福斯卡利尼神父的著作,以及任何支持哥白尼学说的书籍。洛里尼对伽利略的指控所引发的事件即以这样的形式告终。到目前为止,伽利略本人并未受到牵连,他出版的作品也没有被查禁。同年5月,在听说关于他被迫发誓放弃的恶意中伤和谣言之后,伽利略要贝拉闵出具一份书面声明。这位枢机主教证实,伽利略从未发誓放弃或受到惩罚:他只是被告知,宗教裁判所裁定哥白尼的学说违反了《圣经》,因此"既不能捍卫,也不能持有它"。

自然之书

1623 年，伽利略出版了巴洛克文学的一部杰作《试金者》(*Il Saggiatore*)，它是一部笔调辛辣的论战性著作。该书源于他与耶稣会神父奥拉齐奥·格拉西(Orazio Grassi)就彗星的本性所展开的一场争论。1619 年，格拉西写了《哲学天平与天文学天平》(*Philosophical and Astronomical Balance*)，作为对"伽利略主义者"马里奥·圭杜奇(Mario Guiducci)《论彗星》(*Discourse on comets*)中三篇演讲的回应。圭杜奇的文本实际上是伽利略本人的作品。在《论彗星》和《试金者》中，伽利略都采用了不太流行的亚里士多德关于彗星的观点。由于 1577 年彗星的视差比月球的视差小得多，第谷·布拉赫正确地推断出彗星位于月球天之上。伽利略承认用视差法来测量距离是可能的，但他拒绝将这种方法用于视对象(*apparent objects*)(Galilei, 1890—1909: Ⅵ, 66)。他将彗星归于光学现象，比如透过云层的太阳光线，而不是物理对象。

为了支持这些论点，伽利略抨击了第谷的天文学，后者认为彗星是物理对象。正如我们所知，伽利略希望将彗星排除出天界，从而摧毁第谷在地球研究上的声誉。他为抨击当时这位最伟大的天文学家而付出了沉重的代价：他将自己打造成一个保守的亚里士多德主义者的角色，结果导致了许多矛盾(Shea, 1972: 88)。

尽管如此，《试金者》仍然包含着伽利略最著名的两个哲学学说。第一个学说源于对"运动是热的原因"这一陈述的一系列反思。伽利略先是否认热是实际存在于物质之内的一种性质。物质或物体的概念蕴含着形状、与其他物体的关系、在时间和空间中存在、运动或静止、与另一个物体的接触或无接触等概念。然而,热、声音、气味和味道并不必然与物质概念相关。如果我们失去了感官,那么人的理性和想象力将永远不会知道这些属性存在着。虽然声音、颜色、气味和味道被认为是属于物质的客观性质,但它们实际上只是"名称",一旦"没有了有灵魂的、可感知的身体,热不过是一个名词而已"。伽利略并未就此止步。他说他"倾向于认为",我们所感知的热是"具有某种形状的大量极小微粒在高速运动",它们与我们身体的接触就是"被我们称为热的感觉"。于是,除了火微粒的形状、数量、运动、穿透和接触以外,火并无其他性质。

　　因此,物理世界中充斥着定量的和可测量的东西,由空间和在空间中运动的"极小微粒"所组成。科学知识可以区分出我们世界中客观而真实的东西,以及由我们的感官产生的主观的东西。正如梅森在《科学的真理性》(*Vérité des sciences*)中所说,在物理宇宙与感觉经验的世界之间创造出来的巨大的现代深渊远比怀疑论者所想象的大得多。

　　在讨论第一性质和第二性质时,伽利略一直避免使用"原子"一词。他提到了"极小的物体"、"极小的火"、"火的极小部分"和"极小的量"。无论如何,他所提到的总是一种给定物质(火)的最小部分,而不是物质的最终组分。在《试金者》的结尾,伽利略提到了"真正不可分的原子"。他对原子论-德谟克利特主义立场的提及尤其重要。在《关于两门新科学的谈话》的第一天,伽利略在内聚现象的语境下谈到了这一点。辛普里丘谦恭地提到了"某位古代哲学家",并且建议萨尔维阿蒂(Salviati)不要提出"与他那温文尔雅、条理清晰的心灵如此不同的"类似的观点，这个心灵"不仅是宗教的和虔诚的，而且是天主教的和神圣的"。

《试金者》中提到的微粒理论并未逃过警觉的格拉西神父的注意。在 1626 年的题为《天平和小秤对重量的计算》（*Ratio ponderum librae et simbellae*）的回应中，他强调了伽利略的思想与否认上帝和神意存在的伊壁鸠鲁思想的相似之处。将感觉性质归于主观层次，无异于与圣餐教义公开宣战，笛卡尔同样不得不解决这个问题。问题在于，当饼和酒的实体变成了基督的身体和血时，它们的外观——颜色、气味和味道——都得以保存。如果像伽利略所认为的，这些性质只不过是一些"名字"，那么就不需要上帝奇迹般的干预了。

《试金者》中的第二个著名学说表达了作者的信念，即自然尽管"对我们徒劳的愿望充耳不闻"，并以"我们无法想象的方式"产生结果，但本质上有一种内在和谐的秩序和结构，其方式是几何学的："哲学被写在宇宙这部永远呈现于我们眼前的大书上，但只有在学会并掌握书写它的语言和符号之后，我们才能读懂这本书。这本书是用数学语言写成的，符号是三角形、圆以及其他几何图形，没有它们的帮助，我们连一个字也读不懂；没有它们，我们就只能在黑暗的迷宫中徒劳地摸索"（Galilei，1890—1909：Ⅵ，232）。

自然之书是用与我们的字母表截然不同的文字写成的，并非所有人都有能力阅读它。终其一生，这种思想一直处于伽利略坚定信念的核心，即科学不应只限于提出假说（"拯救现象"），而是可以就事物的本性实际谈论宇宙各个部分的真正构成，而且可以表述世界的物理结构。紧接着上面引用的关于"自然之书"的段落，伽利略写道,他和塞内卡(Seneca)一样希望认识"宇宙的真正构成",并把这种寻求称为"我非常渴望的一种伟大探索"。

有些人担心并且排斥这样一种想法,即数学知识可以揭示世界的客观结构,因此在某种意义上类似于神的知识。他们非常理解伽利略的意思。在这个问题上,枢机主教马菲奥·巴贝里尼(Maffeo Barberini,1568—1644)——1623年当选为教皇乌尔班八世——清楚地表明了自己的立场:既然对自然结果的解释可能不同于在我们看来最好的解释,那么所有理论都应始终被当作假说。伽利略在《关于两大世界体系的对话》中提出了完全相反的观点,他认为,数学知识可能等同于神的知识。萨尔维阿蒂的"尖锐"陈述给亚里士多德主义者辛普里丘留下了深刻的印象:"所谓广度上,也就是指可理解的事物的数量而言,可理解的事物是无限的,而人的理解力,即使懂得了一千条定理,也算不上什么;因为一千对无限来说仍然等于零[……];但是从强度上来看人的理解力,单就'强度'一词是指完全理解某些定理而言,我会说人的理智是的确完全懂得某些命题的,因此在这些命题上,人的理解力是和大自然一样有绝对的确定性的。这些命题只在数学科学上有,即几何学和算术。神的理智,由于它知道一切,的确比人懂得的命题多出无限倍。但就人的理智所确实理解的那些少数命题而言,我相信人在这上面的知识,其客观确定性并不亚于神的理智。"(Galilei,1890—1909:Ⅶ,128—129;1953:103)

学者们常常指出,伽利略的"哲学"反映了不同传统的融合。很难确定伽利略是柏拉图主义者还是亚里士多德主义者;是阿基米德的追随者,还是将具体经验加以概括的工程师(Schmitt,

1969:128—129)。伽利略得益于所有这些传统。他认为世界的结构是数学,这种观念肯定与柏拉图主义有关;他关于合成法与分解 86 法的区分本质上是亚里士多德主义的;物理学的数学化源于阿基米德;制作和使用望远镜以及他对机械技艺和威尼斯兵工厂的态度则植根于文艺复兴时期"高级工匠"的思想传统。更有甚者,在试图简要证明《圣经》揭示了某些哥白尼主义真理时,他甚至使用了伪狄奥尼修斯的(pseudo-Dionysian)光的形而上学(light metaphysics)以及赫尔墨斯主义-菲奇诺主义哲学。

伽利略利用了所有这些传统。数学上的理念论与"神圣的阿基米德"和某种微粒论的遗产相结合,注定会对西方世界产生爆炸性的影响。

"两大世界体系"

乌尔班八世的罗马教廷似乎是宽容的。1626 年,当选教皇三年后,乌尔班八世释放了托马索·康帕内拉,并且给了他一笔养老金。正是在这种新的气氛之下,伽利略写了《关于潮汐的对话》(*Dialogo sopra il flusso e il reflusso del mare*)。他后来觉得这个标题过于大胆,便谨慎地把它改成了一个看起来更加中性的标题:《关于托勒密和哥白尼两大世界体系的对话》(*Dialogo sopra i duemassimi sistemi del mondo*,*tolemaico e copernicano*,以下简称《关于两大世界体系的对话》)。这个标题本身排除了对第谷·布拉赫所提出的广受耶稣会士欢迎的所谓"第三种世界体系"的考虑。

在《关于两大世界体系的对话》的序言和结语中,伽利略表明他知道教皇坚持要作一种假说性的讨论。他在序言中说,"我在讨论中站在哥白尼体系一边,把它当作一种纯粹的数学假说来叙述",然后又说,1616 年的禁令并非出于科学上的无知,而是出于虔诚和宗教上的理由。因此地球被宣布为静止不动的,相反的理论则被斥为一种"数学上的空想"。一丝不苟的论证、谨慎的序言,以及最后提到教皇的"天使学说",都不足以将伽利略从失败和屈辱中最终拯救出来。

与谨慎的开头相比,《关于两大世界体系的对话》的主体内容在语气上有很大不同。在这部著作中,三个人在威尼斯贵族乔凡・弗朗切斯科・萨格雷多(Giovan Francesco Sagredo,1571—1620)的宫殿里进行了一场讨论。其中一位对话者是萨格雷多本人,他扮演着一个充满活力的、挖苦揶揄的自由思想者的角色。第二位对话者是佛罗伦萨人菲利波・萨尔维阿蒂(Filippo Salviati,1583—1614),他扮演着忠诚的哥白尼主义者的角色,是一个有着坚定信念和理性思维的科学家。第三位参与者是虚构的辛普里丘,他是亚里士多德主义传统的捍卫者。他既不天真也不无知,而是捍卫着一种他认为不可改变的秩序,因此害怕所有可能威胁到它的思想:"这种哲学思考的方式旨在颠覆所有自然哲学,破坏天、地和整个宇宙。"萨尔维阿蒂也代表《关于两大世界体系的对话》所面对的读者。由于它是用口语体的意大利语而不是用拉丁语写成的,所以它的读者并不是像辛普里丘那样的"教授",而是宫廷人士、市民阶级、神职人员和一个新的知识阶层。讨论持续了四天:第一天讨论的是亚里士多德宇宙论的解体;第二天讨论的是地球的周日自转；第三天讨论的是地球围绕太阳的周年运转；第四天讨论的是通过伽利略的潮汐理论对地球运动的物理证明。

《关于两大世界体系的对话》不是一本关于天文学的书，因为它没有解释行星系统。它旨在证明哥白尼宇宙论的真理性，并且说明为什么亚里士多德的宇宙论和物理学是站不住脚的。它从未讨论行星的运动。伽利略对没有偏心圆和本轮的哥白尼体系作了一种简化的解释。与哥白尼不同，他将太阳置于圆周轨道的中心，而没有解释对行星运动的观测结果。有人正确地指出，伽利略对其匀速圆周运动的力学理论要比对开普勒长期坚持的耐心测量的准确性更有信心。同样，这种态度也导致他完全忽视了开普勒对天界运动学问题的解决方案（椭圆的行星轨道理论可以追溯到1609 年的《新天文学》）。

第一天的对话讨论的是，亚里士多德的"世界结构"是站不住脚的。那个世界有一个双重结构，其基础是不朽的天界与可朽的元素世界之间的区分。亚里士多德认为，"感觉经验比任何论证都更可取"。因此萨尔维阿蒂向辛普里丘指出，如果他说天是可变的是因为他的感官这样告诉他，而不是因为亚里士多德是这样说的，那么他的推理会更像亚里士多德。虽然以前无法直接观测天界，但望远镜已经克服了这种"感觉的屏障"。月亮上的山峰并不是唯一迫使我们拒斥传统宇宙观的东西。虽然那种宇宙观看起来完整而稳定，但其中心处却被错误和矛盾所撕裂。例如，它用圆周运动的完美来证明天体的完美，然后又用天体的完美来证明天体运动的完美。生与灭、可分与不可分、可变与不可变"是世间万物共有的性质，无论地界还是天界"。这句话很关键，因为它断言天与地属于同一个宇宙体系,共享同一门物理学:同一种运动科学解释了天与地的运动。亚里士多德宇宙论的解体也必然摧毁了亚里士多德的物理学。

亚里士多德宇宙论的解体

　　第二天的对话完全致力于详细驳斥反对地球运动的所有古典论证和现代论证。萨尔维阿蒂指出,如果地球运动,就会出现以下现象:从塔顶掉落的石头不会落在塔基,而会落到稍微偏西一点的地方;向西发射的炮弹会比向东发射的炮弹射程更远;我们骑马时会感到一股强风,所以地球的高速运动应使我们始终感到有东风袭来;地球表面的建筑物和树木应被地球运动的离心力连根拔起和甩出去。正如伽利略私下指出的,"我们可以排尿,这真是令人惊讶,因为我们在尿液后面快速追赶,或者说应当尿在自己的膝盖上。"(Galilei,1890—1909:Ⅲ,1,255)

　　辛普里丘使用了第谷也曾用过的一个论证,认为从一艘静止的船的桅杆顶部落下的石头将垂直落下,而从一艘正在移动的船的桅杆顶部落下的石头将斜着落下,并且朝着船尾落在与桅杆底部一定距离处。假设地球在太空中快速移动,则从塔顶落下一块石头时,应当发生同样的现象。然而,辛普里丘不经意间没有如实地叙述一个事实——他以前从未在船上做过这个实验——此时伽利略给出了一个重要的说法:任何尝试做这个实验的人都会发现,将要发生的事情与辛普里丘所说的完全相反。不过,实际上没有必要做这个实验,因为"即使不做实验,也会有这样的结果[……]

因为这一结果是必然随之发生的"。他以萨尔维阿蒂和萨格雷多作为传声筒，用运动的相对性原理反驳了反哥白尼主义者的论证。天界运动完全是因为地球上的观察者才存在，因此将周日旋转归于地球并不荒谬。由于运动会产生现象上的变化，所以无论是假定地球运动、太阳不动，还是反过来，变化都会以同样的方式发生。无论把什么运动归于地球，"参与这种运动的我们"都必然"始终完全意识不到它"。接着，萨尔维阿蒂提出了一个"定论"[89]
(ultimo sigillo)性的实验，单凭这个实验就可反驳所有反对地球运动的论证：想象你在船甲板下的船舱里，那里有苍蝇和蝴蝶，还有一大碗水，其中有鱼在游，还有一瓶水，其中的水缓慢地滴入它下方的另一个容器，如果船以某个速度运动，"只要运动是匀速的，也不是摆来摆去的，你将发现，所有上述结果都没有丝毫变化。你也无法根据其中任一结果来断定，船到底在运动还是静止不动"。

伽利略关于运动相对性的断言有重要意义。在亚里士多德的力学中，运动与物体的本质之间存在着一种至关重要的联系。根据这一原则，不仅可以确定哪些物体必然可以运动，哪些不能运动，而且可以解释为什么并非所有形式的运动都适合于所有物体。这里伽利略开启了一个新的视角。静止和运动与物体的本性无关；不存在本质上可运动或不可运动的物体，不能先验地确定哪些物体可以运动，哪些物体不能运动。在亚里士多德的物理学中，物体的位置对于物体和宇宙都是有目的的。如果运动发生在空间中，则运动表现为位移；如果运动与性质有关，则运动表示为质的变化；如果运动与存在的状态有关，则运动表现为生灭。运动不是状态，而是一种变化或过程。运动物体不仅与其他物体的关系发生了变化,而且物体本身也发生了变化。伽利略的物理学将物体的运动与物体的变化区分开来。它标志着亚里士多德物理学和中世纪冲力理论的终结,亚里士多德物理学和中世纪冲力理论都认为,运动需要一种推动力来产生运动并且保持那种运动。现在,静止和运动被认为是物体的两种持续性的状态。在没有外部阻力的情况下,需要用力来阻止物体运动。力所产生的不是运动,而是加速。通过推翻这些根深蒂固的概念,伽利略为惯性原理的提出铺平了道路。

几何化、相对性和惯性

　　教科书中描述的伽利略的相对性原理(基于对一个系统本身的力学观察,不可能说该系统是处于静止还是在作匀速直线运动)实际上并不符合他为了证明以下结论而提出的理论,即地球上的观察者不可能察觉地球本身的旋转运动。伽利略阐述了一个"更广泛的"学说,认为给定系统的所有物体都在作的一种"不是以某种方式变动起伏"的运动,对这些物体的相应行为没有影响,因此在该系统中永远不可能得到证明。在那个著名的船的例子中,伽利略用"不变动起伏的运动"来指直的或沿着同一条经线的运动,将"不变动起伏"译成"直线的"(伽利略在其他地方使用过几次这个词)是对文本的曲解。这个区分是重要的,因为经典的相对性原理意味着匀速直线运动概念和接受惯性原理(根据惯性原理,一个物体保持静止或匀速直线运动,直到有外力干预以改变那种状态)。

　　惯性原理是现代动力学的基础，而伽利略从未表述过它，这正是因为他的宇宙论思想影响了他的物理学。在《关于两大世界体系的对话》中，伽利略设想有一个"既不向上倾斜也不向下倾斜"的水平面，其上的运动物体"既不趋向运动，也不阻碍运动"①。如果"给一个推动"，则那个物体会继续移动平面的长度，而"如果这样一个空间是无限的，那么其上的运动将同样是无限的，也就是永恒的"。伽利略所提出的表面并非与地球表面相切的水平面，而是一个"其所有部分都与地球中心距离相等的"平面。这里伽利略指的是一个球面："一个既不向上倾斜也不向下倾斜的表面的所有部分都必然与中心距离相等。但整个世界上有这样的表面吗？［……］只有我们的行星地球，如果把它作良好的抛光的话。"

　　伽利略在这个方向上的灵感可以从对话的第一天体现出来，当时他坚持亚里士多德关于自然运动与非自然运动的区分。他声称圆周运动是自然的，持续的直线运动是不可能的："由于直线运动本质上是无限的，而直线是无限和没有界限的，所以任何运动物体都不可能自然地沿直线运动，也就是朝着一个不可能到达的地方运动，因为那里没有预先确定的终点。"可以想象，当宇宙仍然无序时，直线运动也许会从原始的混沌中出现。直线运动既可以使有序的物体变得无序，也可以"使无序的事物变得有序"。直线运动还可以"为构造一件作品而移动物质；但一旦完成，该物体必然要么静止不动，要么如果可以移动，就只能作圆周运动"。宇宙的各个部分达到最有利和最完美的位置之后，物体不可能"仍然自然

────────────────

　　①　即既不加速也不减速。——译者

地倾向于沿直线运动,因为这将意味着扰乱物体本身的自然位置,导致混乱"。于是,我们可以像柏拉图那样"想象",起初诸行星被91 赋予了直线的加速运动,后来达到一定速度时,它们将直线运动变为圆周运动,"此后速度一直保持均匀"。

伽利略绝不只是对柏拉图的神话做了一种文学上的认可。后来,当萨尔维阿蒂争论圆周运动的典型特征时,他重述并且扩展了这个论点:"这就是使运动物体不断离开和不断到达终点的运动,只有它才可能本质上均匀。"当运动物体接近它所倾向的点时就会发生加速,不愿离开这一点时就会发生减速。而在圆周运动中,运动物体"不断离开和接近其自然终点,所以它的排斥和倾向总是具有相等的强度,这种相等导致了一个既不减速也不加速的速度;也就是导致了运动的均匀性"。这个"永久持续"的概念——并非无限长的线的自然特征——源于这种均匀性,也源于圆周运动可以"永久持续"这一事实。这个结论清楚地总结了伽利略的信念,即只有圆周运动才可能自然地适应完美有序的宇宙的各个部分;直线运动是由大自然指定给"它的物体(及其各个部分)的,只要这些物体被发现在其固有位置之外,或者被糟糕地排列"。

无限的直线运动本质上是不可能的,因为自然"不会移到它不可能到达的地方"。这个诱人的短语表达了作为哥白尼主义者的伽利略所无法克服的最大障碍之一。他仍然认为,圆周运动是无须解释的更高的运动(在新物理学中,圆周运动将借助于非惯性力来解释)。伽利略最伟大的成就和遗产——将物理学与天文学结合起来——乃是基于圆周运动的惯性概念。那种认为天球在作完美运动的古老宇宙论,继续支配着伽利略的物理学。

　　阅读伽利略的对话时很难不"看到"其牛顿主义潜力,但重要的是不要落入陷阱,将后来产生的思想归于前人。牛顿第一运动定律中的惯性概念早已在形成过程中,它源于笛卡尔和牛顿对伽利略的革命性思想所作的贡献。威廉·谢伊(William Shea)指出,为了从伽利略的工作中得出牛顿第一定律,必须完成四个步骤:(1)认为惯性是一条基本的自然定律;(2)认为惯性蕴含着直线性;(3)将惯性从地球的运动推广到空的空间中发生的所有运动;(4)将惯性作为物质的量的函数与质量联系起来。笛卡尔完成了前三步,但只有牛顿完成了第四步(Shea,1972:9)。

潮汐

　　在撰写关于潮汐的短论(1616)和《关于两大世界体系的对话》92之间的近 20 年间,伽利略渐渐相信他关于潮汐运动及其原因的理论是对哥白尼宇宙论最终的物理证明。伽利略假定,潮汐是由地球的双重运动引起的:每日自西向东的绕轴自转和每年自西向东的绕太阳旋转。根据伽利略的说法,这两种运动的结合使得地球上的每一个点都以"渐进的不均匀的方式"移动,"有时通过加速来改变速度,有时通过减速来改变速度"。因此,尽管没有不规则的或不均匀的运动被分配给地球,但地球的所有部分都会作"明显不均匀的运动"。

　　学者们一直强调,伽利略的解释的"错误"(认为潮汐运动每24 小时只发生一次)并没有被后来的科学发展所证实。这种解释与伽利略本人在物理学和天文学方面取得的进步也很难说是相容的。正如恩斯特·马赫（Ernst Mach）所指出的那样，将经典的相对性原理引入物理学之后，伽利略将两个不同的参照系不合法地混合在一起。《关于两大世界体系的对话》第二天的整个讨论旨在证明，在一个运动的地球上发生的一切事情都会像在一个不动的地球上那样发生。为什么反映地球速度变化的只有海洋，而不是所有那些未牢固附着在地球上的物体呢？在《关于两大世界体系的对话》的第四天，地球不再被描绘成一个惯性系了（Clavelin，1968：480）。

　　伽利略试图完全通过运动和运动合成来解决潮汐问题。他拒绝接受任何月亮"影响"的观念，而是明确地坚持力学。具有悖谬色彩的是，这种坚持乃是基于对影响学说（doctrine of influence）和隐秘性质的强烈厌恶。伽利略将任何提到大量水体与月球之间的"吸引"的潮汐理论都明确斥为无意义的。他既不认为这是一种替代性的假说，也不认为它基于可观察的现象而是不融贯的和错误的，而是径直把它当作一种隐秘思辨的表现而加以"抛弃"。伽利略借萨格雷多之口说，不值得为驳斥这样的东西而多费口舌。认为太阳或月亮与潮汐运动有关"令我的理智感到厌恶[……]，我的理智拒绝诉诸或屈服于[……]隐秘性质的吸引和类似的无用幻想"。令伽利略大为惊讶的是，像开普勒这样一个有着如此"开放和敏锐的头脑"、相信哥白尼的学说并且"很容易得出地球运动学说"的人，竟然会"赞同月亮对水的统治、隐秘性质等幼稚的想法"（Galilei，1890—1909：Ⅶ，470，486）。

伽利略的悲剧

围绕《试金者》的争论已经使伽利略疏远了耶稣会。他的敌人轻松地说服了乌尔班八世相信,辛普里丘在《关于两大世界体系的对话》中提到的"天使学说"(认为自然现象的原因可能并不总是显而易见的,因此明智的做法是以科学假说的方式来讨论它们)是在故意嘲弄教皇的权威。佛罗伦萨的宗教法庭审判官下令暂停出售《关于两大世界体系的对话》,1632 年 10 月 1 日,伽利略被宗教裁判所传唤到罗马。伽利略成功地将其离开日期推迟到 1633 年的 1 月 1 日,但在听说有可能会被"五花大绑"地带到罗马之后,他于 1 月 20 日离开。他因为在拱桥镇(Ponte a Centina)遭受了瘟疫而被隔离,经过漫长的延迟之后,1633 年 2 月 13 日终于抵达罗马。4 月 12 日,身心俱疲的伽利略出现在宗教裁判所。他了解到,他的罪行不是写了《关于两大世界体系的对话》,而是欺骗性地获得了出版许可,而没有通知出版商 1616 年禁止以任何方式(quovis modo)讲授和捍卫哥白尼学说的禁令。在整个审讯过程中,伽利略坚称他已经受到贝拉闵警告,枢机主教本人——在伽利略的要求下——后来也起草了一份文件来证明这一点。他说他不记得有什么在证人面前发布的禁令,并最终表示,他撰写《关于两大世界体系的对话》的真实意图乃是证明,哥白尼的"推理"是无效的和非决定性的。出于恐惧而说出的最后这句话让法官抓住了伽利略的把柄,并且消除了任何实际的辩护可能性。宗教裁判所的顾问们毫不费力地表明他试图欺骗法官:"他不仅以闻所未闻的论证支持哥白尼理论,而且还以意大利语这样做。[……]这样一来,他的错误就很有可能在无知的民众中流行开来。"此外,伽利略还试图超越为数学家设定的专业界限:"作者声称提出了一个数学假说,但却赋予了它一种物理实在性,这是数学家永远不会做的。"

在伽利略的书面证词中,他指出(5 月 10 日),1616 年文件的条款对他来说是"全新的"。过了一个月,在第二次听证会之后,宗教裁判所作出了裁决。同一天,即 1633 年 6 月 22 日,伽利略跪在宗教裁判所的枢机主教们面前公开发誓弃绝:"我诚心诚意地谴责、诅咒和放弃上述错误和异端邪说,[……]并且发誓,我未来不会以口头或书面的方式断言或宣布我可能再次被怀疑的这些事情,如果我知道其他异端或疑似异端,我会向宗教裁判所告发他们。"(Galilei,1890—1909:XIX,406—407)

十名法官中的七名签署了判决,这不仅是对伽利略和他所有希望和幻想的打击,而且也给天主教会内部新天文学的支持者造成了致命的打击,他们认为教会本可以在塑造文化方面发挥积极作用。毫无疑问,1633 年是思想史和科学史上的关键一年。就在伽利略被定罪(1634 年 1 月 10 日)几个月后,笛卡尔一得知这个消息便致信梅森,促请推迟出版他的《论世界》。他接受"善于隐藏者活得好"(*bene vixit qui bene latuit*)这句格言,并承认自己试图烧掉所有文稿。十年后,约翰·弥尔顿(John Milton)在《论出版自由》(*Areopagitica*)中描述了 1639 年他与伽利略的会面:意大利学人"抱怨科学在他们国家受到奴役的状态;这已经扑灭了活泼的意大利精神,多年以来,人们所写的一切都是谄媚而平庸的"。

伽利略被判处正式监禁。1633 年 7 月 1 日,他被转移到锡耶纳（Siena），在那里，他被皮科洛米尼（Piccolomini）大主教视为座上宾。这年 12 月，他被允许回到他在佛罗伦萨郊外阿切特里（Arcetri）的别墅，被命令在那里独自生活，不能与众人"吃饭或交谈"。他最喜爱的女儿玛丽亚·切莱斯特（Maria Celeste）于 1634 年 4 月 2 日去世，伽利略写信给一位朋友，说自己感到"非常悲伤和忧郁：食欲不振，深感自责，时常能听到我心爱女儿的召唤"（Galilei，1890—1909：ⅩⅥ，85）。1637 年底，伽利略开始失明："凭借着非凡的发现和清晰的证明，我已经使这个地球、这个宇宙放大到了过去时代的睿智之士所相信的上百倍；对我而言，从现在起，它已经收缩到一个很小的空间，我自己的感觉就能将它填满。"（Galilei，1890—1909：ⅩⅦ，247）

统治 19 世纪编史学的那种将伽利略描绘成一个自由思想者和实证主义先锋的完全非历史的形象已经黯然失色。同样，试图重新评价并且捍卫针对伽利略的指控的有时很笨拙的许多努力也被放弃了。1979 年 11 月 30 日，教皇约翰·保罗二世在教皇科学院纪念爱因斯坦诞辰一百周年的会议上宣布，"教会的人士和机构已经使"伽利略"遭受了巨大的痛苦"，而且在他看来，梵二会议所谴责的那种"不正当的干预已经发生了"（Acta，1979：1464）。

95

新物理学

20 世纪 70 年代以来的伽利略研究不仅阐明了他的早期作品《论运动》和《论力学》的重要性，而且还通过详细分析这些作品，表明伽利略物理学的主要问题可以追溯到 1600 年至 1610 年这十年

(Wisan,1974)。换句话说,伽利略最伟大的科学著作有很长的酝酿期。1638 年,《关于力学和位置运动这两门新科学的谈话和数学证明》(*Discorsi e dimostrazioni matematiche intorno a due nuove scienze attinenti alla meccanica e ai movimenti locali*,简称《关于两门新科学的谈话》)在他未知的情况下在荷兰莱顿正式出版。《关于两大世界体系的对话》中的三个人物再次出现,他们前两天就材料强度作了真正的讨论,第三天讨论了匀速运动、自然加速运动和匀加速运动的问题,第四天讨论了抛射体的路径。萨尔维阿蒂大声朗读了一部论运动的拉丁文论著,这大概是他的朋友阿卡德米科(Accademico)写的。对这部论著的阅读只是偶尔被两位对话者的问题所打断。"第五天"(讨论欧几里得的比例论)和"第六天"(讨论撞击问题)后来分别于 1774 年和 1718 年出版。

由伽利略的材料强度理论诞生了一门新科学:一个理论的有机体被首次用于民用和军事工程以及建筑科学。在这种语境下,伽利略在《关于两门新科学的谈话》开头的建议非常重要;也就是说,"做哲学"应当认真考虑工程师和工匠的工作。萨格雷多宣称,在探究"隐秘的几乎无法预测"的结果的过程中,他曾数次得益于他与"非常熟练和雄辩的"力学家的对话。伽利略首先强调,一个结构的尺度是其强度的决定性因素之一,并且说明了为什么模型比原尺寸的结构强度更大。长度和厚度不同的棱柱和圆柱体对折断的抵抗(对端部所承重量的支撑)与其基底直径的立方成正比,与其长度成反比。一个巨人的骨头因其长度必须不成比例地厚:一个结构的尺寸无论在技艺中还是在自然中都不可能无定限地增长。固体的内聚强度和材料的强度都可以通过它们的微粒组成或原子组成来解释,要么解释成对这些微粒之间形成真空的阻力(表现为使两个光滑接触面分离的阻力),要么解释成它们之间存在一种黏性物质。然而,在研究梁的断裂时,伽利略忽视了所谓的压缩效应,并且错误地认为梁的纤维是不能延展的。 96

科学哲学家和科学史家早已研究了伽利略是如何得到《关于两门新科学的谈话》第三天中匀加速运动理论的严格表述的。这种严格表述的提出,是对每一种感性要素和定性要素进行严格抽象的结果。他早期的《论运动》显示了一些想法的痕迹,比如重性是物体的一种自然属性,重物的自然下落是由于重性,以及"冲力"(*vis impressa*)是临时的轻性胜过了自然的重性。下落速度与落体的密度和重量有关。在《关于两门新科学的谈话》中,伽利略用一种纯运动学的分析取代了对原因的寻求:速度与走过的空间成正比。这个最初的假说后来被抛弃,伽利略转而主张速度与时间成正比,这是一个绝非自明的想法:"如果静止的物体以匀加速运动下落,则在任何给定的时间内走过的距离[……]与时间的平方成正比。"

D 与 T^2 成比例的关系(定理Ⅱ的命题 2)可由定理Ⅰ导出,根据这个定理,一个物体从静止开始以匀加速运动走过给定距离的时间与同一物体以一个恒定速度走过相同距离所花的时间相同,该恒定速度等于由前面的匀加速运动所获得的最终和最大速度的一半。在这幅图中,AB 表示一个物体从静止开始作匀加速运动走过空间 CD 所经过的时间。EB 表示在时间段 AB 期间获得的最终和最大速度。然后我们作 AE;与 EB 等距且平行的各条线表示在初始时刻 A 之后增加的速度。令 F 为 EB 的中点,并且作

FG 平行于 AB，AG 平行于 FB。矩形 AGFB 的面积等于三角形 AEB 的面积，因为 GF 与 AE 交于中间点 I。将包含在三角形 AEB 中的各条平行线延伸到 GIF，则"三角形 AEB 中的所有平行线之和等于矩形 ABFG 中的所有平行线之和"。三角形中的平行线之和表示匀加速运动的"增加的速度"，而矩形中的平行线之和则表示以恒定速度运动的物体的速度。每一个运动的速度之和是相等的：如果速度从零均匀增加到 EB，则所走过的距离与以均匀速度 IK（这是 EB 速度的一半）在相同时间内走过的距离相同。用非伽利略的术语来说，在加速运动中增加的瞬时速度之和等于平均速度 IK 处的均匀瞬时速度之和。

97

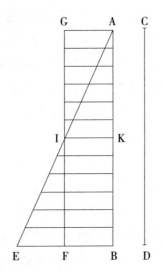

伽利略并没有把距离完全等同于面积。他对微积分的认识不足以使他说出，"无穷多条小的线段之和，每一条线段代表一个速度，加起来等于某种不同的东西，一个距离"（Shea，1972）。事实证明，微积分将是处理持续变化的量所需的数学方法。

伽利略在《关于两门新科学的谈话》中插入的简短的拉丁文论文中提出的问题是，找到一个匀加速运动的定义，能够"精确描述［……］自然给下落物体赋予的那种加速度"。伽利略宣称，他实际上是被"牵着手"引至他的定义的，因为大自然在其所有作品中总是以"最为直接、简单和有效的"方式起作用。一块从静止下落的石头会逐渐增加速度，那么为什么不能设想速度的增加是以最简单明显的方式（*simplicissima et magis obvia ratione*）发生的呢？有两种可能性满足"始终以相同方式出现"的增加或增量的要求：速度可能与距离或时间成正比。人们常常指出，伽利略（他认为这两种选项同样简单）所作的选择与他错误地证明了前一假说的逻辑矛盾性有关。

"通过对时间作类似的均匀细分，我们可以认识到，速度增量的发生具有同样的简单性。"这之所以可能，是因为我们抽象地（*mente concipientes*）确立了，"当一个运动在相等的时间里获得相等的速度增量时，该运动就是匀加速的持续运动"。萨格雷多注意到，该定义是任意的（"被抽象地构想和接受"），它是否可以符合实在并且在自然中被实际地证明是令人怀疑的。辛普里丘在漫长的证明结束时提出了同样的反对意见。虽然该证明的有效性令他信服，但他怀疑大自然实际上是否将这种运动应用于落体："在我以及像我这样的其他人看来，在这种情况下积累一些经验是适当的。"正是在此处，也正是为了回应这个要求，伽利略在《关于两门新科学的谈话》中插入了一段关于完全球形的、坚硬光滑的铜球沿着光滑、坚硬、笔直的斜面滚落的著名描述。此定律的提出并非基于这个实验，伽利略也在同一页明确指出：这个实验乃是"为了证明自然下落的物体按照上述比例加速"。

《关于两门新科学的谈话》的第四天专门讨论抛射体运动，这是伽利略科学卓越品质的一个例子。伽利略在这里表明，抛射体的轨迹是抛物线，而且是两个彼此不相互干扰的独立运动的组合：一个是水平向前的匀速运动，另一个是竖直向下的匀加速运动。这条结合了惯性原理和自由落体定律的定律使伽利略得以确定速度、高度、射程和运动的量。在这几页中，伽利略不仅终结了人们理解这种运动的传统方式，而且引入了一种将运动与几何学关联起来的完全不同的方式。

直到生命尽头，伽利略一直在书信中研究和讨论问题。在维维亚尼（Viviani）和他最小的弟子埃万格利斯塔·托里切利（Evangelista Torricelli）的帮助下，他甚至能在一定程度上重获以前的热情：他与福图尼奥·里切蒂（Fortunio Liceti）进行争论，参与维维亚尼与托里切利的辩论，并且澄清了他对亚里士多德主义的看法。在 1642 年 1 月 8 日黎明前的几个小时里，最早看到新星和月亮上的山峰和山谷的那双现已失明的眼睛永远闭上了。为了避免"使好人心生反感"，为他的遗体建造"一个庄严而奢华的安息之所"被认为是不妥的。教皇的侄子写道，"为被宗教裁判所法庭定罪并且在服刑期间死去的人的尸体建造一座陵墓"是不适当的。

第七章 笛卡尔

一 个 体 系

笛卡尔的伟大建构取得非凡成功的原因之一是，它是作为一个体系被引入欧洲文化的。该体系建立在理性的基础之上，排除了任何形式的隐秘论和活力论，而且似乎能把自然科学、自然哲学和宗教（按照与中世纪经院哲学不同的方式）联系起来。最后但并非最不重要的是，在一个充满不确定性的思想革命时代，它为人们提供了一幅融贯、和谐、全面的世界图景。

对笛卡尔体系的接受和传播是缓慢、艰难而富有争议的。17世纪40年代，笛卡尔哲学已经被乌得勒支大学和莱顿大学所禁止，1656年则在整个荷兰被多德雷赫特（Dordrecht）会议的法令所谴责。1663年，天主教会将业已出版的笛卡尔著作列入禁书目录。在意大利，笛卡尔的哲学与伽桑狄和培根的哲学以及泰莱西奥、康帕内拉和伽利略的遗产归在一起。托马索·科内利奥（Tommaso Cornelio）"把笛卡尔的作品介绍到了那不勒斯"。在1681年的著作《论医学的不确定性》（*Parere sull'incertezza della medicina*）中，列奥纳多·迪卡普阿（Leonardo di Capua）建议将笛卡尔的科学与伽利略的科学结合在一起。特拉帕尼的米开朗琪罗·

法德拉（Michelangelo Fardella of Trapani）从 1693 年到 1709 年
在帕多瓦大学教授笛卡尔哲学。

到了 17 世纪末，欧洲所有伟大的大学都接受了笛卡尔的方法，
针对它的禁令已经失效。整个 17 世纪下半叶，笛卡尔的哲学和物
理学主导了欧洲的思想生活。霍布斯、斯宾诺莎、莱布尼茨以及后
来伟大的启蒙运动哲学家们，都基于笛卡尔的工作来衡量自己的工
作。笛卡尔哲学的那些最伟大的批评家，从洛克到维柯，也都将自
己的工作与他的工作进行比较。直到 1750 年前后，笛卡尔主义与
牛顿主义之间的激烈争论才以笛卡尔主义的失败而告终。

"我戴着面具前行"

勒内·笛卡尔（René Descartes，拉丁名 Cartesius）1596 年 3
月 31 日出生于都兰（Touraine）的拉海（La Haye）镇（现在称为拉
海-笛卡尔镇）。他的家庭属于低阶贵族。母亲在他 1 岁时去世
（1597 年），他由一位奶妈和他的外祖母抚养长大。大约 9 岁或 10
岁时，他被送到著名的拉弗莱什（La Flèche）耶稣会学院，在那里
待了 8 年。虽然经过多年的认真研究和如饥似渴的阅读，但在
1618 年离开学校时，他仍然"因怀疑和错误而感到不安"，并相信
他的学校生涯只会帮助他"发现自己的无知"。此时笛卡尔决定
"除了关于我自己或世界这本大书的知识以外，不再寻求任何科
学"，并用那年剩下的时间"四处旅行，造访宫廷和军队，会见形形
色色的人，积累各种经验"。他加入了拿骚的莫里斯亲王在荷兰布
雷达的军队。正是在这里，他于 1618 年底遇见了伊萨克·贝克曼

（Isaac Beeckman，1588—1637）。贝克曼在多德雷赫特的拉丁文学校任教，是一位博览群书、知识渊博的百科全书式学者。他著名的《日志》（*Journael*）包括了关于他通过广泛阅读和个人研究而提出的观点和想法（其中许多都极具原创性和重要性）的摘记。笛卡尔赠送了《音乐纲要》（*Compendium musicae*）手稿（最终在他死后出版）给贝克曼作为礼物：在这部早期著作中，笛卡尔已经提出了用数学来分析感性材料的典型笛卡尔式论题。1619 年，笛卡尔加入了巴伐利亚选帝侯的军队。11 月 10 日夜，在乌尔姆（Ulm）附近，笛卡尔经历了一段神秘的科学体验，该体验向他透露了"一门美妙科学的基础"。第二天他承诺，一旦其项目得以完成，他就去洛雷托圣母（Madonna of Loreto）的圣地朝圣。有人猜测他加入了玫瑰十字会（或与之有联系）。虽然我们没有证据证明这一点，但笛卡尔无疑被神秘的罗森克鲁茨（Rosenkreutz）的追随者们的末世论和千禧年面向所吸引，根据 1615 年玫瑰十字会的出版物《兄弟会的自白》（*Confessio*）的说法，罗森克鲁茨出生于 1378 年，活了 106 岁。

继波希米亚和匈牙利之旅后，笛卡尔于 1622 年回到法国，次年赴意大利。1627 年至 1628 年间，他很可能撰写了《指导心灵的规则》（*Regulae ad directionem ingenii*）的草稿，这是其方法的重要前身。1629 年，笛卡尔移居荷兰，在那里一直住到 1649 年。101 1630 年，他开始写作《世界或论光》（*Le Monde ou Traité de la lumière*），但他在 1633 年得知伽利略被宗教裁判所谴责，遂决定不将它出版。这部著作于 1664 年首次出版，此时距离他去世已经 14 年多。《方法谈》是现代哲学的基石之一，1637 年 6 月 8 日作为三篇科学论文——《屈光学》（*Dioptrique*）、《气象学》（*Météores*）和

《几何》(*Géométrie*)——的导言在莱顿出版。《屈光学》包括了折射定律,也被称为正弦定律,根据该定律,当一束光从一种介质传到另一种介质时,入射角的正弦与折射角的正弦之间存在一个固定的比率。然而,作为笛卡尔二十多年的劳动成果和精心挑选以显示自己学者身份的作品,这部文集的命运很是奇特。它被拆分开来,以至于直到 1644 年,《几何》——这是 17、18 世纪讨论和评注最多的作品——一直被分开阅读,同样的情况后来也发生在《方法谈》上,它被完全当作一篇“哲学”文章来阅读。《第一哲学沉思集》(*Meditationes de prima philosophia*)是一部于 1629 年开始写作的形而上学论著,1641 年连同一系列“反驳”和“答复”以拉丁文在巴黎出版。1647 年,它被翻译成法文。1642 年,笛卡尔的学说遭到乌得勒支大学的谴责。1643 年,笛卡尔以《致海斯贝特·富蒂乌斯的信》(*Epistola ad Gilbertum Voetium*)作为回应(海斯贝特·富蒂乌斯[Gijsbert Voetius]是他的主要批评者和指控者之一)。《哲学原理》(*Principia philosophiae*)出版于 1644 年,该书的最后三卷解释了他的物理学。1647 年,莱顿大学指控了笛卡尔的佩拉纠主义(Pelagianism)。他曾两次前往法国,并于 1649 年应瑞典女王伊丽莎白的邀请移居斯德哥尔摩。同年,他出版了《论灵魂的激情》(*Traité des passions de l'âme*)。1650 年,他在斯德哥尔摩死于肺炎。

笛卡尔在很大程度上要为他作为一个几乎不读书,而是倾听自己意识内在声音的孤独哲学家的名声负责。然而,仅仅是他数量庞大的通信(其中有很多信件讨论重要的科学观念)就足以让这个神话烟消云散。笛卡尔读过他那个时代主要学者的所有著作:

西蒙·斯台文和弗朗索瓦·韦达（François Viete）关于代数和数学的著作；开普勒和克里斯托弗·沙伊纳（Christoph Scheiner,1575—1650）关于光学的著作；加布里埃尔·哈维（Gabriel Harvey）的医学著作；弗朗西斯·培根关于自然哲学和方法的著作。他熟悉古希腊数学及其在克里斯托弗·克拉维乌斯（Christoph Clavius,1537—1612）教科书中的复杂版本。他了解阿拉伯-拉丁光学和现代原子论者的物理学。总的来说，他始终忠实于他年轻时的沉思冥想："我现在即将登上舞台，[……]戴着面具前行。"笛卡尔被形容为一个不情愿的革命者，渴望避免与官方哲学发生对抗，并且在不损害自己观点的情况下成功地做到了这一点（Shea,1991:112）。 102

数学方程遇到几何学

现代科学的基础并非基于将经验观察一般化的能力，而是如我们所看到的（例如在伽利略那里）基于抽象的分析能力，放弃常识和感觉经验的领域。正如我们已经讨论的，从根本上使物理学发生革命的是它的数学化，伽利略、帕斯卡、惠更斯、牛顿和莱布尼茨对此都作出了重要贡献。然而，我们在这个宏伟而复杂的过程的核心处发现的却是笛卡尔。

笛卡尔的解析几何以 16 世纪末韦达的发现为基础，它与希腊的几何学相去甚远。古代几何学借助于几何方式来解决任何算术和代数问题。笛卡尔则表明，可以将几何问题归结为代数问题。他在 1637 年的论著《几何》的开篇讨论了"将数学术语引入几何"，并从根本上背离了将平方或立方的代数量与"类似的"几何量相关联的传统,也就是将一个数的"幂"等于"维数"。换句话说,对笛卡尔而言,$(a+b)^2$——两条线之和的平方——本身是一条线,而不是一个面积。二次或三次表达式对应于线性的几何实体。他为几何图形的线指定了字母,由它们形成的方程的解即是未知线的长度。此外,坐标(今天仍然被称为笛卡尔坐标)的引入使得定义一个点的位置,以及(从运动学上)指定一个方程来定义从该点绘制的直线或曲线成为可能。方程可以用几何方式来表示,曲线可以用方程来表示。给定曲线的特性可以通过将代数运算应用于表示它的方程来研究。

物理学和宇宙论

笛卡尔的"发现"意味着,物理学问题,特别是力学问题,现在可以具有代数的精确性。例如,让我们考虑一下用方程对抛射体运动轨迹的定义。恩斯特·卡西尔(Ernst Cassirer)说得不错,他写道,分开来看并不容易相互关联的空间、时间和速度现在变得同质了;数学已经发现了一种程序,这种程序可以把一个量的度量单位与另一个量的度量单位联系起来。

在完全理性地重建物理世界的宏伟尝试中,笛卡尔得出了一个关于运动概念的重要定义,并且清晰地表述了惯性原理。他的第二"自然定律"说,"所有运动物体都倾向于沿直线继续其运动"(Descartes,1967:Ⅱ,94—98;1985:96)。与哥白尼和伽利略都相反,笛卡尔指出,"运动物体的每一个部分不是沿着弯曲的路径运动,而是沿着直线运动","任何运动物体都不得不沿着直线运动,而不是沿着圆运动"。在圆周运动中,存在着一种从所描出的圆"不停背离"的倾向:"当你用吊索旋转石头时,你的手臂甚至可以感觉到它"。笛卡尔认为这个"因素"很重要,它帮助最终消解了那个关于圆周运动完美的神话。与此同时,1629 年,笛卡尔将落体定律基于一个不正确的公式,即运动物体的速度是所走距离的函数,而不是时间的函数。

　　笛卡尔的运动观念与传统观念有根本不同。运动不是一个过程,而是一个状态,在本体论上与静止等价。静止或运动不会在物体中造成任何变化。宇宙中除运动和物质以外没有任何东西,笛卡尔物理学是严格机械论的:所有形式的无生命物体都可以通过运动、大小、形状和各个部分的组成来描述。思想物(res cogitans)和广延物(res extensa)是两种严格分离的实在。自然既不是心灵的,也不能用万物有灵论的各种范畴来解释。在《世界》中,笛卡尔用这些术语来描述自然:"所谓'自然',我并非指某位女神或任何其他种类的想象的力量,而是指物质本身以及我归于它的所有性质,而且上帝继续以创造它时的状态来维持它。"从上帝继续维持它这一事实来看,其各个部分的许多变化不能归因于上帝的作用,而应归因于自然本身:"我把这些变化的发生所凭借的规则称为自然定律。"

　　笛卡尔用力学传统中的模型来解释自然:由于观念世界并不反映真实的世界,所以没有理由相信(即使我们通常对它确信不疑)"我们心灵中的观念与它们所描绘的物体有任何相似之处"。正如人类约定俗成的语词"使我们想起了与它们毫无相似的事物"，大自然确立的"标记"也会"带给我们与之毫无相似的感觉"。

笛卡尔将物质归结为广延，并把二者等同起来。物质与它所占据的空间的唯一区别在于运动。物体是空间的一种形式，可以从一个位置移到另一个位置，而不会失去其固有的同一性："构成了空间的长、宽和深的广延，也构成了物体；它们之间的唯一区别仅仅在于，我们将某个特定的广延归于一个物体，每当该物体移动时，我们就想象其广延在改变位置。"(Descartes,1967：Ⅱ,77)如果空间和运动构成了世界，那么笛卡尔的宇宙就是现实化的几何学。

笛卡尔将空间与物质等同起来蕴含着一系列后果：(1)构成世界的物质的同一性；(2)世界的无定限广延；(3)物质的无限可分性；(4)真空在物理上是不可能的。和欧几里得空间一样，世界或"构成宇宙的广延物质是无限的"(Descartes,1967：Ⅱ,84)。由于只有上帝才可以是无限的，而有限的人类心灵不可能理解无限，所以"我们把这些东西称为无定限的，而不是无限的，以便把这个词只留给上帝"(Descartes,1967：Ⅰ,39—40)。在拒斥真空方面，笛卡尔甚至比亚里士多德更激进。他认为，真空是不可能的，因为如果真空的确存在，那么它将是一个存在的无，而这是自相矛盾的。"无"既没有属性，也没有体积(dimensions)。两个物体之间的距离有一个体积，这个体积是一种"精细"得察觉不到的物质，我们只能想象它是一个"真空"。笛卡尔认为物理实在是由微粒构成的，但并不认同古代原子论，这有两个理由：他相信物质的无限可分性，并且拒绝承认真空或真空的存在。

在《气象学》中，笛卡尔写道，水、土、气以及我们周围的所有其他东西皆由"形状和大小各不相同的许多微粒所组成,这些微粒从未妥善地排列或连接起来,因此周围会有许多小的缝隙;这些缝隙并非真空,而是充满了一种可以传播光的精细物质"(Descartes,1966—1983:Ⅱ,361—362)。笛卡尔不仅研究宇宙的构成,而且研究宇宙的形成。上帝把有广延的物质分成许多立方体,并且使宇宙的所有部分都运动起来,从而使这些立方体"剧烈搅动"。宇宙的三种元素就是以这种方式形成的。由此产生的摩擦磨损了立方体的棱角和边缘,这些立方体改变了形状,变成了微小的球体。由"磨损"产生的无穷小微粒成为"光性的"第一元素,它的搅动就是光。第一元素"就像世界上最精细、最有穿透性的液体";其各个部分并无确定的形状或大小,而是"每时每刻都在变化形状,以适应它们进入的空间"。对于这些微小的微粒而言,没有什么空间是太小的以至于无法渗透和填充,笛卡尔将它们的运动比作直接从太阳流出的激流,引起了光感(Descartes,1897—1913:Ⅱ,364—365)。如果第一元素或火元素是光,那么第二元素则传送光:它"携带着光",也就是形成了天界的以太。它的微粒全都"或多或少是球形的,并且像沙砾或灰尘一样结合在一起"。由于这种物质不能被压碎或挤压,所以"第一元素容易滑入",以填充以太微粒之间的小缝隙。和其他元素一样,第三元素也来自"磨损",它们结合成螺旋状的微粒,并且形成了土性的不透明物体。第三元素的各个部分"非常巨大且牢固地结合在一起,因此有能力不断抵抗其他物体的运动"。另一方面,水微粒"长而光滑,像小鳗鱼一样闪亮,它们虽然连接和编织在一起,但并没有被纽结或粘合在一起,以至于无法从彼此身上轻易松开"(Descartes,1966—1983:Ⅱ,362—

363）。

　　构成天界的精细物质在笛卡尔的物理学中扮演着重要角色：它是稀疏和凝聚、透明和不透明、弹性和重力的基础。由于运动必然需要一个完全充满的宇宙中的位移或重新排列，所以每一个运动都趋向于形成一个涡旋。在某种意义上，宇宙中的所有运动都是圆周运动："这就是说，当一个物体离开它的位置时，它总会随着另一个物体改变位置，而另一个物体又会随着第三个物体改变位置，以此类推，直到最后一个物体同时占据第一个物体留下的空位，使得当它们移动时，它们之间不存在真空，就像它们静止时不存在真空一样。"由于宇宙中不存在真空，所以"所有物质部分不可能都沿直线运动，但它们大体相等，并且具有相同的偏离能力，必须协同地作某种圆周运动"。由于上帝从一开始就让它们作不同的运动，所以它们起初"不是围绕单个中心，而是围绕许多不同的中心"转动。第二元素的球状微粒形成了巨大的涡旋。由于离心力的作用，第一元素的微粒被推向中心。太阳和恒星是由第一元素的微粒组成的球形质量。第一元素和第二元素都像液体涡旋一样包围着太阳和恒星。行星被一个较小涡旋的运动拖曳在太阳周围，"漂浮"在涡旋中，就像木块在小漩涡中旋转，同时又被河流的水流拖曳着一样。彗星不是光学现象，而是在涡旋边界上并从一个涡旋运动到另一个涡旋的实际天体。在一个无定限广大的宇宙中，涡旋受相邻涡旋的阻碍而无法扩张。最后，涡旋产生的力将行星保持在轨道上。尽管笛卡尔的学说忽视了行星天文学的技术方面（笛卡尔从未提到开普勒定律），但它仍然尊重力学的

106

基本定律：它可以不诉诸任何类型的"隐秘的力"而解释行星围绕太阳的旋转。

在一个完全充满的、没有真空的宇宙中，所有运动都必然是碰撞的结果，因此，碰撞或撞击的观念是笛卡尔物理学的核心。考虑到上帝的不变性，宇宙中运动的量必须保持恒定。笛卡尔用"运动的量"这个术语来描述一个物体的"大小"与其速度的乘积。然而，笛卡尔所理解的"大小"不同于现代所说的"质量"，而且他没有把速度当作向量来处理（Westfall，1971：121）。然而，并不必然每一个物体的运动的量都保持恒定。运动可以在撞击那一刻从一个物体转移到另一个物体。自然的第三定律是从这个前提中产生的："当一个物体撞上另一个更强的物体时，它不会失去任何运动；而当它撞上一个更弱的物体时，它所失去的运动将同转移给那个更弱物体的一样多。"（Descartes：Ⅱ；Westfall，p.122）根据该定律，如果一个物体处于静止且大于另一个运动物体，则该运动物体不能推动该静止物体。伽利略清楚地认识到，无论静止物体大小如何，任意大小的撞击它的物体总会带来一些运动。只有一个处于绝对静止的、无限质量的物体，才可能避免因碰撞而发生变化。在《论碰撞导致的物体的运动》（*De motu corporum ex percussione*，写于1677年，但直到1703年才出版）中，克里斯蒂安·惠更斯拒绝接受笛卡尔的碰撞理论。牛顿在自用的《哲学原理》一书上曾多次写下"错误"一词——根据伏尔泰在《哲学书简》（*Lettres philosophiques*）第15封信中的说法——以至于"对标记错误已经厌倦至极的他直接把书扔掉了"。

世界作为现实化的几何学

笛卡尔曾经写信给梅森说:"我的物理学中的一切,在我的几何学中无不具有。"与同笛卡尔物理学紧密相关的几何学一样,笛卡尔的物理学基于一系列公理,本质上是严格演绎的。柯瓦雷指出(Koyré,1972),与伽利略和牛顿不同,笛卡尔并没有问:"自然所遵循的是什么实际的行为方式?"相反,他的问题是:"自然应当遵循什么样的行为方式?"把物理学理解为几何学,以及把世界理解为"现实化的几何学",将笛卡尔引向了一种"想象的"物理学,这种物理学的"哲学虚构"特征不仅被惠更斯这位笛卡尔主义者所强调,也被牛顿和许多其他批评家所强调。在许多情况下,与经验的联系以及对理论的经验证据的寻求在笛卡尔的方法中不过是虚幻的。根据柯瓦雷的说法,笛卡尔的自然定律是为自然而制定的、自然只能服从的定律,因为那些定律构成了自然本身。

没有什么能比惠更斯(1629—1695)1693 年 2 月 26 日写给培尔(Bayle)的一封信中那雄辩的话语更能证明笛卡尔构造的诱人魅力了。他写道,笛卡尔知道如何能让他的猜测和发明被认定为真理,阅读《哲学原理》就如同阅读一部引人入胜的小说,每每会把幻想当成现实。"我第一次读《哲学原理》时,觉得一切都很合理。假如碰到难懂之处,问题肯定在于我还无法完全理解他的思想。当时我只有十五六岁。[……]如今,在他的整个物理学、形而上学和气象学中,我几乎找不到任何我相信为真的东西。"(Descartes,1897—1913:Χ,403)

　　当然，成熟哲学家和科学家的自传性反思往往会简化那些复杂而微妙的思想事件。惠更斯曾在海牙和莱顿跟随笛卡尔主义的教授们学习。在巴黎和伦敦，他进入了梅森和皇家学会的圈子。他的工作反映了复杂的数学理论与力学理论的结合以及对机械和技术的兴趣，这将他与培根和伽利略的传统联系起来。除了《光论》（*Traité de la lumière*，1690）中的光学理论属于例外，惠更斯基本上忠于笛卡尔主义的力学概念。他在《论重量的成因》（*Discours sur la cause de la pesanteur*，1690）中的反牛顿立场正是这一背景的结果。

　　与惠更斯不同，笛卡尔在写作他的物理学时既不用公式也不用数学语言。虽然他的定律不是用数学方式表达的，但（正如多次重申的那样）他的物理学是一种没有数学的数学物理学。笛卡尔的"数学主义"纯粹表现在构造世界的公理化演绎结构中。牛顿《自然哲学的数学原理》（1687 年在伦敦出版）的标题表达了他对笛卡尔和笛卡尔物理学那富有争议的反对。牛顿既用数学语言描述了自然哲学的原理，同时也从培根、胡克和波义耳的实验主义中汲取了很多东西。

第八章 无数其他世界

无限的真空

108 乔尔达诺·布鲁诺（1548—1600）是一位热忱的哥白尼主义者，他被宗教裁判所指控为异端，并且被烧死在罗马鲜花广场的火刑柱上。他的著作在整个欧洲广受欢迎，被如饥似渴地阅读。布鲁诺的名字成了一个象征。他认为哥白尼的宇宙理论并不像"无知而放肆的蠢驴"奥西安德尔在给《天球运行论》写的序言中声称的那样是纯数学的理论。布鲁诺认为，哥白尼主义不仅是一个新的天文学体系，而且是一种新的世界观。它代表着新真理的胜利，同时也是一种解放工具："它是那种开启感官、愉悦精神、拓展心灵，带给人类真正极大幸福的哲学。"

哥白尼的世界是被恒星天封闭的有限世界。在《圣灰星期三的晚餐》（*Ash Wednesday Supper*，1584）中，布鲁诺不仅驳斥了反对地球运动的经典论证，而且坚定地断言了宇宙的无限性："世界是无限的，而且没有一个物体必须位于其中心或边缘甚至这两者之间。"世界的无限性——由一个无限的原因所产生——也与空间的无限性相符合。他写道："让我们称空间为无限的，因为没有理由、需要、可能性、意义或本性必须限制它［……］。因此，地球并非宇宙的绝对中心,而是我们区域的中心[……]。神的卓越就是这样被赞美的,他的国的伟大就是这样被彰显的;他不是在一个太阳中被荣耀,而是在无数个太阳中被荣耀;不是在一个地球或一个世界中被荣耀,而是在 20 万个、要我说是无限个世界中被荣耀。"(Bruno,1907:275,309)

布鲁诺认为,运动和变化是积极的东西,而静止和停滞则是死亡的同义词。只有变化的东西才是活的,完美性则与创造和变化相符合。在《论无限、宇宙和诸世界》(*De l'infinito, universo e mondi*,1584)中,他写道:"没有任何目的、边界、界限或壁垒能将无限多的事物从我们这里骗去或剥夺。[……]因为从无限中诞生了不断更新的丰饶的物质。"(Bruno,1907:274)在同一页中,布鲁诺还讨论了德谟克利特和伊壁鸠鲁。哥白尼的宇宙和其他类似的世界属于一个"我们尽可称之为空的"无限而同质的空间。不仅对于哥白尼的太阳系,而且对于其他无数体系,德谟克利特和卢克莱修等原子论者提出的无限真空都成了某种"自然的家"(Kuhn,1957:237)。布鲁诺所描述的那个有灵魂的宇宙甚至被称为"天体生物学"(astrobiology)。布鲁诺并未只是把天球和本轮描述为"掌握在亚里士多德大师手中的[……]治疗自然的膏药或处方",而是进而拒斥了天界的匀速圆周运动和"围绕一个中心作连续而规则的"运动的观念;他声称,在物理宇宙中不可能有所谓完美的运动和完美的形式。布鲁诺认为,支配天界运动的定律属于个体恒星和行星,而它们在天穹中的行进则依靠它们"本身的灵魂":"这些奔跑物体的本性、灵魂和智能中有内在的运动本原"。

布鲁诺的宇宙论清晰地区分了宇宙和世界。在他的宇宙观中,世界体系不同于宇宙体系。虽然对于人可以用感官感知的世界而言,天文学是一门合法且合理的科学,但不能将它应用到超越于这个领域的东西:一个充满了我们称之为恒星的那些"巨大动物"的无限宇宙,它包含着无数个其他世界。这个宇宙没有大小、体积、形态或形状,也并非和谐有序。对于一个既均匀又没有形式的宇宙而言,不可能存在体系。

　　1616 年,托马索·康帕内拉(1568—1639)在始于 1599 年的服刑期间写出了充满激情的《为伽利略辩护》(*Apologia pro Galilaeo*)。他指出,认为有许多个不同世界组成了单一体系,与认为无限的空间中存在着多个无序的世界有着深刻的区别。借助于那些令人印象深刻的仪器,伽利略向我们展示了迄今未知的恒星,并且帮助我们认识到,和月亮一样,行星也是接收来自太阳的光,并且围绕着彼此旋转。从伽利略那里我们得知,天界会发生元素的变化,星星之间存在着云和蒸气,世界有很多个。康帕内拉对《反驳伽利略的论证》(*Argumenta contra Galilaeum*)第九条的回应解释说:从这些观点来看,必然存在许多世界。托马索还解释说,不应把伽利略的理论与德谟克利特和伊壁鸠鲁的理论相混淆,因为伽利略说过,所有世界体系都包含在一个体系中,该体系封闭在单一的空间中,并且协调成一个更大的整体:"像德谟克利特和伊壁鸠鲁那样认为,许多个没有任何秩序的世界构成了一个整体,是一种信仰上的错误,因为这会导致这样的结论,即这些世界是在没有上帝有序干预的情况下随机形成的。另一方面,认为在一个最大的、有神圣秩序的体系内存在着多个较小的体系,与《圣经》并不矛盾,而只与亚里士多德矛盾。"(Campanella,1994:111)

布鲁诺的思辨的核心观念是存在着多个世界，而这些世界又没有协调成单一世界。哥白尼、开普勒、第谷和伽利略则坚定支持作为单一体系的有序宇宙的图像（纵然彼此之间也有差异）。在他们看来，这表达了一种神圣秩序，显示了一种数学-几何学的原型或本原。伽利略写道："我完全同意并且确证了［亚里士多德］对此说过的话，即世界是一个具有各种尺寸但却绝对完美的物体；此外我还认为，它本身必然秩序井然，也就是说，其各个部分构成了一个整体，各个部分之间也具有至高的、至为完美的秩序。"（Galilei,1890—1909:Ⅶ,55—56）这是对布鲁诺宇宙观的一种彻底替代。布鲁诺对库萨的尼古拉的柏拉图主义与卢克莱修唯物主义的独特混合造就了一幅"偶然随意的"宇宙图像；这一图像之所以被拒斥，不仅因为它不虔诚，而且也因为它挑战了千年以来的传统，新天文学的理论家们很难接受它。

有无穷多居住者的无限宇宙

在《存在的巨链》（*The Great Chain of Being*, 1936）中，"观念史"流派的奠基人和理论家阿瑟·O.拉夫乔伊（Arthur O. Lovejoy）列出了 17 世纪末和 18 世纪的宇宙观所基于的五个"革命性论题"。它们是：(1)认为太阳系的其他行星上居住着有感觉和有理性的活物；(2)中世纪宇宙外墙的粉碎，无论这些外墙是最外层的水晶天球还是特定的恒星区域，以及这些恒星散布于整个广袤而不规则的空间中；(3)认为恒星与我们的太阳相似，全部或几乎全部被它们自己的行星系所包围；(4)假设这些行星系的行星上住着有意识的居民；(5)断言物理宇宙在空间上是无限的，其中太阳系的数量也是无限的(Lovejoy，1936：108)。

上述任何一个观点都不见于哥白尼的著作。布鲁诺时代三位最伟大的天文学家——第谷·布拉赫、约翰内斯·开普勒、伽利略——和他们的下一代人都以不同方式拒斥了无限宇宙和多重世界的学说。

111　　开普勒毫不含糊地拒斥了布鲁诺的无限宇宙观，并拒绝将太阳与恒星相比。他坚持太阳系的独特性和"例外性"，并将它与不动的恒星群进行对比。至于恒星是否全位于同一个球面上，从而与地球距离相等，开普勒并不确定。但他相信，"宇宙中心有一个巨大的真空或空腔，周围有一排恒星，像墙壁一样界定和包围着宇宙，我们的地球、太阳和行星都位于这个巨大的真空之中"(Kepler，1858—1871：Ⅵ，137)。

在伽利略用望远镜做出那些发现之前和之后，开普勒都拒绝接受布鲁诺的无限宇宙。宇宙是作为几何学家的上帝创造的，他赋予了宇宙一种几何学的设计：广袤的真空等同于无，恒星并非无规则地或无理性地散落在整个空间中。他想知道"如何可能在无限的空间中找到中心——中心可能位于无限之中的任何地方？实际上，无限中的每一个点都与无限遥远的端点有相等的距离，即无限的距离。由此会产生悖论——单独的一点既是中心又不是中心——以及其他许多矛盾的事物，而如果一个认为恒星天限定了其内部的人同时也从外部限定了恒星天，那么他就能正确地避免这些矛盾"(Kepler，1858—1871：Ⅱ，691；参见 Koyré，1957：70)。太阳系在宇宙中仍然是独一无二的。对于伽利略用望远镜做出的发现有两种可能的解释：伽利略观察到的新（恒）星并非肉眼可见，这要么因为它们太远，要么因为它们太小。开普勒坚定地选择了第二种解释（Koyré, 1957: 76）。

开普勒在《与星际信使的谈话》（1610）中的基本目标是要表明，伽利略的天文发现并不能证明布鲁诺的无限宇宙论是有效的。开普勒并不觉得围绕太阳系中某颗行星旋转的新的月亮或卫星这一发现令人不快，但发现新的行星围绕一颗恒星旋转将会威胁他的宇宙论，而且似乎会支持布鲁诺和瓦克·冯·瓦肯费尔茨（Wackher von Wackhenfeltz）的想法，后者曾和开普勒讨论这一问题，也是布鲁诺观点的热情支持者。如果布鲁诺是对的——如果太阳系与诸恒星不再等距离，如果宇宙是无中心和无限的——那么就必须抛弃宇宙为人而造、人是万物之主的观点。

开普勒绝不准备放弃这些信念。《与星际信使的谈话》的开篇很独特。宣布伽利略发现了新"星"之后，但在知道他指的是哪些星体之前，开普勒以他特有的真诚总结了情况并且发表了自己的观点。甚至在实际阅读《与星际信使的谈话》之前，开普勒和他的朋友冯·瓦肯费尔茨就有两种对它的不同解释。开普勒认为，伽利略可能看到了四颗小卫星围绕着一颗行星旋转，而瓦肯费尔茨则确信看到的是新的行星围绕着一颗恒星旋转。瓦肯费尔茨已经向开普勒提出了这种可能性，它"可以从红衣主教库萨的尼古拉和乔尔达诺·布鲁诺的思辨中得出"。一读伽利略的文本，开普勒就感到了释然和宽慰。他写道："如果你［伽利略］发现行星在围绕一颗恒星旋转，那么我就将被束缚和囚禁在布鲁诺的那种不可数性之中，或者毋宁说，被流放到那种无限性之中。然而现在，我已经

112

不再有我初读你的书时所感受到的那种深深的恐惧,即生怕听说我的对手凯旋高歌。"(Kepler,1937—1959:Ⅳ,304)

开普勒坚信,地球处于宇宙中最高的席位,也是唯一适合人类这一万物之主居住的地方。根据开普勒的说法,我们所属的行星系统位于"宇宙的中心,并且围绕它的心脏即太阳旋转"。在这个行星系统中,地球位于首要天体的中心(其外是火星、木星、土星,其内是金星、水星和太阳)。水星可以从地球上看到,但从木星或土星上却无法看到。地球是"沉思者之所,宇宙就是为这种沉思者创造的",是"完全符合最重要、最高贵的物质存在"的地方(Kepler,1937—1959:Ⅷ,279;Ⅳ,308)。

布鲁诺对宇宙的无限性感到兴奋,开普勒却似乎觉得由它产生了"一种秘密和隐秘的恐惧:我们感到迷失于一个没有边界和中心的无限广袤之中,因此,我们被拒绝给予任何确定的位置"(Kepler,1858—1871:Ⅱ,688)。开普勒用他自己的一种非常"强大的"理论来对抗无限宇宙的理论,其重要性直到两个世纪后才被发现。他声称,伽利略认为除了自古以来已知的恒星,天上还有一万颗以上的恒星。开普勒根据粗略的亏量近似得出了这个数值,但对他来说重要的是,"恒星的数量越多,我反对世界无限性的论证就越有效"(Kepler,1972:55)。即使一千颗恒星中没有一颗大于1/60度或分(那些已被测量的星体要更大),它们聚集在一起也将等于或大于太阳的直径。那么,一万颗恒星呢?如果这些太阳与我们的太阳属于同一类,"为什么所有这些太阳聚集在一起没有比我们的太阳更明亮呢?"(Kepler,1972:55)这个论证是埃德蒙·哈雷(Edmund Halley)在18世纪20年代以及德国天文学家海因里希·奥尔伯斯(Heinrich Olbers)在一个世纪以后所讨论的著名的"夜空佯谬"的历史来源。

伽利略、笛卡尔和无限宇宙

伽利略在他任何出版的作品或书信中都没有提到乔尔达诺·布鲁诺,开普勒因此而责备过他。亚历山大·柯瓦雷分析性地用文献证实(Koyré,1957:95—98),伽利略并没有参与关于宇宙有限还是无限的争论。相反,他始终犹豫不决(虽然更倾向于后者),认为这个问题无法解决:"天穹上的星体排列在一个球体中",这一点并没有得到证明,也不会被证明,而且没有人知道、也不会有人知道"它的形状,或者它是否有一个形状"(Galileo,1890—1909:VI,523,518)。在《关于两大世界体系的对话》中,他指出,"恒星是许多不同的太阳","我们不知道宇宙的中心在哪里,或者它是否有一个中心"。然而,文本中还包含着对宇宙无限性的坚定拒斥(Galileo,1890—1909:VII,306)。1639年,他写信给福图尼奥·里切蒂说,这两种观点都有"微妙的理由",但是"在我看来,任何一方都不是结论性的,因此我仍然怀疑这两种答案中哪一个是正确的"。特别是有一个论证使他更加倾向于无限宇宙的理论:与并非不可能理解的有限性相比,无法理解性与无法理解的无限性更加相关。不过,这是"人的论说不可能解释的"(Galileo,1890—1909:XVIII,106)的那些问题——比如宿命论或自由意志——之一。

伽利略在《致里切蒂的信》中的论证不乏微妙之处。他写道:"如果我对宇宙有限还是无限这个问题心存疑惑,如果我无

113

法判定,那么宇宙更有可能是无限的,因为如果它是有限的,我就不会置身于无法判定和不确定之中。"而笛卡尔则在《哲学原理》(1644)中采取了另一种进路。"我们绝不应该卷入关于无限的争论,"他写道,"因为对于我们这些有限的存在者来说,试图理解一个事物并想象它是无限的,这是荒谬的。"以有限的心灵去研究无限,是将它归结为有限。只有那些相信自己的心灵是无限的人才会费劲去问这样的问题,比如无限长的线的一半是否也是无限长的,或者一个无限大的数是偶数还是奇数。我们应当拒绝回答这样的问题:"我们不应试图理解无限,而只应认为,如果我们无法发现某种东西的界限,那么就应当把它看成无定限的。"(Descartes,1967:Ⅱ,39)因为对于世界的广延,就像对于一个数列一样,我们总能"不断进行下去"。"让我们把这些东西称为无定限的,而不是无限的,以把'无限'这个词专门留给上帝。"(Descartes,1967:Ⅰ,39—40)

笛卡尔与英国新柏拉图主义哲学家亨利·摩尔(Henry
114 More,1614—1687)之间的通信同时提到了布鲁诺、卢克莱修、卡巴拉主义传统和笛卡尔主义哲学。在这些书信中,笛卡尔进一步完善了他关于无定限与无限的区分。摩尔反驳说,如果广延是有界限的,而涡旋的数量是有限的,那么离心力将使整个笛卡尔的世界机器破碎成原子和尘埃,在回应摩尔的反驳时,笛卡尔宣称广延是无定限的。因为无法想象在广延(或物质)之外有一个位置,使这些微粒可以逃入其中。

在一个没有边界或中心的宇宙中,人处于宇宙中心的观念变得毫无意义。人类中心主义是傲慢的体现;它既显示了无法参透造物主的伟大,也显示了将我们的特权观点强加于所有造物的自命不凡。相信上帝创造万物只为我们所用,这是自视甚高了:"万物都为我们所用而造,上帝创造它们没有任何其他意图,这几乎是不可能的。[……]世界上有无数现在存在,或者曾经存在而现已完全不在的事物,是人们从未见过或知道,也不可能用过的。"(Descartes,1967:Ⅱ,118)早在 1641 年,笛卡尔就已经说过,由于我们永远无法知道上帝的意图,所以宣称上帝在创造宇宙时除了提高人的地位没有别的目标,创造太阳只为给人提供光亮,这是愚蠢的(Descartes,1936—1963:Ⅴ,54)。只有那些对上帝的理解不够充分,且坚称"地球是宇宙的首要部分,因为它是人的家,万物皆为人而造"的人,才难以相信地球相比于巨大的宇宙是多么渺小(Descartes,1967:Ⅱ,138)。

　　关于其他行星上是否有生命,以及宇宙中是否有其他智慧生物,笛卡尔始终拿不定主意,尽管他的确认为,道成肉身的奥秘以及上帝给人类的其他恩赐并不妨碍"上帝已经把无限数量的类似恩赐赋予了无数存在者"。他还说,他将"使这些问题保持开放,宁愿既不否认也不肯定任何东西"(Descartes,1967:Ⅱ,626—627)。然而,在他生命的尽头,本着反对人类中心主义的精神,笛卡尔再次提出了存在许多个有人居住的世界的思想。人通常认为自己"对于上帝很特别",因此觉得万物都是专为他而造的,他的地球要"先于所有其他东西"。但我们如何知道上帝是否在星体中创造了别的东西,并使之充满了"不同的造物和生命,甚至可能是人,或者像人一样的东西"呢?"上帝的力量也许表现为创造出无限数量的东西:我们永远也无法确定,万物是否都在我们的掌控之中,并且服务于我们的使用。或许有数不尽的其他生物,甚至是远比我们更优越的生物,存在于别的地方。"(Descartes,1967:Ⅱ,696)

我们在宇宙中并不孤单

115　　开普勒认为有一堵墙或"穹顶"(他还使用了"皮肤或衣服"[*cutis sive tunica*]这样的表述)包围着一个以太阳为中心的巨大空腔。第谷·布拉赫相信一个由恒星天球包围的有限宇宙。伽利略认为不确定性是不可避免的。第二节开头讨论的五个革命性的宇宙论论题并不是 17 世纪伟大天文学家们"严格"话语的一部分,而是坚定持有的文化观念(后来反映在宇宙论中),这些观念源自德谟克利特和卢克莱修的主题、哥白尼的学说、新柏拉图主义和赫尔墨斯主义的独特混合。

　　从库萨的尼古拉斯到斯泰拉图斯·帕林吉尼乌斯,从托马斯·迪格斯到乔尔达诺·布鲁诺和亨利·摩尔,在这些支持世界无限性的人们的思想中,柏拉图主义和赫尔墨斯主义是基本的组成部分。深受赫尔墨斯主义活力论影响的威廉·吉尔伯特在《论磁》(*De magnete*,1600)中写道,恒星"巨大而众多的灯盏"并不见于一个球面或穹隆中,而是见于不同的非常高的地方。宇宙无限性的问题与关于多重可居住世界的争论交织在一起;这场与古代传统的争论的主要原则在 16 世纪初的一部伟大的百科全书,由乔吉奥·瓦拉(Giorgio Valla)编写的《需要追求和避免的事物》(*De expetendis et fugiendis rebus*,于 1501 年去世后出版)中得到了认真解释。1567 年,菲利普·梅兰希顿提出了一些物理学和神学论证，以反驳关于其他世界中有生命存在的主张。他的观点被新教徒和天主教徒以更多或更少的战斗力无数次地提出来。1634 年，开普勒出版了《梦或关于月亮天文学的遗作》(以下简称《梦》，*Somnium seu opus posthumum de astronomia lunari*)。它标志着从关于月亮的"幻想"文学(受卢齐安[Lucian]和阿里奥斯托[Ariosto]的启发)转向了"科幻小说"，三个世纪以来(直到儒勒·凡尔纳[Jules Verne]和威尔斯[H.G.Wells])，它启发了无数关于月球之旅的故事。《梦》充满了隐晦的自传暗示和对作者波澜起伏的人生中悲惨经历的提及。它也不是开普勒创造性写作的短暂尝试。最初的想法可以追溯到 1593 年的一篇早期文章，这个故事写于 1609 年，开普勒在 1622 年到 1630 年间补充了许多(很长的)注释(Rosen, in Kepler 1967：XX)。对月亮之旅的描述是幻想与现实主义的独特混合。月亮上的居民有巨大的形体和"蛇类的本性"，寿命短暂，它们沐浴着太阳的极度高温，然后退居寒冷的洞穴和冰隙。然而，对月亮世界的物理描述并非幻想，而是反映了开普勒时代的望远镜发现(Nicolson, 1960：45)。开普勒写道："对于你们这些 116 居住在地球上的人来说，当满月升起并爬上远处的房屋时，我们月亮看起来如小桶边缘一般大小；它升到中天时，则状如人脸。但是在下伏尔瓦上的居民(Subvolvans)看来，它们的伏尔瓦(Volva)永远在中天[……]其直径比我们月亮直径的 4 倍小一些。[①] 因此，

---

　　① 开普勒的《梦》里将月亮称为拉法尼亚(Lavania)，将地球称为伏尔瓦(Volva)。拉法尼亚由两个半球所组成：下伏尔瓦(Subvolva)和远伏尔瓦(Privolva)。下伏尔瓦总是有它的伏尔瓦(地球)，与地球的卫星月亮相对应，而远伏尔瓦永远看不见伏尔瓦。——译者注

如果比较一下圆面,则他们的伏尔瓦比我们的月亮大 15 倍。月亮居民知道,我们的地球即他们的伏尔瓦在转动,而他们的地球是不动的。"(Kepler,1972:6—7,34;1967:21)

四年后,约翰·威尔金斯(John Wilkins,1614—1672)出版了17 世纪最重要的"科普"书籍之一。《新世界的发现,或倾向于证明月球上可能有另一个可居住的世界》(以下简称《新世界的发现》,*Discovery of a New World, or a Discourse Tending to Prove that it is Probable there May be Another Habitable World in the Moon*,1638)广为流传,并且被丰特奈勒(Fontenelle)肆意剽窃。在捍卫自己的论点时,威尔金斯提到哥伦布的航海已经遭到怀疑,流行的观点是教条式的,新的想法则遭到传统的嘲笑;他还提到几个世纪以来,学者们一直拒绝相信对跖地(antipodes)的存在。他清楚地意识到了内在于可居住世界假说中的神学困难,因为这种说法自古以来就被认为是异端。如果所有世界都相似,那么上帝就不是"有先见之明的",因为没有一个世界比另一个世界更伟大;如果它们不同,那么没有一个世界可被称为"世界"或"宇宙",因为它缺乏普遍的完美性。值得注意的是,在用来反对哥白尼学说和多重世界理论的标准论证中,威尔金斯引用了经典的"魔鬼中心"(diabolicentric)理论,以及"我们地球的卑下本性,它由全宇宙中最污秽、最卑劣的物质所组成,因此必然位于其中心,因为这是最糟糕的可能位置,距离纯净不朽的物体也即诸天最远"(Wilkins,1638:68)。

反对哥白尼学说的理由同样是,通过把人运送到与不变不朽的天界并无不同的地方,它把人置于过高的地位。同样,关于多重可居住世界的论题引发了一些令人不安的问题：如果地球仅仅是众多世界中的一个，那么在这个舞台上展开的戏剧，比如人的堕落和救赎，原罪和基督的牺牲，又有什么意义呢？如果存在着多个有人居住的世界，那么救世主是否也救赎了他们？如果连天界也会发生变化，那它如何可能是主的宝座呢？

威尔金斯引用了康帕内拉的《为伽利略辩护》(1622)中关于有居住者的世界的段落作为权威的资料来源。从 17 世纪 30 年代末到 60 年代涌现出一批文本，其中到月亮或天界之旅的主题（今天我们称之为"科幻小说"）与哲学、道德和天文学问题融合在一起。弗朗西斯·戈德温(Francis Godwin)的《月亮上的人》(*The Man in the Moon*, 1638)和玛格丽特·卡文迪许(Margaret Cavendish)的《对新世界的描述》(*Description of a New World*, 1666)便是两个例子。

西拉诺·德·贝热拉克(Cyrano de Bergerac)的《月亮列国趣史》(*Histoire comique des états et empires de la Lune*, 1656)和皮埃尔·博雷尔(Pierre Borel)的《星星是有人居住的土地新证》(*Discours nouveau prouvant que les astres sont des terres habitées*, 1657)仅仅相隔一年即在法国先后出版。西拉诺是最负盛名的自由思想支持者，他相信宇宙有生命和灵魂。他提到了康帕内拉、伽桑狄和拉莫特·勒瓦耶(la Mothe le Vayer)，并将取自新柏拉图主义和卡巴拉主义的观念，德谟克利特和伊壁鸠鲁的原子论，阿威罗伊主义与哥白尼、伽利略和开普勒的新宇宙论结合在一起。恒星就像许多太阳一样，由此可以证明世界是无限的，"因为恒星上的居民有可能发现我们从这里无法看到的位于他们上方的其他恒星,如此重复以至无穷"。就像船上的人认为河岸在移动一样,人类也认为天在围绕地球旋转。这种知觉上的错误与"令人难以忍受的人的傲慢"结合在一起,"使人相信大自然只为他而造,就好像点亮太阳仅仅是为了使他的欧楂成熟,使甘蓝生长似的"。博雷尔认为,伽利略的发现不仅证明了哥白尼体系的实在性,而且也证明了可居住世界假说的有效性。虽然他的文本(就像西拉诺更诱人的著作一样)并不包含什么原创性的观点,但它把来自各种不同传统的讨论中的要素汇集到了一起。博雷尔将他的书献给了凯内尔姆·迪格比(Kenelm Digby),并以帕林吉尼乌斯的一大段话作结。哥白尼、开普勒和康帕内拉的名字频繁出现,而布鲁诺则未被提及,他的思想和卢克莱修的世界观(文中数次引用了《物性论》[De rerum natura])始终在背景中。但最受爱戴的大师是蒙田,他和苏格拉底一样教导我们拒绝确定,而去怀疑。

　　丰特奈勒(Bernard le Bovier de Fontenelle,1657—1757)和克里斯蒂安·惠更斯(1629—1695)的著名作品仅仅是近两个世纪以来所展开讨论的成果。丰特奈勒的《关于多重世界的对话》(Entretiens sur la pluralité des mondes,1686)在他生前重印了31次。除了笛卡尔的涡旋理论,它也让广大读者熟悉了无限宇宙理论和有居住者的多重世界的理论。丰特奈勒相信宇宙中还有其他生命,并通过指出新近的显微镜发现来支持他的想法。这本书中的侯爵夫人对一个无限的和有无限多居住者的宇宙的思想感到困惑,但她的老师则对这一想法有不同的反应:无限使他感到安适,"倘若天界只是一个镶嵌着星星的天蓝色穹顶,那么宇宙在我看来就显得很小,这会让我伤心[……]。现在宇宙有了其他辉煌,大自然在创造它时毫不吝惜"。

惠更斯的猜想

惠更斯 1695 年去世时,《宇宙观察者,或关于星际世界及其居 118
民的猜想》(以下简称《宇宙观察者》,*Cosmotheoros sive de terris coelestibus earumque ornatu conjecturae*,1698)还是尚未出版的手稿。在他看来,库萨的尼古拉、丰特奈勒和布鲁诺都没有足够严肃地看待其他星球上的生命问题。他相信,通往认识这些如此遥远的事物的道路并没有被堵死,有足够的材料可以证明一系列可能的猜想。这项工作出于两个理由不应被限制:首先,如果我们接受对人的好奇心施加的限制,那么我们甚至不会知道地球的形状或者美洲大陆的存在;其次,研究可能的理论正是物理学的本质所在(Huygens,1888—1950:XXI,683,687,689)。

任何见过狗的解剖的人都会毫不犹豫地说,牛或猪也有类似的器官。同样,我们对地球的认识也使我们能对其他星球进行猜想。重力肯定不只存在于地球上。为什么植物和动物只能存在于那里呢?大自然的确寻求变异,这种变异乃是造物主存在的表现,但美洲的动植物在结构上与欧洲的动植物类似也是事实。其他星球上的生命形态根据它们与太阳距离的不同而变化,"但它们的不同很可能体现在物质而不是形式上"(Huygens,1888—1950:XXI,699,701,703)。植物繁殖的奇迹"不可能只为我们的地球而发明出来"。这并不是说其他星球的居民与我们相似,但他们肯定在结构上是类似的：他们可能是一些与我们有着类似价值观的理性存在，有眼、有手、有文字、有社会、有几何学和音乐（Huygens，1888—1950：XXI,707,717,719—751）。

在望远镜被发明出来之前，认为太阳是一颗恒星的理论似乎与哥白尼的学说相抵触。今天，"所有拥护哥白尼主义世界观的人"都同意，恒星并不见于单一球体的表面，而是"散布在整个广袤的天穹空间中，地球或太阳与最近恒星之间的距离，就是这些恒星与下一批恒星之间的距离，也是下一批恒星与下下一批恒星之间的距离，并构成连续的数列"（Huygens，1888—1950：XXI,809）。

在这个问题上，惠更斯对开普勒的批评中有一些有趣的内容。惠更斯写道，开普勒的观点完全不同。尽管开普勒认为星星遍布整个天空的深处，但他声称，太阳位于一个广大空间的中心，这个
119 空间上方是布满星星的天空。他觉得，倘若情况不是这样，那么就只能看见少数几颗星星，而且它们的尺寸会有所不同。事实上，开普勒指出，考虑到最大的星星看起来很小，以至于几乎无法进行测量，而距离两到三倍以远的星星看起来必然会小两到三倍（假设它们的尺寸都相等），我们最终将遇到观测不到的星星，这将导致两个结果：我们会看到很少几颗星星，而且它们会有不同的尺寸。然而，事实恰恰相反：我们看到星星有很多颗，而且它们的尺寸并没有很大差异。惠更斯确信，开普勒的推理是有缺陷的：他没有考虑到，火和火焰的本性就是在看不见其他物体的远处仍然可见。例如，沿着城市的街道看下去，我们也许可以数出 20 多盏灯，即使每一盏灯都比前一盏灯远 100 英尺，而且即使第 20 盏灯的火焰是在不到 6 秒的角度下被看到的。于是，用肉眼看到一两千颗星，然后

用望远镜看到 20 倍那么多的星，就没有什么奇怪的了。

　　然而，惠更斯认为开普勒的错误还有更深刻的根由。他渴望（*cupiebat*）"认为太阳在群星之中是最卓越的；它有自己的行星系统，位于宇宙的中心，因此是独特的"。这是证明开普勒"宇宙的奥秘"的一个前提条件，这个奥秘说，行星与太阳的距离对应于被欧几里得多面体内接和外切的球体的直径。因此，"宇宙中只可能有一组行星围绕一个太阳旋转，这个太阳本身被认为是同类当中唯一的一个"（Huygens，1888—1950：XXI，811）。这个奥秘脱胎于毕达哥拉斯主义哲学和柏拉图主义哲学：其比例并不符合实在，支持宇宙有一个球形外表面的论证也很弱。此外，开普勒断言太阳与恒星天球凹面之间的距离是地球直径的十万倍，这乃是基于一个奇怪的论据，即土星轨道的直径与恒星天球下表面直径之比等于太阳直径与土星轨道直径之比（Huygens，1888—1950：XXI，813）。

　　惠更斯将开普勒的奇特想法与"布鲁诺式的"论题，即太阳和恒星具有同一本性相比较。"正如我们这个时代最重要的哲学家们全都认同的那样，人们必定会毫不犹豫地承认：太阳和恒星只有一种本性。由此而来的是这样一幅图景：宇宙前所未有地广大。谁能阻止我们认为每一颗恒星或太阳都拥有自己的行星和卫星呢？[……]如果我们想象自己在天界的某个地方，在距离太阳和恒星同样远的一点上，我们就会发现它们之间没有任何区别。"（Huygens，1888—1950：XXI，813）

　　像惠更斯那样做一个思想跳跃，想象自己位于宇宙中与太阳和最近的恒星同样远的一点上，并从那个点上观察太阳和地球（现在我们看不到它），是在做一个"思想实验"，它与伽利略在自然哲120

学中的思想实验几乎毫无共同之处。这种练习要求我们在思考宇宙时脱离地心或日心视角，这是一种宇宙论相对主义，它与文化相对主义同时产生。惠更斯的话揭示了这一点："我们需要将自己置于地球之外，从远处打量它。只有这样我们才能问，大自然是否可能将它的所有荣耀都只赐予地球。只有这样，我们才能更好地理解和研究地球。同样道理，到过很多地方的人要比从未离开家乡的人更能评价自己的家园。"（Huygens, 1888—1950：XXI, 689)

人类中心主义的危机和终结

一种"卢克莱修式的"宇宙观正在缓慢发展。至少在一个世纪里（直到霍尔巴赫男爵［Baron d'Holbach］及之后），它代表着自然神论以及牛顿和牛顿主义者所建立的世界观之外的他样可能性。这种新的宇宙观并没有给一个完美有序、为世界之主而造就的宇宙留下太多空间——在这样一种宇宙中，无限智慧的设计可以为了人的教化而显示出来。

皮埃尔·博雷尔写道，人们绝不要像那些从未见过城市的农民一样，终其一生都声称没有什么比他们自己的小村庄更大更美（Borel, 1657：14, 32)。和宇宙相比，地球就像是一个外省或村庄，他将这比作欧洲人初次听说发现了遥远的土地和民族时的情形。

在更广阔的文化语境中，关于宇宙的无限性以及其他世界的多重性和可居住性的无休止争论不仅使每一种人类中心主义的"地心"宇宙观都陷入危机，而且使关于人的高贵与尊严的传统人文主义信念变得毫无意义。如今，这种旧的观点和信念必须以各种不同的方式表述出来，或者被置于更复杂的语境之中，并且假定一种新的意义，才能获得那种不局限于纯粹修辞和文学的意义。一种有关自然以及人在自然中位置的新图景诞生了。与无限宇宙的概念一样，这幅图景可以以不同的方式得到使用：它既为18世纪那些伟大的唯物论者的决定论奠定了基础，也构成了帕斯卡那深刻的宗教信仰的基础。

　　布鲁诺和威尔金斯、博雷尔和伯内特（Burnet）、西拉诺和丰特奈勒，是从封闭世界转变为无限宇宙的这幕复杂戏剧中的主角。他们不严格地采用了17世纪大天文学家的惊人发现来支持其宇宙论图景。当然，我们今天会说，他们的推断并不总是非常合理和审慎，这些推断乃是基于类比论证。然而，甚至连他们的"幻想"和 121 类比也为改变观念史乃至科学史的进程作出了重大贡献。开普勒的《梦》和惠更斯的《宇宙观察者》表明，那个时代的大科学家们并非对这些"幻想"漠不关心。想象力和宇宙论似乎并不如此对立。毕竟，今天最重要的宇宙学家之一弗雷德·霍伊尔（Fred Hoyle）不是也写了《黑云》（*The Black Cloud*）吗？

第九章　机械论哲学

需要想象力

122　　哥白尼与牛顿之间的时代是宏观科学与微观科学共存的一个时期。宏观科学，比如行星天文学和地界的力学，讨论可以或多或少直接观察和测量的属性和过程。微观科学，比如关于光学、磁学、毛细现象、热和化学变化的理论，则假定了一种被认为原则上不可观测的微观实体（Laudan，1981：21—22）。伽利略、笛卡尔、波义耳、伽桑狄、胡克、惠更斯和牛顿都讨论过与日常宏观物体相比拥有截然不同属性的实体。在这种情况下，隐喻和类比的使用起了重要作用。

　　在机械论哲学中，物理实在被归结为运动着的物质微粒的关系，而且这种关系可以由静力学和动力学确定的运动定律来解释。因此，对物理世界的研究被归结为最简单的情形，这是通过对感觉或性质要素的抽象过程而实现的。对科学来说，事实就是那些基于严格的理论标准而确定的物质要素。经验在一些预先确立的理论的基础上得到了解释：空气阻力、摩擦、单个物体的不同行为以及物理世界的质的特征，现在被认为与自然哲学的论述无关，或者被看成在解释物理世界时不被（或不应）考虑的干扰情况。机械论哲学家不再迷恋特殊的具体现象以及熟知的日常事物，也不再迷恋文艺复兴时期的自然志家和魔法师所无法抗拒的"奇特而引起好奇的"东西。

鉴于物体的名称和物体本身并不相似，笛卡尔问，为什么大自然不能确立一种标记，它能给我们带来光感，而本身不必类似于这种感觉？例如，哲学家已经确定声音是空气的振动，但我们的听觉让我们想到声音，而不是想到空气的运动。同样，触觉创造了对一种观念的意识，这种观念与产生它的物体没有任何相似之处。例如，痒的观念根本不像一片拂动嘴唇的羽毛。正是这种非相似性迫使我们发明或想象一个模型。看起来是"光"的东西其实是一种经由空气和其他透明物体传递到我们眼睛的快速运动。盲人用手杖来看东西这个类比可以帮助我们创建和理解一个模型。

在《屈光学》中，笛卡尔用类比来支持其力学理论：用手杖来"看东西"的盲人说明了光的瞬时传递；因受到各个方向的压力而从桶中流出的葡萄酒解释了光的传播；因与另一个物体碰撞而偏离路线的球体描述了折射和反射现象（Descartes，1897—1913：XI，84，86，89）。

科学必然要从可观察的东西过渡到不可观察的东西，人类想象力的任务就是以某种方式把后者想象成与前者相似。科学迫使人利用其想象力。伽桑狄提出，当我们观察到吸引或结合时，我们会想象钩子和绳索，某种抓住和被抓住的东西；而当我们看到分离或排斥时，我们会想象某种针刺或刺戳。同样，"为了解释超出人类感知觉的现象，人们不得不想象一些小刺、刺针以及其他类似的工具，这些工具虽然无法观察和无法理解，但不能认为它们不存在"(Gassendi,1649：Ⅱ,1,6,14)。

罗伯特·胡克是 17 世纪积极参与讨论物质组成的科学家之一。在《显微图谱》中,他写道,由于我们的感觉器官并未允许我们看到自然是如何实际起作用的,所以我们希望有朝一日,显微镜可以让我们观察到真实而不可分割的物体结构。与此同时,他认为人不得不在黑暗中摸索,"利用相似和类比"来想象"事物的真正原因"(Hooke,1665：114)。胡克的意思很清楚:所有物质和生命有机体的内部结构都无法由人的感官所探知(Hooke,1705：165)。由于这个限制,必须在假想的实体所产生的结果与感官可通达的原因所产生的结果之间进行类比。由结果的类比可以过渡到原因的类比。

124

胡克是一位"培根式的"科学家。他采用了一种基于相似性、比较和类比的方法,并把结果的类比应用于原因的类比。例如,他解释了燃烧过程中空气发生的事情;用空气泵实验来研究气象学现象;用毛细管模型来解释液体在过滤器中的上升以及植物的淋巴循环;用弹性定律来解释泉的形成等地质现象。胡克认为他对光的研究成果可以扩展到磁性、稀释和凝聚。

力学和机器

甚至连"机械论"一词也是有弹性的(就像每个以"……论"结尾的名词那样),它未被赋予单一的定义,因此注定会有若干种不同的模糊含义。荷兰科学史家戴克斯特豪斯(E.J.Dijksterhuis)在他关于从前苏格拉底哲学家到牛顿的机械论历史的著作中提出了以下问题：被他用来概括千年科学知识发展的这个词是否是指希腊词"*mechané*"中蕴含的"器械"或"机器"的含义？它是否是指这样一种世界图景，整个宇宙就像伟大的钟表匠所造的一座大钟？抑或是指所有自然现象都可以借助于被称为"力学"（这里指运动科学）的物理学分支的概念和方法来描述和解释？

和其他许多科学史家一样，戴克斯特豪斯更喜欢清晰明确的回答。他很清楚，在 17 世纪，力学作为物理学的一部分已经在很大程度上从其实用起源，早期与机械的联系以及工匠、工程师、作坊和机械师的环境中解放出来了。在伽利略和牛顿那里，力学已经实际变成物理学的一个分支，并且发展成为数学物理学的一部分，它处理运动定律（动力学）、静止物体和处于平衡的力（静力学）。所谓的"机器理论"只是其众多实际应用之一。许多科学哲学家和科学史家似乎对历史（包括科学史）中充满了误解和错误解释深感失望。戴克斯特豪斯认为，既然力学家已经摆脱了与机械的古代联系，并且被称为运动学或运动研究，如果我们只是称之为自然的数学化而非自然的机械化，有许多误解和错误解释是本可以避免的。

然而，试图从误解或语言模糊的角度来解决历史问题很难说是有效的。事实上，如果考察 17 世纪微粒哲学或机械论哲学倡导者（甚至反对者）的文本，人们会得到这样的印象：戴克斯特豪斯提及的两种含义都见于这种新世界观之中，并常常结合或混合在一起。"机械论哲学"（在牛顿之前它与我们现在称之为"力学"的物理学分支并不重叠）基于以下假设：(1)自然并非一种有生命的本原的显现，而是一个服从定律的运动物质系统；(2)自然定律是可

125

以用数学精确地确定的；(3)只需很少几条这样的定律就能解释宇宙；(4)对自然现象的解释原则上排除了对生命力或目的因的任何提及。在此基础上，对自然事件的任何解释都需要建立一个机械模型，以此来"替代"所研究的实际现象。模型越是通过量的要素加以构造——因此越可归结为几何学的表述——这种重构就越是有效(符合现实)。

直接的日常经验世界并不真实，而且无论如何都与科学完全无关。只有物质和构成物质的微粒的(基于定律的)运动是真实的。真实的世界是由定量和可测量的材料，由空间和空间中的运动及关系构成的。只有微粒的尺寸、形态和运动状态(在某些人看来甚至还有物质的不可入性)才是唯一被承认的属性，也是真实的对现实的解释原则。培根、伽利略、笛卡尔、帕斯卡、霍布斯、伽桑狄和梅森都区分了物体的客观性质和主观性质。这种观念是机械论的基本理论前提之一，并引导哲学家约翰·洛克(John Locke，1632—1704)阐述了关于第一性质与第二性质的著名区分。这一学说也被用来解释第二性质。在《利维坦》(1651)中，托马斯·霍布斯(1588—1679)写道："所有被称为可感性质的性质，在决定它们的物体中，是以不同方式影响我们器官的不同类型的物质运动。在我们这些受到同样刺激的人这里，它们(性质)只不过是不同的运动罢了，因为运动除了运动之外不产生任何东西，但在我们这里，其外在显现就是想象。[……]所以在任何情况下，感觉不过是由刺激——也就是由外部物体施加于我们眼睛、耳朵和其他这类器官的运动——造成的一种想象罢了。"(Hobbes，1955：48—50)甚至连第二性质似乎也从客体方面(*ex parte obiecti*)被机械化了,感觉现象被归结为一种机械模型。

　　即使是被赫尔墨斯主义观念深深吸引的天文学家如开普勒,也明确提到了机器和宇宙之间的类比。在回应那些认为"灵魂"造成了天界运动的人时,他拒绝接受宇宙与一个有生命的神灵之间的类比,而是将宇宙描述为一座钟表:宇宙中发生的不同运动都是由一种简单的、物质性的主动力引起的,就像钟表的运动纯粹是钟摆的结果一样。波义耳也认为,宇宙就像一台运动的巨大机器:"即使我们应该同意亚里士多德主义者的看法,认为诸行星[……]被天使或非物质的灵智(intelligences)所推动;但要解释行星的驻、顺行、逆行和其他现象,就必须诉诸[……]主要运用物体的运动、形状、位置以及其他数学和力学属性的理论。"(Boyle, 1772:Ⅳ,71)。

　　霍布斯问:"为什么我们不能说所有自动机(像手表一样由弹簧和轮子驱动自己的引擎)都有一种人造生命呢? 心脏难道不是一根弹簧;神经难道不是许多条绳索;关节难道不是许多轮子吗?"(Hobbes,1950:3)。马切洛·马尔皮基(1628—1694)在《论肺》(*De pulmonibus*,1689)中写道,我们的身体机器是医学的基础,因为我们言及"索带、纤维、梁、流体、蓄水箱、导管、毡子和滤网和其他这样的机器"(Malpighi,1944:40)。在《论人》(*Treatise on Man*,1633 年完成,1644 年出版)中,笛卡尔做了这样一个类比:"我们看到钟表、人造喷泉、磨坊和其他类似的机器虽然只是人造的,却能以多种不同的方式自行移动。[……]事实上,可以将神经比作这些喷泉机器中的导管,将其肌肉和肌腱比作使它们运动的各种装置和弹簧。"(Descartes,1897—1913:Ⅺ,120,130—131;

1985:Ⅰ,99,100)

　　对钟表、磨坊、喷泉和水力工事的提及是一贯而持续的。在
"机械论哲学"中,提及作为物理学分支的力学与提及机器之间有
密切的关联。数个世纪以来,一个流行的观念是,宇宙不仅为人而
造,而且在结构上也像人。大宇宙和小宇宙相似的学说产生了一
种拟人化的自然观。然而,机械论废除了任何从拟人化角度来研
究自然的尝试。机械论哲学的拥护者认为,其独特方法是如此强
大,以至于可以将它应用于现实的各个方面:不仅应用于自然,而
且应用于生命世界;不仅应用于星辰运动和重物下落,而且应用于
人的知觉和情感领域。机械论还进入了生理学和心理学研究的领
地。例如,知觉理论似乎基于这样一个假说:通过不可见的孔隙,
微粒透入感觉器官,并且产生了通过神经传导到大脑的运动。

　　机械论不仅是一种方法,它还确证了科学定律的存在,并把援
127　引灵魂或"活力"的解释斥为不科学的。它发展成为一种真正的哲
学,同时代人已直接认识到了这一点。机械论哲学随后提出了它
自己的"科学形象"。它定义了科学是什么以及应当是什么。除了
神学这个例外,没有任何知识领域可以逃脱机械论哲学的原理。
在这种情况下,托马斯·霍布斯甚至将政治学归入了机械论哲学。

自然物与人工物:认识和制造

　　机械论哲学将机器视为最能提供解释的模型,机器既可以是
实际存在的机器,也可以是可能存在的机器。由于机器的每一个
元件(或"部件")都在执行特定功能,而且每一个"部件"对于机器

的操作都是同样必需的,因此,世界机器中不可能有部件的等级结构;没有任何现象比其他现象更高贵。作为一个巨大钟表的宇宙形象推翻了作为某种金字塔的传统世界形象:其最低贱的事物在底部,最高贵的事物在顶部,最接近上帝。

理解实在需要知道世界这部大机器内部更小的机器是如何运作的。迪涅(艾克斯)(Digne[Aix])的教士、天文学和数学教授皮埃尔·伽桑狄(1592—1655)对笛卡尔的《第一哲学沉思集》作了一些精妙的反驳。他反对笛卡尔"充满的"无真空的宇宙,声称宇宙是由在真空中移动的不可分的微粒构成的。在《哲学体系》(*Syntagma philosophicum*,1658)中,他在自然物与机器或人工物之间作了明确的类比:"让我们按照研究我们自己创造的事物的方式去研究自然的事物[……]让我们利用解剖学、化学和其他这类有帮助的东西来尽可能地理解物体,通过解构它们来认识它们是由什么元素、根据什么原则构成的,并且看看根据其他的原则,其他东西是否可能被构造出来。"(Gassendi,1658—1675:Ⅰ,122b—123a)

伽桑狄强烈反对亚里士多德的学说和隐秘事物,并且严厉批评笛卡尔的学说。他持有自由派思想家的思想,并以理论化的方式表述了一种形而上学的怀疑论,这种形而上学怀疑论正是自觉接受科学知识的有限性、暂时性和"唯象性"的基础。只有上帝才能知晓事物的本质。人只可能知道用他能亲手制作的模型或人工产品(机器)来表示的那些现象。

这一断言意味着技艺产物与自然产物实质上并无差异,以及拒绝像传统上那样把技艺定义为"对自然的模仿"(*imitatio naturae*)。

如果技艺仅仅是对自然的模仿，那么它就不可能达到自然的完美性。技艺被认为在试图复制运动中的自然，因此，中世纪的文本常常指出，机械技艺是伪造者或掺杂者（*adulterinae*）。

机械论哲学也引发了技艺与自然之间关系的一场危机。弗朗西斯·培根批评了亚里士多德的"种相"理论，根据这种理论，自然的产物（一棵树）可具有一种原初形式（*primary form*），而技艺的产物（由树制成的一张桌子）则只具有一种次级形式（*secondary form*）。根据培根在《论学术的进展》（*De augmentis*）中的说法，这一学说"已经给人类的努力带来了过早的绝望；人们应当确信，人工物在形式或本质上与自然物并无不同，而只在动力因上有所区别"（Bacon,1887—1892:I,496）。古人曾说闪电不可能被模仿，但事实上，现代火炮已经做到了这一点。技艺并不是"效仿自然的猿猴"（*simia naturae*），也不会像中世纪的古老传统认为的那样"跪在大自然面前"。甚至连笛卡尔也同意这一点："工匠制造的机器与自然构成的不同物体之间没有任何差异"，除了人造机器的机械构造"大到很容易被感官所感知"，而"构成自然物的管子和弹簧则小得完全无法被我们感知到"（Descartes,1897—1913:XI,321；1985:I,288）。

关于目的因和本质的知识专属于世界机器的创造者或建造者，即上帝，而不属于人。关于如何制造某种东西或者知道与建造（或重建）之间联系的知识不仅适用于人，而且适用于上帝。上帝理解宇宙这个奇妙的钟表，因为他是钟表的制造者。

人类只能真正认识人工物或人造的事物。梅森写道："很难在物理学中发现真理。因为物理学的对象属于上帝创造的事物的领域,如果我们无法找到其真正的原因,这并不奇怪。[……]我们只能发现关于我们亲手制造或心灵所造的事物的真理。"(Mersenne,1636:8)虽然唯物论者霍布斯在许多方面都与梅森不同,但他也认为:"几何学之所以可以证明,是因为我们推理的线和形是我们自己绘制和描述的。公民哲学之所以可以证明,是因为我们自己构造了国家。由于我们并不理解自然物的构造,而只是在其结果中寻求它,所以不存在关于我们所寻求的原因的证明,而只存在对它们可能是什么的暗示。"(Hobbes,1839—1845:Ⅱ,92—94)

霍布斯这段话常常与詹巴蒂斯塔·维柯(Giambattista Vico,1668—1744)及其著名的"真理即被制造"(*verum-factum*)原则相比较。在《论我们时代的研究方法》(*De nostri temporis studiorum ratione*,1709)中,维柯写道:"我们证明几何学的命题,是因为我们制造了它们,如果我们能证明物理学的命题,我们也将会制造它们。"同样,他在《论意大利最古老的智慧》(*De antiquissima italorum sapientia*,1710)中写道,算术与几何"以及它们的子嗣力学是人类真理的一部分,因为在这三个领域中,我们能在何种程度上证明真理,要看我们能在何种程度上制造它们"。在《新科学》(1725年和1744年)中,维柯认为,历史之所以是新科学的对象,恰恰因为它完全是由人创造和制造的:"在这漫长而漆黑的夜晚只闪耀着一缕光芒:高贵民族的世界当然是由人制造的。"(Vico,1957:781)

正如我们所看到的,"知"等同于"做"或"制造"的论题引出了一门意识到其不可克服的限度的新科学。然而,这一论题也深刻影响了道德、政治和历史的世界,其后果不可低估。

动物、人和机器

正如在《方法谈》第五部分和《论人》中所概述的那样，在笛卡尔的生理学（或灵魂生理学）中，有生命的事物不再被认为与机械事物有根本不同。动物是机器。理性灵魂的存在不是在机器与活的有机体之间，而是在活的机器与那种独特的（在我们的世界中是独一无二的）被称为人的机器的特定功能之间画出了一条界线。只有人能够"思考"和"言说"。一旦采用机器模型，笛卡尔认为只有这两种功能要么无法解释，要么无法解释得完全令他满意。

一台有着猴子器官和猴子外貌的机器，需要对各个器官作出特殊安排，才能完成每一个动作。在笛卡尔看来，一台拥有众多不同器官的机器，以人的理性允许我们行动的方式，在生命的所有情境下工作，是不可思议的。在许多情况下，机器可能会比人更好地作出反应，但在其他情况下，它将不可避免地失败。理性或适应环境的能力并不是笛卡尔认为机器可以获得的特征。语言也是如此。虽然建造一台能讲出几个词或以言语来对特定的外部刺激作出反应的机器当然是可能的，但机器永远无法协调语言，以便对接收到的语言作出有意义的回应。

因此，理性灵魂并非来自物质的力量，而是上帝有意创造的。然而，一切无法思考和言说的事物（无可否认，这样的事物有很多）都可以按照最严格的机械论定律来解释。从笛卡尔的角度来看，动物只不过是机器罢了，人在生理学意义上的生命可以用机器隐喻来解释，也可以回溯到机械论模型。首先，在生理学意义的生命中,是可以区分自发过程与纯机械过程的。人的灵魂位于大脑底部附近的松果腺,控制着将思想转化为言语和行动的肌肉运动。呼吸、打喷嚏、打呵欠、咳嗽、肠蠕动、眨眼和吞咽都是取决于"精气流动"的自然而平常的运动。这些"精气"如同"微风或细小的火苗",迅速流经神经的细管,机械地引起肌肉收缩。从大脑流向神经的动物精气的力解释了这种类型的运动:例如脚被烧伤时的反应(缩回脚、出于疼痛而喊叫、朝热源方向看),或者刚被砍下的头在地面上继续抽搐的情形。

　　笛卡尔将这类行为比作钟表或磨坊的运动,他以一种更复杂的机器——皇家园林(如同 17 世纪的迪士尼乐园)中复杂的喷泉系统——来比喻自发的生理过程。水的流动激活了一系列机器,演奏某些乐器,甚至说出了某些词语。动物机器的神经就像喷泉的管道,肌肉和肌腱就像移动它的弹簧和不同机构。动物精气就像激活喷泉的水,心脏就是水源,脑腔则是蓄水池。刺激感觉器官的外部物体就像人们在一座复杂的喷泉内漫步,不经意间成了其中一些机器运动的原因。当造访者们接近正在沐浴的狄安娜①时(他们踏上某块瓦片时她会出现),就会导致海神尼普顿突然前进,并用其三叉戟威胁他们。存在于大脑中的理性灵魂"执行着喷泉管理员的功能,他必须驻扎在蓄水池附近(喷泉的管道返回处),以启动、停止或改变其动作"。在控制论出现以后的时代,有些人将笛卡尔的"喷泉管理员"比作一种自我调节机制。

---

　　①　狄安娜(Diana):古罗马宗教中的女神。司掌自然、野兽与狩猎。她是化育之神,因此,妇女祈求她保佑怀孕顺产。她与希腊女神阿尔忒弥斯为同一女神。——译者

笛卡尔明确区分了自发和非自发的生理过程,而且似乎理解后来被称为"反射行为"的现象(尽管是为了解释非常不同的东西)。他打开了通向医疗力学(iatromechanics)中生物学机械论的道路,也为用化学和物理学方法逐渐取代传统的活力论原理铺平了道路。然而,在把动物当作机器的论题中有一些危险的意涵;耶稣会教士加布里埃尔·丹尼尔(Gabriel Daniel)在1703年坚持认为,所有笛卡尔主义者都因此而不得不宣称,人不过是机器罢了。

那不勒斯天文学家和数学家阿方索·博雷利(1608—1679)也将自动机与自发运动的动物进行了比较,他将几何学和力学视为131 "关于生物运动的奇妙科学"道路上的两个步骤。他最伟大的作品《论动物的运动》(*On the Motion of Animals*)于他去世后不久在罗马出版(1680—1681)。该书提及了哈维,并讨论了《关于两门新科学的谈话》中伽利略所讨论的一些主题,使用的是笛卡尔主义的方法。动物的行走、奔跑、跳跃和升空,以及鸟的飞行和鱼的游动,都是从一种几何学-力学的角度来研究的,就好像它们是简单的机器系统一样。全书分为两部分,它先是讨论了身体的外部运动或表面运动,其次讨论了肌肉和器官的内部运动,其中一些运动是非自发的。身体被表现为一种水力驱动机制,动物精气像水一样流过神经。在大多数情况下,肌肉都在非常不利的条件下工作:如果骨头是杠杆,关节的连接处是支点,则肌肉的作用非常接近于支点,而重量(以握住一个物体的伸展的手臂为例)接近于比肌肉所代表的较小杠杆大10到20倍的杠杆末端。肌肉施加的力远大于它必须抬起的重量。

博雷利从伽利略-笛卡尔的前提出发,即"造物主在就他的作品言说时,所使用的语言和字符是几何构形和几何证明"(Borelli,1680—1681:Ⅰ,3r)。在《论动物的运动》第二章,他写道:"自然过程简单易行,遵循力学定律,后者是必然的定律。"在这些前提的基础上,他拒斥了对生理现象的所有化学解释,并以纯粹机械的方式描述了所有身体功能——循环、心跳、呼吸和肾脏的功能。只有在人体肌肉收缩和膨胀的情况下,他才会考虑化学过程。由于肌纤维本身无法自行收缩,所以它们不能通过收缩而独立地举起重物,因此,举起的动作"必定缘于一种外力,这种力与强制收缩它的机器的物质力有所不同"。面对这些神秘的原因,他"承认自己的无知",但并未放弃寻找自然过程的"可能原因"。他觉得有必要更进一步,对机制不可见的那些事物作出"假说性的猜想"。博雷利认为,在勇敢地认为哲学没有界限和欣然承认自己的无知之间应当有一个适意的过渡,尽管他与之后的牛顿一样认为杜撰假说是错误的:"我们决不应当承认虚构的假说。"(non enim hypotheses fictas admittere debemus)

在《论静脉瓣》(*De venarum ostiolis*,1603)中,阿夸彭登泰的吉罗拉莫·法布里修斯(Girolamo Fabrici d'Acquapendente,1537—1619)将静脉中的"膜"比作被磨坊建造者沿着水道设置的障碍物,其用途是保存和积累操作研磨装置所需的水。在静脉中可以找到类似的"闸"或"堤"。加布里埃尔·哈维用另一种机器——泵——来说明同样的想法,并用阀门的概念取代了闸的概念。在伟大的启蒙运动《百科全书》中,狄德罗在"力学"这一标题下写道,在过去的一百年里,医学呈现出全新的面貌,采用的词汇完全不同于长久以来使用的词汇。

机械论者还能是基督徒吗？

接受并倡导机械论的 17 世纪的伟大自然哲学家们非常崇拜德谟克利特等古代原子论者以及罗马诗人卢克莱修斯所建构的机械论的微粒世界观。然而，他们又小心翼翼地将自己与唯物论异端的无神论含义划清界限，避开否认神的创造并将宇宙的起源归因于原子的随机偶然组合的那些哲学。在他们看来，宇宙作为机器的形象意味着有一位制造者，钟表隐喻意味着有一个钟表匠。对伟大的世界机器进行认真而艰苦的研究需要阅读"自然之书"和"《圣经》之书"，这两本书都反映了上帝的荣耀。

在这方面，有两位哲学家特别受到了频繁的攻击和谴责：托马斯·霍布斯（1588—1679）和巴鲁赫·斯宾诺莎（1632—1677）。霍布斯将机械论哲学应用于所有心灵生活，将人的思想构想为一种比动物本能更为复杂的本能，并通过运动解释了所有自然过程和变化。通过把广延赋予上帝，斯宾诺莎突破了物质世界与非物质的上帝之间的传统区分，并且拒绝承认上帝是一个具有设计和意图的存在者。他断言，这不过是把完全属于人的需求投射到上帝身上罢了。他宣称身体和灵魂是不可分离的，并认为宇宙是一个无目的、无意义的永恒机器，表现了一种必然而内在的因果性。

17 世纪末和 18 世纪初，像霍布斯主义者、斯宾诺莎主义者、无神论者和自由派思想家这样的术语常常互为同义词。自由派思想家运动最激进的理论出现在写于 1666 年前后的广为阅读的《复活的泰奥弗拉斯特》（*Theophrastus redivivus*）中。正是沿着这条地下道路,文艺复兴时期的自然主义和异教的神秘主义-赫尔墨斯主义主题才结合成为约翰·托兰德(John Toland,1670—1722)的反牛顿主义和反自然神论的哲学,随后结合成为18世纪伟大的法国唯物论者们的作品。

正如我们看到的,尽管皮埃尔·伽桑狄提出原子是由上帝创造的,但他的观点似乎危险地接近于自由派思想家。马兰·梅森 133 (1588—1648)公开抨击了《自然神论者的不虔敬》(L'impiété des déistes,1624)中的自由派思想家立场。他放弃了经院哲学,果断地支持新科学,认为它抵御了"对基督教信仰和价值的重大威胁"。这种威胁包括回到"神秘主义"主题、赫尔墨主义的传播,以及持有植根于文艺复兴时期的自然主义和彼得罗·彭波那齐(Pietro Pomponazzi,1462—1525)学说中的观点,彭波那齐驳斥了奇迹的存在,声称三大地中海宗教是由摩西、基督和穆罕默德这三个"骗子"出于政治理由而建立的。

梅森认为,与新的机械论哲学相比,允许人类创造"奇迹"的自然魔法对基督教构成了更大威胁,而机械论哲学则可以与宗教相调和。他感到,科学知识的假说性和猜测性本质为宗教维度和基督教真理留下了所有必要的空间。罗伯特·波义耳(1627—1691)同样怀有这种关切,他在《机械论假说的卓越和根据》(About the Excellency and Grounds of the Mechanical Hypothesis,1655)中赞扬了微粒哲学和机械论哲学的优点,同时又确立了两条界线:一条在他本人与伊壁鸠鲁主义者和卢克莱修主义者之间,后者认为,自然和自然现象产生于原子在真空中随意的相互作用;另一条在他本人与所谓的"现代机械论者"(笛卡尔主义者)之间,后者认为,上帝起初将固定的运动的量赋予了整个物质,物质的各个部分凭借自己的运动能够独立地形成一个系统。波义耳的微粒机械论哲学不应与伊壁鸠鲁主义或笛卡尔主义相混淆。波义耳的机械论观点将"事物的起源"问题与"后来的自然进程"问题区分开来。上帝并非只发动了物质,而且还引导着单个物质微粒的运动,"使之形成了他所设计的世界"。一旦上帝将宇宙组织起来,并且"在物质事物之间"确立了"我们习惯于称为自然定律的运动规则和秩序",便可以断言,世间现象是"由各个物质部分的机械作用物理地产生的,它们彼此之间的作用是按照力学定律而产生的"(Boyle,1772:IV,68—69,76)。事物的起源与后来的自然进程之间的差异非常重要:研究宇宙起源的人会不虔敬地声称要推断世界,并且构建理论和体系。波义耳认为,德谟克利特主义者-伊壁鸠鲁主义者和笛卡尔主义者代表着机械论哲学的无神论和唯物论版本。

134　　笛卡尔在他的短篇论著《世界》中,除了描述宇宙的创造,还做了什么呢?难道他没有以这种方式提供一个与《创世记》不同的创世故事吗?诚然,笛卡尔已经将他对创世的描述表达为一个"寓言",并且声称是在描述一个想象中的宇宙,但在一些地方,他奇怪地颠倒了其讨论的含义:通过理解胎儿如何在子宫中形成以及植物如何从种子中生长,我们能比只是理解长大的孩子或植物知道的更多。在《哲学原理》的第三部分,笛卡尔声称对于宇宙也是如此。科学不仅可以讲述世界,而且可以讲述它是如何形成的。在这一点上,他与波义耳的对比非常明显。在《世界》的第六章,笛卡尔写道:"自然定律足以使这种混沌的各个部分解体,并以一种良好的秩序安排自身,从而具有一个非常完美的世界的形态。"根据笛卡尔的看法,世界目前的结构是物质、物质的定律和时间的结果。

关于这个学说和这些回答,艾萨克·牛顿的立场与波义耳相近。从一开始,牛顿就依靠亨利·摩尔(1614—1687)和皮埃尔·伽桑狄的反笛卡尔主义反驳:"如果我们像笛卡尔一样声称广延是有形的,那么我们难道不是在宣扬无神论吗? 这有两个理由:一是因为广延似乎是非受造的和永恒的,二是因为在某些情况下我们可以想象广延存在,同时想象上帝不存在。"牛顿认为笛卡尔的心物二元论是无法理解的:"如果心灵在空间中没有广延,那么它就不在任何地方,而这等于否认心灵存在。"(Newton,1962:82,109)

牛顿以各种形式将他的哲学与笛卡尔主义潜在的无神论和唯物论结果分离开来,但这种分离本身仍然是一个主导性的主题,正如他在《光学》的疑问 31(附于 1717 年版)与《总释》中清楚地表明的:"盲目的命运"永远不可能让所有行星在同心圆轨道上以同样的方式运动,行星系统美妙的齐一性是"有意选择"的结果。由于重力定律,行星在轨道上不断运动,但"不能把这些轨道的原初而规则的位置归因于定律:太阳、行星和彗星的令人赞美的位置只可能是一个无所不能的智能存在的作品"。波义耳关于事物的起源与自然的规则进程之间的区分被用于这种语境。如果坚实的微粒确实是"根据一位智能的施动者的建议,在创世时以不同的方式连接在一起的",并且由它们的设计者所安排,那么"寻求关于世界起源的任何其他解释,或者佯称它可以仅仅凭借自然定律而从混沌中诞生,就是不智的"(Newton,1953:402—404)。自然定律只有在创世之后才开始运作。牛顿的科学是对宇宙的详尽描述;从摩 ₁₃₅

西的创世记述到启示录的预言。牛顿和牛顿主义者从未接受世界可能由力学定律产生这样一种观点。

莱布尼茨：对机械论的批评

莱布尼茨也认为，笛卡尔主义哲学作为所有机械论哲学的前提是极其危险的。笛卡尔曾在《哲学原理》中写道，凭借自然定律，"物质必定会相继具有它所能具有的所有形式；如果我们依次思考这些形式，我们最终会得到适合于这个世界的形式"（Descartes，1985：258）。根据莱布尼茨的说法，如果物质可以具有所有可能的形式，那么我们所能想象的任何荒谬、怪诞或不公正的事情，都已经发生或总有一天会发生。于是，正如斯宾诺莎所言，正义、善和秩序都变成了相对于人而言的概念。如果一切皆有可能，而所有可能之事都存在于过去、现在和将来（霍布斯也这么说），那么就不存在神意这样的东西。笛卡尔声称物质相继具有所有可能的形式，等于摧毁了上帝的智慧和正义。莱布尼茨总结说，笛卡尔的上帝"制造所有可能的事物，并且按照一种必然而注定的秩序穷尽一切可能的组合：物质的必然性便足以做到这一点，笛卡尔的上帝不过是这种必然性罢了"（Leibniz，1875—1890：Ⅳ，283，341，344，399）。

莱布尼茨把笛卡尔的学说看成唯物论。在 1714 年的一封自传性的信中，莱布尼茨描述了他与现代哲学家们的第一次邂逅："我记得 15 岁时的一天，我独自走在莱比锡近郊的树林中，就实体形式理论与自己进行争论。机械论最终胜出，并激励我转向数学。［……］然而，在研究机械论和运动定律的最终基础时，我又回到了

形而上学和隐德莱希(entelechy)学说。"(Leibniz,1875—1890：Ⅲ,
606)事实证明,这种朝着形而上学的回归对于数学、物理学和生物
学的进展极为重要。除了笛卡尔主义和牛顿主义,莱布尼茨主义
将成为 18 世纪及之后对科学产生重大影响的形而上学之一。

根据莱布尼茨的说法,机械论视角是一种不完备的立场,需要
从更广泛的角度加以整合。它在物理学中很有用,但在形而上学
中完全不够。研究宇宙的结构不能与研究上帝的"意图"分开。讨
论一座建筑需要实际看透建筑师的意图;要想解释一台机器是如
何工作的,需要"问它的目的是什么,并且显示所有这些部件是如
何服务于这个目的的"。现代哲学家们"过于唯物论",因为他们仅
限于讨论物质的形状和运动。物理学不必局限于研究事物的本质
而不去问它们为什么是现在这个样子。目的因并不仅仅是为了欣
赏上帝的智慧,而且也是为了"理解事物和使用它们"(Leibniz,
1875—1890：Ⅳ,339)。

莱布尼茨批评了机械论的基础:将物质等同于广延;物质的微
粒性质以及可把物质分为不可分的原子;物质的被动性;以及物质
世界与理性世界之间的区分。

几何的、同质的、齐一的广延并不能解释运动或者物体对运动
的抵抗。这种抵抗绝非源于广延。1686 年,莱布尼茨发表了富有争
议的《对笛卡尔一个重大错误的简要证明》(A Brief Demonstration
of a Memorable Error by Descartes)一文。所谓"重大错误"是指
笛卡尔的动量(物体质量与速度的乘积)守恒原理。实际守恒的是
活力(*vis viva*)——后来被称为动能——等价于物体质量与速度
平方的乘积。笛卡尔和笛卡尔主义者混淆了动量与力,这个错误

乃是基于把简单机器用作模型。莱布尼茨在静力学与动力学之间划出了一条清晰的分界线(Westfall,1971a)。

对于莱布尼茨来说,活力远不只是一个数或数学量。它是一种形而上学的实在,其特征不仅违背了机械论的基本假设,而且必然把它们颠倒过来。根据莱布尼茨的说法,物质和运动是一种形而上学实在的可感知的表现。这个实在的主动一极是"努力"(*conatus*,霍布斯的一个术语)或能量或活力,它在现象上显现为运动。被动一极是原初物质,在现象上显现为惯性、不可入性或对物质碰撞的抵抗。物体或复合实体是(直接由上帝创造的)形而上学点(metaphysical points)或力心(centers of force)或简单的个体实体在现象上的产物,莱布尼茨用一个毕达哥拉斯式的或布鲁诺式的名称——"单子"(*monad*)来称呼它们。单子不能仅仅通过细分物质来获得:单子被剥夺了空间性和形状,是自足的、相互独立的实体("单子没有窗户")。每一个单子都被赋予了对于宇宙其余部分的表征活动,以及从一种状态过渡到另一种状态的倾向。137 单子类似于人的灵魂。关于形而上学点或力心的理论重新确立了物质与精神之间的联系,并且再次质疑了关于"广延物"与"思想物"之间本质区别的根深蒂固的笛卡尔主义和原子论的观念。

莱布尼茨拒绝接受真空和超距作用的观念(在这一点上与笛卡尔一致,与牛顿则完全不同)。在与牛顿主义者塞缪尔·克拉克(Samuel Clarke)博士的一系列书信(1715—1716)中,他反驳了绝对空间:时间和空间既不是实体也不是绝对之物,而只是共存的次序和承继的次序——它们是"相对的"。在致奥诺雷·法布里神父(Honoré Fabri,1607—约1688)的一封信中,莱布尼茨澄清了他对其他学派和传统的立场："笛卡尔主义者将物体的本质视为其广延。虽然我拒绝接受真空（与亚里士多德和笛卡尔的看法一致，与德谟克利特和伽桑狄的看法不一致），但我仍然认为物体中存在着某种被动的东西，也就是说，物体抵抗穿透。在这方面，我同意德谟克利特和亚里士多德的看法，但不同意伽桑狄和笛卡尔的看法。"(Leibniz，1849—1863：Ⅵ，98—100)

　　根据莱布尼茨的说法，物理学不能归结为力学，力学也与运动学不同（正如笛卡尔和惠更斯所认为的那样）。物理学的模型并非像天平的平衡那样，其中两个力看似是相等的。只有在静态的情况下，力才等于动量(Westfall，1971b：136)。莱布尼茨创造了"动力学"一词来描述一种以力的概念为中心的力学，他在《论动力学》(*Essay de dynamique*，1692)和《动力学样本》(*Specimen dynamicum*，1695)中使用了这个术语："我已经通过动力学科学作出解释的力或能量的概念，即德语中的 Kraft 和法语中的 force，大大增进了我们对实体本质的理解。"(Leibniz，1875—1890：Ⅳ，469)

　　实体与活动这两个术语相互重叠：实体是活动，有活动的地方就有实体。并非所有存在者都是活的，但生命无处不在。莱布尼茨在当时的生物学中发现了他的体系的证据和激励。例如，显微镜发现似乎支持他把物质看成单子的无限聚集，每一个物质片段就像一个充满鱼的池塘，而该片段的每一个部分又像另一个池塘。在包含着对洛克经验论的著名批评以及对实质上的天赋观念论的辩护的《人类理智新论》(*Nouveaux essais sur l'entendement humain*，1703)中，莱布尼茨预言，在确定生物之间越来越大的相似性方面，显微镜会使用得日益频繁。莱布尼茨将生命的生成设想为发育和生长(但在他看来,整个宇宙是存在于创世之前、仿佛在胚胎中被"编写了程序"的隐藏可能性的展开),这一点将莱布尼茨完全置于预成论者的行列中。

138   在现实世界,即上帝在所有可能世界中选择的"最好的"世界("世界"是指可以无矛盾共存的所有可能性的总和)中统治的和谐使得自然之中不会出现间隙、不连续性和对立。自然服从连续性原则和丰饶原则:所有受造物形成了一个序列,在其中,任何可能的数量变化都是可能的。宇宙中不可能有两个完全相同的、没有内在差别的实体(不可分辨原则)。与笛卡尔的学说相反,上帝并没有确立永恒的真理。他的行为不是任意的,他尊重矛盾律和非受造逻辑。

任何事物的存在或以某种特定的方式发生都是有原因的。事实真理基于充足理由律,根据这个原则,宇宙中没有任何事情会随机或没有原因地发生。理性真理则受矛盾律支配,对于每一个真命题来说,谓词必须与主词相符合。真理并非基于笛卡尔式的对明见性的直观,而是依赖于论证的形式。本质或可能的东西受制于逻辑必然性,而构成世界的存在物或实际的东西则服从于上帝的选择以及支配这种选择的最佳选择原则。

从上帝的角度来看,事实真理和理性真理是相同的。从人的角度来看,为了理解现实世界,形式科学所特有的演绎和理性解释必须与关于特定现象为何以某种特定方式发生的研究共存和相合。对自然界的研究并不仅仅是一种演绎研究;它不仅是数学的,而且也是实验主义的。个体现象之间的关系是力学性的,但以一种目的论的秩序为基础。莱布尼茨将唯物论和斯宾诺莎主义视为新自然科学的私生子。

第十章　化学论哲学

化学及其先驱

在关于科学革命单一的一般性讨论中,根本不能将天文学和化学放在同一层面考虑。16 世纪的天文学已经是一门高度组织化的、数学上复杂的理论科学。而 16 世纪的化学则没有任何有组织的结构,没有关于变化和反应的理论,也没有明确界定的传统。和地质学、磁学一样,化学在 17 世纪与 18 世纪之间变成了一门科学。与数学、力学和天文学不同,化学本身是科学革命的产物。现代化学家并不是从古代到文艺复兴时期一长串伟大而高贵的科学家的传人。化学史上并没有像欧几里得、阿基米德或托勒密那样的人物。相反,现代化学家发现自己处于炼金术士、药剂师、医疗化学家、巫师、占星学家和其他形形色色的人物有些令人不安的陪伴中。

最接近实际"化学家"(即更接近于现代化学家,而不是炼金术士或文艺复兴自然主义的追随者)的人物形象出现在 17 世纪中叶前后。然而,除了极少数例外,这样的人物并未得到认可,而且完全处于大学之外。他可能是药剂师或医生,在矿物和冶金学院或植物园工作。这样的医生-化学家和药剂师-化学家通过自己的技艺,成功地生产出与自然物质相同的物质。一般来说,这样的人物并不回避将自己的实践活动置于一种帕拉塞尔苏斯主义或赫尔墨斯主义的背景之中。

毫无疑问,化学论哲学植根于赫尔墨斯主义,其理论基础可见于令人着迷的(当时是,现在仍然是)瑞士人菲利普·奥里欧鲁斯·特奥弗拉斯特·博姆巴斯特·冯·霍恩海姆(Phillip Aureolus Theophrast Bombast-von Hohenheim)的宏大著作,他更为人所知的名字是帕拉塞尔苏斯(Paracelsus,约 1493—1541)。然而,化学论哲学在 17 世纪的科学文化中占据着重要地位。笛卡尔或康帕内拉的许多同时代人都认为,它与新的机械论哲学一样具有革命性和开创性。它有效地摧毁了传统的盖伦学说,深刻地改变了医学实践和大学的教育方式。在 17 世纪,赫尔墨斯主义哲学和帕拉塞尔苏斯主义绝不是仅仅局限于知识分子小圈子的边缘现象。化学论哲学和帕拉塞尔苏斯主义学说在欧洲引发了一场争论,这场争论与哥白尼和新天文学所引发的争论同样影响深远和激烈。事实上,在牛顿思想的形成期,也就是清教徒起义的时期(1650—1670),帕拉塞尔苏斯的影响达到了顶峰(Webster,1982)。

赫尔墨斯主义-帕拉塞尔苏斯主义传统对物理学和天文学影响很小。然而,对于经验论者和操纵物质的人来说,它提供了一种富有凝聚力的理论,成为物质研究和实验室活动的基础。

帕拉塞尔苏斯

帕拉塞尔苏斯的生活经历极其丰富多彩。他在整个欧洲漫游,所到之处均引起了激烈的争论和争议。1527 年圣约翰节前夕,他在巴塞尔的一次学生篝火会中当众焚烧了盖伦和阿维森纳的著作。他吸引的门徒和敌人同样多,认为魔法是一种"伟大的秘密智慧,正如理性是公众的一种极为愚蠢的行为"。他猛烈攻击一些神学家不公正地将魔法定义为巫术而没有试图理解它,甚至更加猛烈地攻击传统医学从业者以及用来训练他们的大学方法。他自己是一个罕见非凡之人;形容词"夸夸其谈"(bombastic)便源自他的名字。根据帕拉塞尔苏斯的说法,新医学的四大"支柱"是:哲学,关于事物不可见本性的知识;占星学,星体如何影响人体;炼金术,为恢复被疾病破坏的体内平衡制备药物;伦理学,医生的美德和诚实。化学和医学之间的密切关联产生了一门新的学科——医疗化学(iatrochemistry)。炼金术主要是一种为了准备有效的治疗而被用于蒸馏和分析矿物的工具。

帕拉塞尔苏斯认为,医学不应只涉及人体:"人们必须明白,医学植根于星体,而星体是治疗的手段。[……]医生应当受到这样的训练,使药物可以像预言和其他天界事件一样通过天界运作。"(Paracelsus,1973:136)大宇宙与小宇宙之间的对应理论是源于占星学和魔法-炼金术传统的一组观念的中心,这些观念与新柏拉图主义的神秘主义的典型主题交织在一起。物体的活力物质是由不可见的精气或自然力组成的。这些原初的精气或秘密之物(arcana)或种子(semina)来自上帝,上帝由原初物质而非终极物质创造世界:世界是一个将原初物质完善成终极物质的持续的化学过程。帕拉塞尔苏斯主义的"要素"是隐藏在自然物中的原型,它赋予自然物以特征和性质。那些可以实际加以处理和分析的东西只不过是真正的精神要素的近似或外壳罢了。原初物质,即"大神秘物"

（*Mysterium Magnum*）或"星界物质"（*Iliastrum*），是万物的母体或基质（*matrices*），在本性上是水。另外三种传统元素——火、土和气——也是母体或基质。植物、矿物、金属和动物是这四种元素的成果。在《魔法的最终秘密》（*Archidoxis*，写于约1525年，并于1569年作者去世后出版）和《矿物之书》（*Liber de mineralibus*）中，我们既看到了帕拉塞尔苏斯关于元素作为物体基质的理论，又看到了盐、硫和汞的三要素理论。这"三要素"（*tria prima*）也由精神实体所组成，并与身体、灵魂和精神相对应。盐使物体变得坚固，汞使之变得流动，硫使之变得易燃。这三种要素在不同物体中以不同的方式显现，而且存在的硫、汞、盐的不同类型就像自然之中的物种一样多："一种硫可见于金，另一种可见于银，另一种可见于铅，等等。石头、石灰、泉水和盐类中还有另一种类型的硫。不仅有许多不同的硫，还有许多不同的盐。一种可见于宝石，另一种可见于金属、石头、盐类、胆矾和明矾。汞也是如此。"（Paracelsus，1922—1933：Ⅲ，43—44）

　　化学是开启世界结构的钥匙，创世是一种神圣的化学"分离"。首先，四元素相互分离，然后，火与天穹分离，气与灵魂分离，水与海洋植物分离，土与木头、石头、地上的植物和动物分离，直到剩下个别物体和生物。在《致雅典人的哲学》（*Philosophia ad Athenienses*，1564年出版）中，整个创世过程都是用炼金术的术语来讨论的。

帕拉塞尔苏斯主义者

142　　　16世纪末的帕拉塞尔苏斯主义在各种作品中得到了讨论：

1571 年出版的彼得·索伦森的《哲学医学的观念》(*Idea medicinae philosophicae*)，巴黎议会的律师和马基雅维利著作的法文译者雅克·戈奥里(Jacques Gohory，即 Leo Suavius，1520—1576)撰写的《帕拉塞尔苏斯哲学和医学概要》(*Compendium*，1567)以及热拉尔·多恩(Gérard Dorn，? —1584)的《整个化学论哲学之钥》(*Clavis totius philosophiae chymicae*，1567)。奥斯瓦尔德·克罗尔(Oswald Croll，1560—约 1609)的《化学大教堂》(*Basilica chymica*)于作者去世的同一年出版，到了 17 世纪中叶，已经以其原始的拉丁语和所有主要欧洲语言重印了 18 次。但最著名的是罗伯特·弗拉德(1574—1637)的作品，他在 1617 年到 1621 年间的著作得到了开普勒、梅森和伽桑狄的讨论。在《两宇宙志》(*Utriusque cosmi historia*，1617—1618)中，对创世的神秘主义-炼金术描述成为一种"摩西哲学"(*philosophia mosaica*)的基础，在其中，《创世记》中的黑暗、光和水被视为古代四元素学说的根源。弗拉德深受玫瑰十字会和毕达哥拉斯学派数秘主义的影响。

帕拉塞尔苏斯是第一个在医学实践中将矿物入药的人。化学或炼金术成为医学的基石之一。根据约瑟夫·迪歇纳(Joseph Duchesne，即 Quercetanus，约 1544—1609)的说法，化学"教导合成；分离、制备、性质变化，最后是所有混合物的散发[……]，它用七种操作来演示蒸馏过程[……]以完善所有嬗变，所谓'嬗变'，是指一种事物失去了其外在形式，并且变得不再像其原始形式，而是改变了形式，具有了另一种本质和颜色，并且最终改变了它的本性，具有与其原始属性不同的属性[……]。这七种炼金术原理是：煅烧、吸收、发酵、蒸馏、循环、升华、固定"(Quercetanus，1684：7)。

　　比利时医生让-巴蒂斯特·范·赫尔蒙特(Jean-Baptiste van Helmont,1579—1644)是另一个基于对《创世记》进行"化学"解释来构建一种复杂的化学宇宙论的人。梅森 1623 年出版了《关于〈创世记〉的著名问题》(*Quaestionnes celeberrimae in Genesim*)——他在书中指控魔法是反基督教的——之后,炼金术和帕拉塞尔苏斯主义理论显得比以前更具威胁性。范·赫尔蒙特因其书中包含的 24 个命题而受到了梅赫伦-布鲁塞尔教区(Malines-Brussels)法庭的问询。他承认有罪,并于 1627 年被教会判刑,在鲁汶大学和里昂医师学院的神学系以迷信和巫术为由对他提出新的指控后,他于 1630 年再次被教会判刑。他于 1634 年 3 月被捕,并且被转移到布鲁塞尔的一所方济各会修道院,书籍和手稿被没收。这一次他否认有罪,但被判处软禁两年。1642 年,他获准可以再次出版著作。他 1000 多页作品的合集《医学的诞生》(*Ortus medicinae*)在他去世后的第四年即 1648 年被发现。这是 17 世纪最受欢迎的科学出版物之一。到了 1707 年,已有七个拉丁文版本,并且被译成英文、法文、德文,还有一个弗莱芒语的删节版。

　　范·赫尔蒙特的万物有灵论自然观基于运动原理。虽然他认为大宇宙和小宇宙之间的平行观念是"诗意和隐喻的,……但[它是]不自然和不真实的"。自然之中仅有的两种元素是气和水。火并不是元素,而是一种可以用来改变物体结构的工具。可以用火来分解混合物,以获得帕拉塞尔苏斯主义的"三要素"。根据这种火的观念,不仅以前结合的物质可以分解开来,而且可以创造新的物质,这种火的观念影响了罗伯特·波义耳的化学元素理论(Abbri,1980:77)。范·赫尔蒙特对科学发展的贡献包括:他对重量和量化的兴趣；他对真空理论的采纳以及对"恐惧真空"（*horror vacui*）的攻击；他将气体定义为某种并非存在于物体之中的东西，而是形式与其原初形式不同的物体本身，并且是即将发生嬗变的标志；最后，他将消化解释为酸作为一种作用物在食物转化中所起的作用（Debus，1977：329—342）。

医疗化学家

17 世纪的化学显然已经开始摆脱宇宙论、《圣经》和形而上学的背景，后者曾是关于要素、元素、物质和物质转化的一切讨论的基础。然而，这条道路并不是笔直的，因此，存在着将我们乍听起来"熟悉"的个别陈述抽离出来的危险。让·贝甘（Jean Beguin）的《化学入门》（*Tyrocinium chimicum*，1610）部分是理论，部分是和理论部分关系不大的药方集，其法译本变得广为人知。贝甘写道，存在着像建筑这样的技艺，通过各个部分的组成而为其主体赋予生命；还有像化学那样的技艺，"将其主体分解和打开，以看到其最内在的本性［……］，获得因为不纯而被隐藏、埋没或失效的性质，并对其施加不受阻碍的力量"（Beguin，1665：27）。

获得神秘力量的能力明显有实际用处，这在最伟大的 17 世纪分析化学家、自学成才的鲁道夫·格劳伯（Rudolph Glauber，1604—1668）的工作中表现得最为明显。他出生于卡尔施塔特，主要在荷兰工作。他的《新哲学炉，或对一种新蒸馏术的描述》（*Furni novi philosophici oder Beschreibung einer neue erfunden Distillirkunst*）出版于 1646—1650 年间，被译成拉丁文、法文和英

144

文。他描述了(标题中提到的)新蒸馏术,涉及盐酸、硝酸、硫酸和几种衍生盐的生产。当格劳伯(通过硫酸对氯化钠的作用)制造了硫酸钠(它与硫酸镁一起成为一种时尚的药物)时,他将其称为"格劳伯盐",并将处理过程保密,从中获得了丰厚的利润。他深受帕拉塞尔苏斯主义形而上学的影响,以至于相信存在着一种原初的盐,并把硝石(人们对它怀有极大的兴趣,因为它是火药的组成部分)确定为这种普遍的盐。格劳伯在1656—1661年间出版了一部令人印象深刻的关于德国繁荣的著作,全书分为六个部分,书名为《德国的福利》(*Des Teutsclalandts Wohlfahrt*)。他在书中声称,化学论哲学有可能扭转三十年战争所导致的灾难性错误,并可确保德国作为"世界君主"的地位。格劳伯写道:"谁若懂得火及其使用,就永远不会遭受贫穷。不理解它的人将永远无法看到大自然的宝藏。显然,我们德国人拥有我们甚至没有意识到的、没有被我们利用的宝藏[……]。事实上,我们在吃喝上投入的时间要甚于对技艺和科学的投入。"(参见 Debus,1977:435)

化学和机械论哲学

罗伯特·波义耳已经作为一位杰出人物出现在上文讨论机械论哲学的思想、方法和观点的章节中。在这里的语境下,波义耳认为化学是一门既可以确立又可以验证机械论的科学。与许多教科书不同,《怀疑的化学家》(*The Sceptical chemist*,1661)并不包含波义耳的化学元素理论。在他看来,并不存在性质上独特的化学元素:物质既不是由亚里士多德的四元素组成的,也不是由帕拉塞尔苏斯的"三要素"组成的,甚至也不是由更晚近的法国化学的五要素组成的,而是由均一的微粒组成的一种统一的物质实在,这些微粒结合在一起构成了化学分析的物体。他的著作明确表达了这一点:"我看不出为什么必须假设存在着大自然用以构成所有其他物体的一些原初而简单的物体。我也看不出为什么我们无法想象,大自然能够通过微小微粒的不同转化从一种混合物产生出另一种混合物,而不会使物质分解成简单而同质的实体(一些人以为大自然会分解成这些实体)。"(Boyle,1900)他同样清楚地指出: 145

"盐、硫和汞并非原初而简单的物质要素,而是原初的微粒团和更简单的微粒,它们似乎具有原初的或更根本或更普遍的属性,也就是更简单物体的大小、形状以及运动或静止[……]。我们的解释是机械论的且更为简单,因此必须被认为是更一般和更令人满意的。"(Boyle,1772:Ⅳ,281)

波义耳认为物体的嬗变是其物质微粒观的必然推论。三要素是由火产生的微粒团。这里,他显然借鉴了范·赫尔蒙特的理论。波义耳还研究了燃烧、煅烧和呼吸。他拒绝将空气看成一种简单的元素物体,并将大气定义为"天地流溢的一个巨大的接受器或聚集地(rendez-vous)"(Boyle,1772:Ⅳ,85,86),它由三种微粒组成: 第一种微粒由矿物、植物和动物发出的蒸气或干燥呼气所产生;第二种微粒更为精细,由地球的磁性蒸汽与太阳和其他恒星发出的无数微粒所产生,并且产生了我们所谓的光;第三种微粒"并非因为外部的作用者而变得有弹性,而是永久具有弹性,并且可以用'永恒的空气'这个术语来定义"(Boyle,1772:Ⅴ,614—615)。正是在这一语境下,波义耳做了他关于空气弹性的著名实验,并且提出了所谓的"波义耳定律",根据这一定律,给定量的空气的压力与其体积之间存在一种定量关系。

机械论与活力论

　　现代化学理论承认,元素或者说通过一系列精确实验确定的确切数量的实体是存在的。由于波义耳相信化学实际上可以将任何东西变成其他任何东西,有人指出,他的化学工作似乎受到了他的机械论哲学的阻碍(Westfall,1971:79)。但同样正确的是,一旦化学家采用机械论原理,化学也就永远地改变了。此外,在整个17世纪,不仅化学家的方法、原则和背后的哲学改变了,他们的社会地位也发生了改变。人们对他们的工作给予了前所未有的尊重。

　　18世纪初,伟大的德国化学家、医生格奥尔格·施塔尔(Georg Stahl,1660—1734)完全意识到事情发生了多么彻底的转变。他在1723年写道:"200年来,化学一直被江湖骗子垄断,他们造就了无数受害者[……]。今天,有些人已经开始认真研究这门科学。他们数量很少,这不足为奇。当然,所有骗子以其将金属变成黄金的虚假承诺、炼金术士的神秘断言、普遍药方以及经常有害的药物制剂,已经很自然地令所有诚实和明智的人对化学心生反感,并且产生了一种对于以欺骗为特征的知识的厌恶。"(Stahl,1783:2—3)

　　在这一时期也出现了一些写得十分清晰的书籍,它们以通俗易懂的方式描述化学实验。法国药剂师尼古拉·莱默里(Nicolas

Leméry,1645—1715)于 1675 年出版的《化学教程》(*Cours de chimie*,1675)印刷了 30 多次。在这本书中,作者试图找到医疗化学与机械论哲学之间的共同点,他对本原的定义受到了广泛关注:"我们非常清楚,这些本原仍然可以被分成无数个部分,而这些部分仍可以被正确地称为本原。因此,我们将只把'化学本原'这一术语用于那些能被我们微弱的能力分离和分割的物质。"(Leméry,1682:8)

机械论哲学的微粒方面与元素学说之间的关系仍然是成问题的。怎样才能真正把一种物质和另一种物质真正区分开来呢? 在不可见的微粒——可以想象为勾连或因形状而互相锁合(1706 年荷兰物理学家尼古拉·哈尔措克[Nicolaus Hartsoeker]甚至用图画来表示它)——与可以被感官感知的世界之间,必须插入某种具有持存性和稳定性的东西。虽然上述引用的施塔尔的话表明,帕拉塞尔苏斯式的胡说与新的"科学性的"化学之间存在着尖锐差别,但正是施塔尔本人敦促回到一种关于要素和元素的传统科学,他担心,一旦基于物质绝对同质性的机械论哲学家和牛顿主义者的纲领占上风,事情就会走向死胡同。不仅如此,施塔尔非常欣赏约阿希姆·贝歇尔(Joachim Becher,1635—1682)的《地下物理学》(*Physica subterranean*):他用这一标题重印了一部贝歇尔在 1669 年的著作。他甚至称贝歇尔为一位伟大的、无可替代的大师(Stahl,1783:5—7)。《地下物理学》的惊人之处在于,除了事实证明对矿物学和化学都很重要的对地球的三分法之外,它还包含着每一种典型的帕拉塞尔苏斯主义观念:认为自然研究始于一种摩西式的创世记述;大宇宙与小宇宙之间的类比;植物与动物之间的平行性;关于自发生成的信念;关于金属从大地"内脏"中生长出来的理论;甚至是发生在宇宙中的永恒循环与化学蒸馏之间的平行性。

147 为了解释燃烧、煅烧和呼吸,施塔尔再次提到了贝歇尔,并把被称为"燃素"(phlogiston)的燃烧要素引入了化学。"*floghistos*"一词作为形容词的意思是"易燃的",它可以追溯到索福克勒斯和亚里士多德(Partington,1961—1962:Ⅱ,667—668)。贝歇尔将燃素或易燃元素确定为第二种地球元素,这或多或少就是他的版本的帕拉塞尔苏斯的硫或燃烧元素。对于解释燃烧和金属的煅烧(氧化),燃素理论显然是令人满意的:一种物质如果含有燃素就会燃烧,物质在燃烧和煅烧过程中会释放出燃素到空气之中。

  正如费迪南多·阿布里(Ferdinando Abbri)所表明的,从未存在过一种燃素理论。直到安托万·洛朗·拉瓦锡(Antoine Laurent Lavoisier,1734—1794)作出概念性的突破,"燃素"一词在每一种理论中都意味着不同的东西;它是一个负载了诸多含义的概念,或多或少作为一个"概念手风琴"在起作用(Abbri,1978,1984)。

  燃素将一个长长的名单联系起来,其中包括天球、推动行星的精灵、作为内在驱动者的冲力、笛卡尔涡旋、热质、雌性种子、动物磁性、生理学中的活力、发光的以太、核电子等概念。科学史上充满了这样的概念:它们曾经被认为是真的、得到经验确证的,并且被坚决地捍卫;这些术语所指的东西已经从物理世界和今天的科学教科书中消失;它们不再让科学家感兴趣,只对科学史家来说才是重要的。

第十一章　磁哲学

奇特的事情

　　共感和反感,这样的"拟人化"观念是一千年来自然研究的典型特征,似乎明显适用于诸如吸引或排斥等现象。磁铁的超凡神奇效果得到了无尽的书写:电鱼附在船上并减缓船只的行进,磁岛可将过往船只上的钉子扭下来,磁铁对巫术的防御能力,以及诸如此类的故事。尼古拉·卡贝奥(Nicholas Cabeo)编辑整理了关于磁铁的许多流行信念,他在1629年写道:大蒜的气味如何能够减少或消除磁铁的力量;在磁铁中插入金刚石,它便不再能吸引铁;山羊的血液可以抵御任何妨碍磁铁力量的障碍;磁铁可以使丈夫与妻子和解,或者揭露奸夫;磁铁可以作为情爱的灵药,可增强言语的力量,使人受到统治者的青睐(Cabeo,1629:338)。

　　天然磁石是各种铁矿石、磁铁矿,具有强大的吸引铁的不寻常属性。与磁石接触的钢针会获得吸引铁颗粒的属性。如果这根针在水平面上围绕其重心自由旋转,则它的同一端始终指向北方。

　　当用一块丝绸或羊毛擦拭琥珀、玻璃、硬橡胶和封蜡时,它们会吸引纸屑、毛发或稻草。"摩擦电"这一术语如今指由摩擦引起的带电。我们区分绝缘体和导体,在绝缘体中,电荷局限于接触区域,而在导体中,电荷扩展到带电物体的整个表面区域。要为方才描述的磁现象研究引入秩序和规则绝非易事。这个领域有奇特的事情发生。例如,一个曾经一再成功的实验,在潮湿的夏日或者在大汗淋漓的观众面前尝试时,突然莫名其妙地失败了。最早的电学研究者并没有意识到潮湿或干燥的影响。许多早期电学家极感兴趣的宝石的行为与玻璃一样反复无常。事实上,牛顿甚至在 1675 年 12 月向皇家学会发出消息,强调摩擦电现象高度的不规则性和不可预测性(Heilbron,1979:3—5)。

机械论哲学构建模型似乎不足以解释那些显然涉及吸引、共感和反感的事情。试图度量尺寸不明且容易出现持续不规则行为的事物并非易事。在力学和天文学领域大获成功的数学化似乎并不适用于自然界的所有事物。开普勒研究过吉尔伯特论磁的著作,但和它的作者一样,在声称太阳拥有动力和磁力或者说灵魂时,他也诉诸了定性的类比。虽然伽利略支持吉尔伯特的结果,但他指责后者徒劳地寻求这些结果的真正原因,将自己的"推理"当作结论性的"证明"提了出来。伽利略写道:"我希望吉尔伯特能更像数学家一点,尤其在几何学方面要有更好的基础。"(Galilei,1953:406)

这是一个美好的愿望,但却是徒劳的。力学与关于磁、电、热的研究在方法和理论上的鸿沟仍将持续一段时间。虽然一些可靠的理论和测量方法已在 18 世纪得到确立,但直到 18 世纪末,电学才建立起来,量化的概念(如电荷、电压、电容、电势、电场)才得到定义。该领域最伟大的三位理论家——法国工程师查理·库仑(Charles Coulomb)、英国人亨利·卡文迪许(Henry Cavendish)勋爵

和意大利物理学家亚历山德罗·伏打（Alessandro Volta）——在 18
世纪的最后几十年完成了他们的工作，并于 1806 年、1810 年和
1827 年相继去世。难怪迄今为止最好的电学史著作的作者约
翰·海尔布朗（John Heilbron）仅用了 50 页来书写 17 世纪，而用
了 300 页来讲述 18 世纪的成就。

吉尔伯特

英国医生威廉·吉尔伯特（William Gilbert，1540—1603）
1600 年写的《关于磁石、磁性物体和地球大磁石的新自然哲学》
（简称《论磁》，*De Magnete magneticisque corporibus et de magno
magnete Tellure physiologia nova*）究竟是文艺复兴时期自然主
义的最后一个例子，还是现代实验科学的第一个例子呢？确定这 150
一点并不容易，可能也没有意义。《论磁》——其第一章考察了关
于自然魔法的最重要的著作——被认为兼具这两种身份。吉尔伯
特的科学距离数学方法和伽利略的力学非常遥远。他在书中没有
给出任何测量，其实验通常是定性的。事实上，他的方法基本上类
似于詹巴蒂斯塔·德拉·波塔的那些方法，尽管他的实验品质要
好得多：它们做得更为巧妙、详细和认真。其作品的研究范围与当
时的作者也没有很大不同：研究"隐秘的原因"和"事物的秘密"，发
现"大磁石的高贵本性"和天然磁石的药物特性。相比于"哲学家
的意见和可能的假设"，吉尔伯特更喜欢"真正的实验和得到证明
的论证"。这是他用实验来讨论基本磁性的基础，（除了磁场强度
和力线的概念以及数学表述）这种讨论"与现代初等物理学教科书

中关于该主题的讨论本质上并无不同"(Dijksterhuis, 1961:393)。由于对"教授"极不信任,吉尔伯特转而关注一位英国水手和专业罗盘制造商罗伯特·诺曼(活跃于约 1560—1596)的工作。1581年,诺曼写了一本关于磁针倾角的著作——《新吸引,包含对磁铁或磁石的简短论述》(*The New Attractive*, *Containing a Short Discourse of the Magnet or Lodestone*)。该书基于他一生的实践经验,在学术界不为人知。

与技术的相遇意义重大。吉尔伯特试图(借助复杂的地图和象限仪)用罗盘针的倾角测量来确定海上的纬度。他相信这一应用是一项伟大的发现,"只需少许努力和一个小型仪器",就能在多云的天气里找到纬度。吉尔伯特使用了球状的天然磁石,他在实验中称之为"小地球"(*terella*)。他得出的第一个结论是,地球本身是一个磁体,它的磁极对应于南极和北极。与既定的信念相反,这些地理极点不是几何点而是物理点。正如罗盘针的指向是固定的,地轴的指向也是如此。虽然吉尔伯特接受了地球的周日旋转,因为他相信所有球形磁体都自然能够旋转,但他并不接受关于地球绕太阳周年旋转的哥白尼理论。

吉尔伯特的第二个重要结论是他对电吸引与磁吸引的区分151 (他创造了"电力"[*Vis electrica*]这一卓有成效的术语)。他将磁性(磁石对铁的吸引)描述为两个物体之间的结合(*coitio*),而将电性(尽管他从未使用过这个术语)描述为经过摩擦的琥珀、煤精、玻璃、树脂和硫磺对小而轻的物体的吸引。他创造的"旋转仪"(*versorium*)实际上是一个验电器。

吉尔伯特准确而巧妙的实验是在魔法与活力论的背景下发生

的。物质并非没有生命和感知。电吸引是通过物质的散发物而发生的，而磁吸引（即使中间插入另一个物体也会产生）则是一种精神力量，一种"独特而奇异"的形式（不是亚里士多德意义上的"形式"）的作用，一种存在于所有星球——"太阳、月亮和星星"——内部的"原初的、根本的、星界的"形式，在地球上，它是被我们称为原初能量（primary energy）的真正磁力。事实上，磁体的灵魂优于人的灵魂。地球，"万物之母"（mater communis），在她的子宫中形成了金属。整个宇宙都是有生命的，"所有星球、星星，甚至是这个光荣的地球，一直都由它们自身的灵魂所统治，这些灵魂也使它们得以自我保存"。亚里士多德错误地将灵魂赋予了天体而没有赋予地球；"如果未将灵魂赋予星星，而是将其赋予蠕虫、蚂蚁、甲虫和药草，那么与地球相比，星星的状态将会极为可怜"（Gilbert，1958：105，309，310）。

耶稣会士和魔法

在《自然魔法》（Magia naturalis，1558 和 1559）中，詹巴蒂斯塔·德拉·波塔（1535—1615）用（第二版 20 卷的）整个第七卷来讨论磁体的奇妙用途。在 1611 年出版的意大利文版中，他明确指控吉尔伯特剽窃他的文本，并且用侮辱和诽谤来掩盖自己的剽窃行为。吉尔伯特的确使用了德拉·波塔的书（他引用德拉·波塔几乎和引用亚里士多德一样多），但更多是作为框架而不是作为来源（Muraro，1979：145）。

在《磁哲学》（Philosophia Magnetica，1629，费拉拉）中，耶稣

会士尼古拉·卡贝奥(1596—1650)普及了吉尔伯特在大约 30 年前处理的那些主题。他虽然拒绝承认地球是一个磁体,但也试图清楚地区分电现象与磁现象。他观察到存在着排斥和吸引,并声称摩擦使精细的散发物有可能导致周围的空气变得稀薄,而后者(倾向于重建其原有的密度)会将较轻的物体带到它前面来。对于被赋予磁体的非凡力量,他仍然保持怀疑。然而,符合"他那个时代的俄狄浦斯"这一称号的乃是一位耶稣会士——阿塔那修斯·基歇尔(Athanasius Kircher, 1601—1680),罗马学院(Collegio Romano)的数学、物理学和东方语言教授,一位不知疲倦的多产作家。基歇尔普及了当时的那些伟大观念。他建立和组织了一个自然魔法博物馆-实验室,在那里,他一方面努力使炼金术士和永动机制造者的说法变得不可信,另一方面展示了产生视觉幻象、能在没有任何可见的交通工具的情况下远距离传递或移动重物的"魔法机器";在皇家学会的支持下,他研究了究竟能否用独角兽角磨下的一圈粉末驱赶狼蛛。

基歇尔认为吉尔伯特是一位伟大的磁学学者,其唯一的缺点在于荒谬地认为地球不是静止的。他质疑吉尔伯特关于地球是磁体的说法,因为若是如此,两只手大小的"小地球"就能吸引 1 磅铁,那么每一个马蹄铁、盔甲、壶、锅、刀、勺子和叉子都会牢牢地粘在地面上,没有任何力量能将它们分开。人们将无法使用铁。他还认为,开普勒是一位天文学君主,但他不明白,如果开普勒的世界观是正确的,即太阳的磁力可以使行星移动,那么为什么罗盘不指向太阳呢?(Kircher, 1654: 3—5, 383—386)。

《磁体或论磁学技艺》(*Magnes sive de arte magnetica opus*

tripartitum，1641 年在罗马出版，1643 年在科隆出版，1654 年在罗马出版增订第二版）的第三卷讨论地球、行星和恒星的磁性，雨水的自然产生和人工产生，温度计，太阳和月亮的磁性对潮汐的影响，植物的磁力，医学中的磁性，以及想象力、音乐、爱情的吸引力（Kircher，1654：409）。

对磁学的实验研究只是存在于所有事物之中、分布于整个自然界的"牵引力"（*vis tractiva*）的一个具体例子。因此，磁性不仅属于磁体，也属于所有自然物。基歇尔反复使用的一个表述可见于所有魔法书：似者相吸，不似者相斥。万物之间的关联是通往隐秘知识的钥匙，这种知识通常被称为魔法，哲学家们认为这是唯一的真正知识（Nocenti，1991：180—189）。

在 17 世纪的机械论哲学家中，基歇尔代表着魔法和炼金术与现代实验科学的奇特结合的复兴。魔法师与机械师再次合二为一。建造机器似乎更多地是为了展示奇观、演示奇迹，而不是巩固人对自然的掌控。在这方面，基歇尔并非唯一：1670 年，基歇尔的学生和皇家学会会员、耶稣会士弗朗切斯科·拉纳·特尔齐（Francesco Lana Terzi），写了《对作为大师技艺之前提的一些新发明的检验》（*Prodromo overo saggio di alcune inventioni nuove premesso all'Arte Màestra*），另一位耶稣会士卡斯帕·肖特（Kaspar 153 Schott）于 1664 年写了《奇妙的技艺》（*Technica curiosa sive mirabilia artis libri XII*）。为莱布尼茨阅读和景仰的肖特不仅讨论了语言和吸引，还讨论了邪恶的力量、多头的野兽和恶魔的控制。

赫尔墨斯主义的柏拉图主义显然作为一种辩护被用在这类文本中。在这种语境下，基歇尔的目标似乎是实现弗朗切斯科·帕特里齐在 16 世纪末的计划,即让教皇用赫尔墨斯主义哲学家马尔西利奥·菲奇诺的教导来取代亚里士多德的教导。人们不禁好奇,当耶稣会士的作品中夹杂着新事物与旧迷信,倾向于耸人听闻的、异乎寻常和荒诞的事物时,他们心中是否有某种我们今天所说的"文化政策"? 抑或它仅仅是一种风格主义和巴洛克式心态的典型表现?

谨慎的实验和大胆的设备

基歇尔成为众人瞩目的焦点和在出版上大获成功的同时,西芒托学院(Accademia del Cimento)的秘书,一位不知疲倦的欧洲旅行家,柯西莫三世驻伦敦、瑞典和丹麦的特别大使,洛伦佐·马加洛蒂(Lorenzo Magalotti,1637—1712),于 1667 年出版了《论自然实验》(*Saggi di naturali esperienze*)。他对精确性和独立观察的热情甚于他对陌生和不寻常事物的好奇心。从基歇尔到马加洛蒂就是进入了另一个世界,在这个世界中,研究者因其克制和谨慎而受到赞赏,"实验"与挑战和障碍同义,知识被比作难以驾驭的茫茫大海:"经验丰富的实验者直接知晓做实验室实验时遇到的困难,这有时甚至只是由于在使用物质仪器方面会带来障碍[……]。然而,我们还是发现了许多奇妙的磁性作用,而且仍有很多有待发现,尽管我们还没有积极地投身于研究之中,因为我们很清楚,新发现需要艰巨而漫长的研究,同时不受其他思辨的干扰。"(Magalotti,1806:163;1976:228)

并非 17 世纪关于电的所有讨论都是在赫尔墨斯文化的背景

下进行的。与"魔法"传统相对立的不仅有马加洛蒂的审慎态度，还有笛卡尔机械论哲学的力量——这种哲学对构建模型和体系的嗜好压倒并且实际消除了对实验的任何关注。例如，笛卡尔在《哲学原理》(1644)中讨论磁性时，从未提及任何有关个别磁现象的（吉尔伯特所做的那种）详细研究。严格的机械论观点将任何"效力"或"吸引"的概念都斥为魔法的或"隐秘的"。磁性对地球和其他行星的运动并无影响，后者的运动是由精细物质的涡旋来维持的。所有未经解释的现象都可以通过大小、形状和运动这些笛卡尔原则来解释。例如，铁屑之所以聚集在磁体的北极和南极周围，是因为在第二元素小球之间被挤压时变得有沟槽的第一元素微粒沿着弯曲的管道或导管移动。被描绘成小蜗牛壳的"沟槽微粒"很容易从北极或南极进入并穿过地球。由于整个涡旋围绕它的轴沿一个方向旋转，所以来自南极的微粒必定沿着与来自北极的微粒相反的方向旋转。沟槽微粒之所以很容易穿过地球，是因为它的内部排列着带有沟槽的孔洞，可以容纳经过的右旋微粒或左旋微粒。磁微粒能够穿透另一个磁体。磁体之所以聚集在一起，是因为微粒被拖着穿过居间的空气，由于真空必然不存在，所以被迫相互靠近。它们相互排斥，从而为微粒流留出空间，如果相似的极彼此相对，则微粒将无法进入通道。笛卡尔确信"每当发生吸引或排斥时，都可以援引沟槽微粒。这包括电现象［……］"(Shea，1991：302—305)。笛卡尔主义在法国一直存在到18世纪40年代(Heilbron，1979：31)，并且拥有雅克·罗奥(Jacques Rohault，1620—1672)和弗朗索瓦·培尔(François Bayle，1622—1709)这样的追随者。

154

硫磺球

　　《新实验》(*Experimenta nova*,1672)的作者奥托·冯·盖里克(Otto von Guericke)是一位哥白尼主义者,他对天体在其中运行的浩瀚宇宙和真空这一想法非常感兴趣。他确信他在一个著名的昂贵实验(我们将在第十六章进行描述)中创造的人造真空与星际真空具有相同的特征。他还相信,行星的"效力"或"力量"可以在实验室的实验中复制出来。盖里克取一个孩子头部大小的玻璃球,在其中充满硫磺粉并加热,让它冷却,然后打碎玻璃。他将这个硫磺球固定在一个轴上,使之可以自由旋转,摩擦时它会发出光和噼啪声,这立即显示出属于地球的那些力量:它吸引轻的物体,旋转时会使之固定在上面。这个硫磺球正是我们亲眼看到的地球本身。它甚至被赋予一种斥力,由于不同性质之间的冲突而排斥155　被吸引的物体。当地球喷出火和其他火热的物质并使月球保持在遥远的距离时,情况也是如此。

　　被盖里克唯一归于"电学"发现的是,当一根亚麻线的一端与带电球体接触时,有电力穿过亚麻线。"效力"(或"散发物")既是有形的,也是无形的。除了热、声和光,无形的"效力"包括冲力、保持力、排斥力、指向力或磁力,以及旋转力。对效力的分类复杂而不精确。只有他关于硫磺球的工作引起了同时代人的兴趣。海尔布朗指出,盖里克对电沿着线传输的描述仍然模糊不清,在成为电学知识的一个永恒部分之前,必须对它进行重新发现(Heilbron,1979:218)。

音乐和毒蛛病

　　人们追求奇异兴趣以及在没有理论帮助的情况下做实验——在这种科学文化中,盖里克的实验或惠更斯的沉思并没有产生直接的后果。直到它们在下个世纪的中叶,在不同的理论背景下得到重新思考,其作用才发挥出来(Heilbron,1979:219,226)。正如我们所看到的,时代的确非常混乱,但这并不意味着魔法与科学的分界线——在这个世纪之初被划分得如此清晰——已被遗忘。笛卡尔认为基歇尔更多是一个庸医,而不是博学之士(Descartes,1936—1963:Ⅲ,803),而埃万格利斯塔·托里切利则这样向伽利略描述基歇尔的书:"这是一本关于磁体的装饰华丽的大书。书中有以古怪的方式描绘的星盘、钟表和风向仪,有许多大大小小的烧杯、警句、对句、墓志铭、铭文,以拉丁文、希腊文、阿拉伯文、希伯来文和其他语言写成的片段,甚至还有一段音乐,据说是狼蛛毒液的解毒剂。够了:纳迪(Nardi)先生、马吉奥特(Magiotti)先生和我笑得前仰后合。"(Galilei,1890—1909:ⅩⅧ,332)

　　尽管这三位朋友并没有一种关于磁和电的令人满意的理论,但他们有充分的理由大笑。令人难以置信的是,让他们笑得最厉害的东西——毒蛛病的音乐解毒剂——是 300 年后唯一还引起一些兴趣的东西。欧内斯托·德马蒂诺(Ernesto De Martino)的《悔恨之地》(La terra del rimorso)使人们对这几位男士的嘲笑对象有了一些新的了解。他研究了音乐对意大利南部狼蛛叮咬受害者的影响,并从这个角度讨论了基歇尔那富有想象力的工作的意义。

156　　德马蒂诺曾就基歇尔的思想及其巨大诱惑力,以及在 17 世纪仍然十分活跃的赫尔墨斯主义做了一个尖锐的判断:"在基歇尔那里,将低等的仪式魔法与培根的'知识就是力量'连接起来的桥梁,现在被反过来用于连接起民众相信的奇迹,并通过自然魔法的心灵范畴来捍卫关于传统魔法的信念。基歇尔实现了一种对自然魔法的反宗教改革驱魔,并试图为排除了任何危险要素的自然魔法提供一个大纲。"(De Martino,1961:244)

第十二章　心脏与生殖

小宇宙的太阳

在 16 世纪以及 17 世纪的大部分时间里，对于任何学医的
人来说，生理学研究都建立在对人这个有机体的业已确立的全
面看法之上，它可以追溯到古希腊医生帕伽马的盖伦（Claudios
Galen of Pergamon，约 120—200）。盖伦的体系并没有因为安德
烈亚斯·维萨留斯、雷亚多·哥伦布（Realdo Columbus）、加布里
埃尔·法洛皮乌斯（Gabriel Falloppius）、巴托洛梅奥·欧斯塔基
奥（Bartolomeo Eustachio）和阿夸彭登泰的法布里修斯等文艺复
兴时期的大解剖学家的工作而变得过时。根据盖伦的说法，肝脏、
心脏和大脑形成了一个三元组，既赋予生命，又对它进行调节。

由于被解剖并且排空血液的动物的动脉和左心室看起来是空
的，所以希腊人断言动脉里充满了空气（正如"artery"［动脉］一词
的希腊文词根所暗示的那样）。盖伦拒绝接受这一理论，尽管他不
相信血液在一个封闭的系统中循环；他定义了两个循环系统；第一
个系统由静脉和心脏右侧所组成，其目的是滋养身体。在这个系
统中，血液由肝脏产生，肝脏将胃和肠中的食物转化为静脉血。第
二个循环系统由动脉和心脏左侧所组成，其功能是将心脏中的"生

命精气"或"灵魂"传到身体的所有部位。盖伦推测,心室内的隔膜
(分隔左右心室的厚壁)是多孔的,允许一些动脉血进入左心室并
与来自肺的空气混合,其功能是给心脏降温,并通过呼吸过程清除
血液中的杂质。左心室接收来自肺部的空气,血液在这里被生命
158　精气所充实,并且转化为动脉血。根据盖伦的生理学,心脏的首要
功能是舒张或扩张;换句话说,心脏对血液的吸引而非排斥似乎是
心脏最重要的功能。

　　16 世纪的大解剖学家们所记录的极为精确的描述为科学提
供了一系列新的事实。当与英国医生威廉·哈维(1578—1657)在
《心血运动论》(1628)中提出的有机而连贯的理论整合在一起时,
这些事实才真正成为新的事实。1602 年,哈维毕业于帕多瓦大学
的医学专业,最终(1651 年)被任命为伦敦皇家医师学院的解剖学
教授。他很享受与国王查理一世的友谊,后者经常出席他的实
验。内战期间,哈维的家遭到洗劫,他的许多笔记本被毁坏。他
对政治从不感兴趣,他曾向一位朋友坦陈:"事实证明,从让很多
人厌倦和反感的公共事务中退出,对我来说是一种特效药。"
(Pagel,1967:19fn)

　　机械论哲学的两位最伟大的理论家——笛卡尔和霍布斯——
称赞哈维的血液循环理论是一项重大成就。该学说成了新的机械
论生物学的跳板,似乎真正颠覆了盖伦的生理学。哈维在一些基
本观点上批评了盖伦,例如,1 小时内从心脏泵出的血液量超过了
一个人的体重,这么多血液怎么可能是由营养产生的呢? 如果不
承认持续循环的可能性,那么所有这些血液来自哪里,又去向哪里
呢? 如果孔洞不可见,因此观察不到,那么我们如何才能证明血液

从右心室流向左侧呢？由于室间隔比许多其他身体组织更坚硬、密度更大，为什么血液可以通过它（而不是例如海绵状肺组织）？鉴于心脏的两个腔室同时舒张和收缩，左室如何能从右室抽取血液？由于缺少肺系统的动物也缺乏右心室，认为右心室的功能是将血液运送到肺部难道不是更合理吗？最后，由于我们知道，即使切断一条小动脉也会导致身体在大约半小时内失去全部血液，我们怎么能断言只有一部分血液而不是全部血液在动脉中循环呢？

　　哈维将实验数据和问题应用于一个新的模型，在这个模型中，血液在整个身体内持续不断地循环。根据这个模型，心脏的首要过程不是舒张，而是收缩，或者说是心脏变硬和收缩（像压力泵一样）排出血液的那一刻；动脉之所以搏动，并非因为它们自己在舒张，而是从心脏流入它们的流体的压力造成的；静脉瓣的功能是防止静脉血从中心向四肢回流；从心脏流出的丰富的热血在身体末端被耗尽和冷却；血液从动脉末端流向静脉末端，并且不断地回到心脏，赋予身体以生命。手臂（和一般肢体）中的动脉位于皮肤表面以下的深处，而静脉则较浅。哈维做实验时用一根紧绷的止血带扎住肘部上方的手臂，发现它可以阻止动脉血流向手部；绑带上方的动脉变得膨胀，手部变冷，脉搏停止。另一方面，适度紧绷的绑扎可以防止血液从静脉流回心脏：静脉在绑扎下变得膨胀，手部变得红肿，脉搏微弱，但仍然感觉得到。

　　将哈维的发现置于语境中很重要。他着迷于血液循环的目的问题。作为亚里士多德主义者，他预先倾向于自然圆周运动的观念。在亚里士多德的哲学中，天体的圆周运动保证了宇宙的统一性。这条原则引导着哈维的血液循环研究，即通过血液持续的循环再生运动来维持身体这个小宇宙。此外,在整个人体内循环的血液是生命本源或灵魂的承载者(Pagel,1967:25,336)。他坚持心脏的首要地位,认为它是"小宇宙的太阳",或者说是支配这个有机体的最高统治者,这种坚持不禁让人回想起文艺复兴时期的"太阳文学",其中最伟大的代表人物是马尔西利奥·菲奇诺。

今天,我们认为一个受赫尔墨斯主义观念吸引的亚里士多德主义者的思想是令人不安的。然而,当哈维将一个机械模型用于古典知识和他自己的实验数据时,他更加令人困惑。盖伦曾将心脏比作灯芯,将血液比作灯油,将肺比作为之鼓风的仪器,而且假定血液燃烧并产生烟雾废料(Pagel,1967:132)。在这个模型中,动脉的舒张是因为一种生命力,而不是因为它们承受着压力。哈维的模型是一个液压机械模型:心脏就像一个泵,静脉和动脉就像运送液体的管道,血液是一种在压力下流动的液体,而静脉瓣就像机械阀门。

正是这种方法使哈维拒绝了法国医生让·费内尔(Jean Fernel,1497—1559)在一本通俗的生理学专著《医学的自然部分》(*Natural Parts of Medicine*,1542)中改造的精气学说。尸体的动脉、左心室和脑腔似乎都是空的,因此费内尔得出结论说,在一个活的身体中,它们充满了"以太精气"(ethereal spirit)。在哈维看来,费内尔和盖伦医学(区分了自然精气、生命精气和动物精气)中使用的"精气"一词是模糊不清和未经指明的,无法用于经验研究,总体上过于神秘。从经验上讲,"我们从未在任何地方找到那种精气"。哈维通过将精气概念提升到一个新的层次来证明它是合理的:精气既不是隐秘的力,也不是解释生命现象的无限力量,而是血液的经验特征或性质。哈维只是略微观察了肺部血液的氧合过程,毛细血管将血液从动脉输送到静脉也只是他的假说。英国医生理查德·洛尔(Richard Lower,1631—1691)后来在第一点上完成了哈维的理论。要想实际看到毛细血管,显微镜是必不可少的,1691年,马切洛·马尔皮基(1628—1694)第一次观察到血液经由毛细血管流入青蛙的肺部。

马尔皮基和罗伯特·胡克、扬·斯瓦默丹(1637—1680)和安东尼·凡·列文虎克都是17世纪伟大的显微镜学家。马尔皮基在1669年成为皇家学会会员。1661年至1679年间,他写了关于肺、舌头、大脑、内脏结构、鸡蛋中的胚胎形成和植物解剖学的一系列短篇作品。这些简明而清晰的专著体现了对事物分子结构的探究,这种探究既利用了显微镜,也利用了干燥和脱水之类的人工过程(Adelmann,1966)。

我们最早在关于机械论哲学的一章中邂逅了阿方索·博雷利。他将肌肉的运动能力归因于碱性血液与酸性神经汁液之间的某种化学反应,并把他的研究建立在一个用显微镜研究肌纤维的丹麦人尼尔斯·斯坦森(Niels Steensen)的理论基础之上。然而,博雷利以纯粹机械论的方式处理生理学的尝试只取得了部分成功:除了骨骼和肌肉运动的力学,更复杂的呼吸和营养问题都不能由17世纪无机化学的基本原理来回答。

卵源论者和精源论者

生物的繁殖是17世纪激烈争论的一个话题(Roger,1963;

161 Solinas,1967;Bernardi,1980),威廉·哈维对此作出了重要贡献。"万物源于卵"(*Ex ovo omnia*)的座右铭出现在《论动物的繁殖》(*De generatione animalium*,1651)的标题页上,他还创造了同样著名的说法——"所有生命源于卵"(*omne vivum ex ovo*);与现代定义相比,哈维把卵定义为从鸡或其他卵生动物的卵、蝴蝶的蛹直到大型哺乳动物的卵囊和羊膜囊的所有事物。

　　朗切斯科·雷迪(Francesco Redi,1626—1698)为古代的自发繁殖理论提供了实验反驳。根据这种理论,昆虫和小动物,例如飞虫、甲虫、蜗牛、水蛭和一些低等脊椎动物可以从死亡和腐烂的有机物中产生出来:尸体产生蠕虫,垃圾产生昆虫,酸醋产生醋线虫,黄蜂和马蜂从腐烂的马肉中产生,甲虫来自驴,蜜蜂来自牛。雷迪在《关于昆虫繁殖的实验》(*Esperienze intorno alla generazione degli insetti*,1668)中的方法是比较性的,他使用了今天所谓的对照组。他将不同类型的肉放入八个容器,四个密封,四个敞开。幼虫被观察到只存在于四个敞开的、经常有苍蝇光顾的容器中。这直接暗示,没有生命形态是因为没有空气。然后雷迪重复了这个实验,这一次他用纱布蒙住了四个容器,以使苍蝇接触不到肉,结果发现同样没有形成苍蝇幼虫(Redi,1668:95)。

　　和其他任何历史一样,出乎预料的事情也发生在科学史中。发生在雷迪身上的事情曾被理所当然地视为科学上的永久胜利。然而,另一项同样重要的科学发现似乎威胁到了对自发繁殖的否证。安东尼·凡·列文虎克(1623—1673)终生住在代尔夫特,他做的是门房工作,无法读写拉丁文,几乎没有能力撰写科学论文。然而,他的确制造了高倍透镜,对大自然充满好奇。他完全不知道今天所谓的"科学方法",但他确实想要用其透镜观察所有东西。50 多年来,他寄给皇家学会若干用荷兰语写成的长信,其中一些还附有精细的插图。他变得如此知名,甚至连彼得大帝也在代尔夫特拜访过他。1674 年夏天,列文虎克在代尔夫特附近的池塘水样本中发现了一群微小的、迅速移动的、有尾巴的圆形彩色动物。他在许多不同种类的水中都发现了这些小的生物体(原生动物)。在 1676 年的一封致皇家学会的长信中,列文虎克描述了这种经历,这封信发表于皇家学会的杂志《哲学会刊》(*Philosophical Transactions*),人们将如何看待雷迪关于自发繁殖并不存在的主张呢? 雷迪的主张似乎最多只适用于肉眼可见的那部分自然。但显微镜难道没有证明生命的扩散无边无际吗? 笛卡尔也曾区分过高级动物的繁殖(他认为这是通过混合雄性和雌性的精液而发生的)和通过加热物质而产生的初级生命形态。支持自发繁殖理论的人利用列文虎克的发现来支持传统学说(Dobell,1932)。

162

预成论

除了单孔兽(比如针鼹和鸭嘴兽),所有哺乳动物的胚胎都在其母亲体内发育,并由胎盘提供营养。这些动物被称为胎生动物。鸟、蛇和鱼等产卵的动物被称为卵生动物。出于自然界的统一性原则,到了 17 世纪中后期,胎生动物也通过看不见的卵进行繁殖的观点开始流行。雷迪已经表明,甚至连昆虫也能由卵孵化出来。在《论女性的生殖器官》(*De mulierum organis generationi inservientibus*,1672)中,赖尼尔·德赫拉夫(Reinier de Graaf,1641—1673)确证了哈维的卵源论。到了 18 世纪 70 年代初,卵源论已被普遍接受,尽管哺乳动物的"卵"直到 19 世纪初才被发现。1721 年,安东尼奥·瓦利斯涅里(Antonio Vallisnieri)宣称,卵肯定存在。

1679 年,列文虎克在致皇家学会的一封信中宣布他发现了"精液小动物"(spermatic animalcules,精子)。这一次是在人的精液中发现了"小动物"。它们身体浑圆,移动迅速,尾巴又长又细,有着明确的生命周期。凭什么认为这些小动物与他在池塘里发现的有任何不同呢?它们源于睾丸,他认为睾丸是人类生殖的原因。列文虎克还指出,一个人的精液中含有的这些小动物比地球上的人还要多。

因此,精源论及其众多追随对卵源论提出了挑战,认为一个成熟个体的预成胚胎起源于精子而不是卵子。基于这一理论,列文虎克等人再次强调了卵生动物和胎生动物的生殖差异。精源论是一个令人难以接受的理论:一个蠕虫般的微小动物怎么可能含有人的胚胎?为什么卵生动物的卵与它们的身体尺寸大致成比例,而不同物种的精子尺寸却或多或少是相同的?如果每个精子都潜在地包含一个完全的成年个体,那么大量从未成熟的精子又如何能与一个由上帝的无限智慧所支配的自然界的形象相调和呢?

163　　在 18 世纪初,卵源论似乎使精源论黯然失色。然而,卵源论者和精源论者都认为,卵或"蠕虫"(雄性或雌性的)包含着其物种的微小形式(雄性或雌性的)。为了更好地理解预成论(在法语中被称为"*emboîtement des germes*"),重要的是要认识到,预成论使人不必考虑生物体如何形成这一问题,而将生殖问题转化为生长问题。个体的生物体不是潜在地而是现实地包含在一个卵子或精子中,它既不是一个蓝图,也不是一个小型的模型,而是一个等待出生的完全形成的个体。受精不过是激活了一个已经完全组织起来的东西的生长,并使之开始有可见的发育罢了。这个生物体尺寸很小,隐藏在精子或卵子里。许多科学家试图借助于显微镜找到它,尼古拉·哈尔措克(Nicholas Hartsoeker,1656—1725)实际发表了一幅微型矮人的画,其头部位于手臂和腿之间,折叠在一个"蠕虫"内(Bernardi,1986)。

预成论使人不必通过活力或物质的组织能力来解释生命的起源,而且与机械论哲学非常一致。然而,这一理论引出了几个有潜在问题的结论。如果只考虑自然之中的生长机制,而否认将生物体各个部分组织起来的"力",那么一只在鸡蛋内部预先形成的小鸡,本身就含有预先形成的小鸡及其自身预先形成的鸡蛋。在《真理的追寻》(*Recherche de la vérité*,1647)中,尼古拉·马勒伯朗士(Nicholas Malebranche,1638—1715)对预成论给出了清晰的解释。自宇宙创生以来,生物体的种子就已经存在。它们以微缩的形式存在,并且彼此包裹。从现在起一千年后出生的个体与 9 个月后出生的个体同样完美,只不过要小得多。事实上,夏娃拥有从创世到末日审判的所有人类。

预成论当然是一种"奇特的"理论,不过,无限可分性的观念与当时关于事物无限性的观念和微积分理论是一致的。微积分理论家们提出,一个点与下一点之间存在着无穷多个点,它们形成了一条无限可分的连续的线,而这条线本身又无限可分,以至无穷:如果这样的观念正逐渐被人接受,17 世纪末的科学家们又怎么会觉得一种在今天看来奇特的理论令人震惊和无法接受呢?

第十三章 时间与自然

时间的发现

今天,我们认为地质学研究的是地球的起源、组成、结构、历史以及居住在地球上的生物,宇宙学研究的是宇宙的一般定律,也讨论宇宙的起源和命运。地质学和宇宙学都是关于地球和宇宙所经历变迁的相对较新的科学,它们与具有深刻革命性的"时间的发现"观念有关。

罗伯特·胡克及其同时代人在 17 世纪 30 年代认为,世界的年龄是 6000 年;到了 18 世纪八九十年代,康德及其同时代人知道地球的年龄是几百万年。生活在一个相对接近创世的时代(并且拥有一本按照时间顺序概述了整个世界历史的《圣经》),与生活在一个背后隐藏着——用布封伯爵的话说——几乎无限时间的"黑暗深渊"的时代,有什么不同吗?

在罗伯特·胡克的《论地震》(*Discourse on Earthquakes*,1668)与康德的《自然通史和天体理论》(*Universal Natural History and Theory of the Heavens*,1755)之间的 100 年时间里,关于地球历史和宇宙历史的讨论走上了截然不同的道路。问题不仅仅是不同的历史模型,而是历史本身可以是科学研究的主题吗? 如果物理学和自然哲学讨论的是世界本身（因为它是由上帝发动的），那么问世界是如何"形成"的有什么意义呢？这个问题仍然超出了科学的范围，并且被归于毫无根据的假说或者我们今天所谓的科幻小说。只有从"历史"角度研究自然被认为合法时，才会出现两种截然不同的理论模型：历史是均一的、无法觉察的缓慢过程（均变论），抑或是一幕幕剧烈的灾难、可衡量的跳跃和革命（灾变论）。 165

　　区分科学和伪科学并不总是很容易。深刻的形而上学假设与作为科学学科的宇宙论和地质学的建立是相关的。胡克、笛卡尔、牛顿和莱布尼茨不只在表述理论，他们的研究有着不同的目的、方向和限制。那些研究化石并且拼凑地球和宇宙历史的人不断提出一些大问题：这些东西与圣经叙事和神学有什么关系；与创世和《启示录》有什么关系；对唯物论和卢克莱修的学说应当采取什么立场；应该采用拟人化的世界观还是自然主义的世界观？关于科学和不同研究方法的不同观念不仅深刻影响了对理论的阐述，而且深刻影响了对自然本身的"观察"，影响了我们看待某些自然物的方式（Rossi，1979）。

奇特的岩石

　　我们现在看到的大量奇特的小贝壳状岩石是由地球的某种力量自然地产生的，还是由于洪水、地震或其他这类原因被运送到目前位置的原始贝壳遗存？鱼形石（*lapides icthyomorphi*）仅仅是形状奇特的岩石，还是石化的鱼的印记？在第一种情况下，我们称之为化石的物体被视为比在大自然中发现的其他石头和自然物

"更为奇特"的石头和自然物。在第二种情况下,则可以将其视为过去的证物或遗存,即早先发生的变化和过程的证据。在第一种情况下,物体只是被观察,而在第二种情况下,物体则像证物一样被观察和"解读"。

从把化石(*fossil*,来自拉丁词 *fodio*[挖掘])定义为在地球表面以下发现的任何石状物体,到把化石定义为曾经生活在地球上的有机体的遗迹或印记,不仅需要假设这些奇特的物体可以通过它们的起源来解释,也就是把它们解释为过去的遗迹或遗存,而且需要"在'化石物体'的连续谱中区分有机物和无机物"(Rudwick,1976:44)。一旦化石被视为证物,自然(不可变事物的领域)就不再能与历史(行动和变化的领域)相对照了。自然有它自己的历史,贝壳就是它的一些证物。

166　　　　除了在大西洋抄本和莱切斯特抄本中讨论海洋化石起源的达·芬奇,以及贝尔纳·帕利西(Bernard Palissy,1510—1590),在 17 世纪以前占据主导地位的是亚里士多德主义和柏拉图主义的解释。根据《论矿物》(*De Mineralibus*,一部伪作)的说法,化石源于在地表内部循环的一种石化浆(*succus lapidescens*)。伪亚里士多德主义者认为,太阳的热使烟雾在地球内部上升,形成金属和其他化石。关于化石形成的柏拉图主义解释诉诸各种力或力量(弹性力[*virtus plastica*]、石化力[*virtus lapidifica*]、植物力[*virtus vegetabilis*]):一个原始的"种子"产生了在地球内部像生物一样生长的化石。在《气象学》中,亚里士多德称地球内部是破裂的和有沟壑的,充满了巨大的空洞。他解释说,地震是地球内部由太阳引起的"风"使地球表面发生的震动。

自然物是如何形成的？

罗伯特·胡克(1635—1703)对自然志的看法比他的老师弗朗西斯·培根宽广得多。直到那时，自然志的目标一直是对自然物进行描述和分类，而不是研究自然随时间发生的变化。关于"贝壳"，胡克认为，科学必须研究"如何、何时以及在何种情况下，物体被置于它现在所处的位置上"。不仅从它们身上很难"辨别出任何年表意义"，而且自然的年表是成问题的。在《论地震》(写于1668年，但出版于他去世后的1705年)中，胡克又回到了化石问题(1665年在《显微图谱》中首次提出)，"迄今为止，它深深地困扰着所有致力于自然志和自然哲学的人"。他故意与亚里士多德主义和新柏拉图主义的理论拉开距离。他还认为，主张化石可以追溯到大洪水时代的理论不可能为真。胡克相信，地球和陆地生命形态是有历史的。一系列自然力量和物理原因(地震、洪水、火山喷发)已经改变了地球及其生物。从创世时代开始，"地球表面的一大部分就已经发生变化，其本性也发生了变化[……]很多过去不是陆地的部分现在是陆地，另一些现在是海洋的部分曾经是陆地，山脉变成了平原，平原变成了山脉"。地球起初是一个流动的球体，它慢慢结晶和固化，层层叠加而成。为了解释属于未知物种的化石的存在，胡克甚至放弃了物种永恒不变的观念，而赞成关于生物物种破坏和消失的假说："让我们证实，气候、环境和食物的变化常常会引起巨大的变化，这种变化无疑会造成动物形状和特性的巨大改变。"(Hooke, 1705: 334, 411, 290, 298, 327—328)尽管如此,胡克仍然把他的"历史"置于圣经叙事的狭窄范围内。他既不打算拒斥传统的 6000 年年表,也不打算质疑自然与《圣经》之间的"一致"。

在 17 世纪中叶,"解释自然"这一问题不再完全基于空间和结构的维度,而是渐渐与时间维度联系起来。分析和理解一种东西不仅涉及对它进行解构,而且要将它归结为微粒的运动,并且研究其几何特征。另一些问题正变得重要起来:自然物是如何随时间而形成的? 大自然是如何随时间产生某个物体的? 丹麦解剖学家尼古拉·斯泰诺(Niels Steensen 或 Nicholas Steno,1638—1686)以笛卡尔式的精确性概述了一个新的化石"定理"。在《导论:论固体内天然包含的固体》(*Prodromus*,1669)开头,他指出:"给定一个自然产生的某种形态的物体,我们要在这个物体本身当中找到它如何形成的证据。"(Steensen,1669)在《导论:论固体内天然包含的固体》中,斯泰诺显示出强烈的伽利略主义和笛卡尔主义倾向。物质的微粒理论被用来明确区分"晶体"与"贝壳"或化石。虽然地壳被无机物沉积和海洋化石残留所形成的分层所覆盖这一假说的根据是关于托斯卡纳地区的研究,但这种想法渐渐被认为是普遍有效的。该理论解释了在地层序列中发现的化石的存在,并且代表着重建地质事件序列的一次连贯尝试。数个世纪以来,由于火山喷发和地震,这些地层原初的水平位置已经发生了变化,随之而来的开裂、沉降和上升塑造了当前的景观。

在《导论:论固体内天然包含的固体》出版仅仅一年后,阿戈斯蒂诺·斯齐拉(Agostino Scilla,1639—1700),画家和福奏学院(Fucina Academy)成员,出版了《感觉所平息的徒劳的思辨:关于地球各个地方发生的石化海洋生物的回信》(*La vana speculatione disingannata dal senso*: *Lettera responsiva circa i corpi marini che petrificati si truovano in vari luoghi terrestri*,1660)。斯齐拉没有看到斯泰诺的著作,他反驳了那种"徒劳的思辨",即化石是在岩石里"生长"的,并认为它们的起源是有机的。他声称,化石"是真实的动物,而不是以前仅仅从石头状的物质中产生的自然的玩笑"。他不相信矿物是在矿山中"生长的",并嘲笑岩石的"植物性"理论。每当我们手拿鲨鱼的牙齿化石,都能在鲨鱼的颌中确定其准确位置(Scilla,1670:21,26,33,86—87)。斯齐拉一直自称画家,主张观察胜于思辨。他引述了卢克莱修和笛卡尔,虽然从未提到伽利略的名字,但他依赖伽利略的理论。除了感觉主义和怀疑论,斯齐拉只接受一种哲学,即那种"承认人的想法与自然运作之间存在着巨大差别"的哲学(Scilla,1670:105)。1696 年,威廉·沃顿(William Wotton)将斯齐拉著作的摘要提交给皇家学会,并于次年出版了《对一本关于海洋生物的意大利著作的摘要的辩护》(*A Vindication of an Abstract of an Italian Book Concerning Marine Bodies*)。在《原始地球》(*Protogaea*)中,莱布尼茨比较了来自墨西拿(Messina)的"聪明画家"所作的细致观察与基歇尔关于洞室墙壁上的摩西和基督以及玛瑙纹理中的阿波罗和缪斯的荒诞想象。

　　基歇尔的《地下世界》(*Mundus subterraneus*,1664)被广为阅读。他的地质学理论与《圣经》相一致,在造山作用方面,他确认了两种不同类型的山脉:一种与地球表面正交,直接由上帝创造,另一种则是在大洪水之后由自然原因所造。在这两种山脉中发现的化石都不是有机体的遗骸,而是一种石化力（*vis lapidifica*）和弹性精气（*spiritus plasticus*）的产物。他遵循赫尔墨斯主义传统,将在地球内部循环的水体比作血流。岩石内部显示了几何图形、天体和字母的痕迹,它们都是自然之中神性的象征。基歇尔这部大部头著作将出自"化学论哲学"的主题混合在一起,是对笛卡尔对地球和宇宙的机械论解释的替代。

　　科隆纳（Colonna）、斯齐拉和斯泰诺（他的书于 1671 年被译成英文）所讨论的化石来自第四纪全新世（用现代地质学术语来说就是"亚化石"）。由于它们并未呈现出与现存生物的任何显著差异,所以从现有证据更容易支持化石的有机起源论。马丁·利斯特（Martin Lister,1638—约 1702）、约翰·雷（1627—1705）和爱德华·卢伊德（Edward Lhwyd,1660—1709）收藏的化石可以追溯到侏罗纪和石炭纪,许多情况下在形态上不同于相似的物种或者（比如在菊石的情况下）不符合任何现存物种。利斯特认为它们是岩石,并拒绝接受斯泰诺的地质古生物学假说,指出化石不是均匀分布的,而是某些地层所特有的。大洪水的四十天时间显然不足以形成地壳的地层。化石的有机起源论突出了"现存有机体与化石动物之间的重要区别"。这些区别的意义（对于接受这种理论的人来说）必然导致承认,某些动物物种必169定已经灭绝。然而,灭绝似乎与现实的"丰饶性"和"存在的巨链"相矛盾,而且在造物主的作品中引入了不完美和不完整的要素:利斯特、雷和卢伊德固然是基于技术上的困难和不充分的证据而拒绝接受有机起源论,但岌岌可危的也有根深蒂固的形而上学信念。

地球的神圣理论

1680年,托马斯·伯内特(1635—约1715)出版了《地球的神圣理论》(*Telluris theoria sacra*),增补的第二版于1684年问世。正如他在序言中所说,他的地球理论可以被称为"神圣的",因为它不仅考虑地球的"普通自然哲学"(就像笛卡尔主义者所认为的那样),而且提出要解释《圣经》中描述的构成了神意"基石"的重大变迁(*maiores vicissitudines*):世界从原始的混沌中被创造出来,大洪水,末日大火,万物的彻底毁灭。为了保持大洪水的普遍性,而不是(像自由派思想家所认为的那样)将它归于地方历史的一章,有必要接受笛卡尔的观点,即地球曾经与现在不同。起初有"一种流体物质,它包含着被随意混在一起的所有物体的所有材料和成分"。上帝的道将混沌变成了一个世界:较重的部分按照比重的递减朝中心下降,其余部分则按照同样的原则被分成水和气。最初的地壳因一个沉积过程而形成,它完全光滑,没有高低不平的地点和山脉。地壳内部有"巨大深渊"的水体。风从未吹过、温度也从未变化过的这个完美表面就是伊甸园。一场世界范围的大灾难将这个球形的伊甸园变成了我们今天知道的充满裂缝的混乱形式,以及它的海洋和犬牙交错的大陆。太阳的热使地球干涸,地壳裂开,一场剧烈的地震破坏了世界的表面。然后下面的水体涌出,引发了大洪水,内部的蒸汽在两极凝结,并朝着赤道倾泻而下。地轴相对于黄道面倾斜,造成了季节和气候变化。当洪水退回到巨大深渊时(一个仍在发生的缓慢过程),地球处于剧变之中。这个世界并不能反映上帝的初衷,而是"一堆支离破碎的混乱物体,彼此之间没有任何秩序"。月亮和地球是"巨大废墟的形象或图像,它们的样貌就是处于碎石瓦砾中的世界"(Burnet,1684:249,109)。伯内特对瓦砾和巨大废墟的描述成了某种形而上学的主题动机(*leitmotif*)。废墟主题以及世界缓慢败坏和自然逐渐退化的观念,是巴洛克文化和新哥特文化的核心。伯内特试图使笛卡尔的创世记述与《圣经》协调起来。他相信上帝已经用一连串机械的自然原因使《圣经》中的事件"同步化"。伯内特肯定会惊讶于他的书影响了"崇高"观念史以及对山的遐思的兴起。伯内特的思想引发了激烈的争论。他的书一直被与丰特奈勒的《关于多重世界的对话》相比较,并且受到了牛顿主义者的强烈质疑。在《地质学或论大洪水之前的地球》(*Geology or a Discourse Concerning the Earth Before the Deluge*,1690)中,威廉·坦普尔(William Temple,1628—1699)固执地用《圣经》的段落反驳了伯内特的每一条主张。

宇宙逐渐衰落的形象与牛顿认为最好的可能世界是上帝工作的背景是不相容的。约翰·伍德沃德(John Woodward,1665—1728)是化石收藏家和格雷欣学院的物理学教授,因傲慢而被逐出皇家学会,他在《地球的自然史随笔》(*An Essay Towards a Natural History of the Earth*,1695)中反驳了伯内特的许多说法,并称其地球历史"虚构而牵强"。在英格兰发现的许多化石遗迹都是生活在地球上其他地方的动物的化石遗迹。根据伍德沃德的说法,与《圣经》相一致,世界已经被大洪水彻底毁灭:物质解体为各个基本部分,重新组合,又重新分离。化石正是这个过程的证据。大洪水之

170

后出现了一种适合人类生活的环境,因此地球表面的变化和改变一直是正面的。

在《造物中展现的神的智慧》(*The Wisdom of God*)中,约翰·雷(1627—1705)强调自然是上帝智慧的显现。将水体集纳到一个大容器中以及陆地的出现就是上帝智慧的两种表现,"因为在这些情况下,水体养育和维持各种鱼的方式与陆地养育和维持各种植物和动物的方式相同"。在献给牛顿的著作《新地球理论》(*A New Theory of the Earth*,1696)中,威廉·惠斯顿(William Whiston,1667—1752)对待宗教正统的态度更为模糊不清。这部著作阐述了三种宇宙论理论:(1)地球是由一颗质量等于地球但体积大得多的星云彗星冷却而成的;(2)地球撞击了一颗尺寸是其 6 倍、是月亮近 24 倍的彗星的尾部,导致地球内部的水体涌出,从而引发大洪水;(3)当这颗彗星或新的彗星靠近地球时,就会发生末日大火,导致水体蒸发,地球恢复其初始状态。1694 年,当时最伟大的天文学家之一埃德蒙·哈雷(1656—1742)已经提出了类似的看法。他最重要的著作《天文星表》(*Tabulae astronomiae*)在他生前一直没有发表(他担心被指控为无神论),1742 年他去世后才在《哲学会刊》上发表。

莱布尼茨和《原始地球》

莱布尼茨的《原始地球》(*Protogaea*)的命运很奇特。他于 1691 年至 1692 年间写了这本书,比伯内特的《地球的神圣理论》晚十几年,比伍德沃德和惠斯顿分别于 1695 年和 1696 年出版的名作更早。然而，它直到56年后的1749年才出版，也就是布封的第一版《自然史》(*Histoire naturelle*)的第一卷问世的那一年。1693年1月，一篇两页的摘录在莱比锡的《学人纪事》(*Acta Eruditorum*)上发表，但除此之外，布封对莱布尼茨的这部著作并不熟悉。

《原始地球》从几条明确的形而上学假设出发，它们以三种方式塑造了宇宙的历史：(1)世界的历史是从一开始就存在的隐含可能性的展开，就像在胚胎中一样被"预先编程"；(2)这个"程序"是上帝选择的，在宇宙之初占主导地位的并非混沌，而是神意或一般秩序法则，以使所有可能世界中最好的世界能够出现；(3)正是人的有限视角认为，世界历史正在通过变化和动荡而展开。莱布尼茨的宏大观点改变了这个问题的所有传统术语：机械论和目的论并非不相容，我们可以谈论世界和宇宙的历史，而不被指控持有自由派思想家、无神论者和唯物论者的异端邪说。通过把混乱和无序相对化，莱布尼茨中和了笛卡尔主义者和伯内特的立场，并为从经验上研究过去和现在宇宙和地球历史的变化铺平了道路。

即便是伯内特最令人不安和最具威胁性的理论成果也被认为是可以容忍的。虽然我们"生活在废墟上"，但它们并非衰败的证据，亦非缓慢的衰退过程的证据："混乱在秩序中产生"，甚至连最初的令人恐惧的扰乱也让位于平衡。起初，自然所形成的一切事物都是规则的，包括地球本身。褶皱和凹凸不平的出现要晚得多。如果地球起初是液态的，那么它的表面将是光滑的，根据一般的物体法则，所有固体都是由液体硬化而产生的。正如斯泰诺所说，这一点的证据是封闭在一个更大固体中的固体，例如"包裹在石头里的植物和动物等古代物体的遗存"。现在的坚固外层必然是由其中的物体形成的，"此外，它必定曾是液态的"。

因此，莱布尼茨从一开始就接受了笛卡尔主义框架并且吸收了斯泰诺的理论。由于白炽物质所产生的废物，曾经像恒星和太阳一样发光和白炽的地球变成了不透明的物体。热集中在内部，外壳已经在一个与熔炉的工作方式类似的过程中冷却和硬化。如果玻璃是通过加热土和石头而产生的，那么"地球的巨骨、裸露的岩石、永存的硅石在物体的那次原初熔合中几乎完全玻璃化"就是合理的。作为地球基础的玻璃隐藏在其他物体的微粒中。这些被水腐蚀和分裂的微粒经历了若干次蒸馏和升华，直到产生一种能够滋养植物和动物的淤泥。在冷却过程中，地壳的硬化产生了充满空气和水的巨大气泡。根据材料和温度的不同，物质以不同的速率冷却，有些物质会塌陷，形成高山和山谷。从深渊中上升的水体与从山上流下的水体相连，导致洪水泛滥；由此产生沉积物，该过程不断重复，导致层层叠加。只有地球的原始岩石或基岩是由原初熔合之后的冷却而产生的。正如地层的存在所证明的，其他类型的岩石都是在不同阶段的沉淀引起崩解之后重新凝结而成的。

莱布尼茨知道，他对"世界的黎明"的讨论包含着一门"新科学或自然地理学"的种子。他自信已经找到了"地球的骨架或者说可见的骨骼结构"的一般原因，这种骨架是由喜马拉雅山脉和大西洋山脉、阿尔卑斯山脉和巨大的洋底形成的。此结构呈现出稳定性的要素：它是一个过程的结果，这个过程结束时"产生了一种更加一致的事物状态，此状态源于各种原因的中止和平衡"。一旦达到这种状态，所有后续改变就不再是"一般"原因的结果，而是"特定"原因的结果。

正如人们正确指出的那样,莱布尼茨与许多同时代人相比,"洪水论者"(diluvian)的成分更少(Solinas,1973:44—45)。他强调斯泰诺的理论,既是为了解释地层的存在(曾经水平,后来倾斜),也是为了解释化石遗存。他确信化石的有机起源,他为支持

173 这一理论和反对其对手而提出的论据非常敏锐:"我本人就有印刻着鲻鱼、鲈鱼、银鱼的岩石碎片。我曾亲眼看见一条巨大的狗鱼,它身体弯曲,张着嘴,仿佛被活埋一般,在可怕的石化力的作用下逐渐僵硬[……]。在这个问题上,许多人到'自然的玩笑'(*lusus naturae*)这样一个毫无意义的观念中寻求逃避"(Leibniz,1749:29—30)。莱布尼茨始终不认同这样一种观点:"目前在地球上漫游的动物曾经是水生动物,一旦被剥夺了那种要素,就慢慢变成了两栖动物,直到它们的后代最终放弃了其祖先的家园"(Leibniz,1749:10)。这一假说不仅与《圣经》相抵触,而且非常成问题。然而,莱布尼茨并没有排除动物物种发生变化的可能性。许多人似乎对化石物种的存在感到惊讶,"我们知道在地球上寻找这些化石物种是毫无意义的,但动物物种在地球的灾难性事件中发生了很大变化是言之成理的"(Leibniz,1749:41)。

牛顿主义者和笛卡尔主义者

理查德·本特利(Richard Bentley,1662—1742)在 1691—1692 年的波义耳讲座中提出的牛顿的物质理论和宇宙结构理论,被用作弹药来反对伊壁鸠鲁主义者、自由派思想家以及 1668 年革命之后出现的一种流行的千禧年主义的支持者。伯内特的思想与

千禧年主义有关,而牛顿的自然哲学则在很大程度上被用作一种意识形态。本特利在 1692 年 11 月 7 日的讲座题为"由世界的起源和形成来反驳无神论",反对"关于世界形成的无神论假说",并把"机械的"(*mechanica*)一词等同于"偶然的"(*fortuitous*)。在《对伯内特博士的地球理论的考察》(*Examination of Dr. Burnet's Theory of the Earth*, 1698)中,牛津牛顿物理学的第一任教授,著名的《真物理学导论》(*Introduction to True Physics*, 1700)的作者约翰·凯尔(John Keill, 1671—1721)严厉抨击了那些"世界制造者"或者想象中的世界的创造者,"洪水制造者"或者想象中的洪水的创造者。他们号称"知道自然的秘密本质,仅仅基于物质和运动的原理就来告诉我们上帝究竟如何创造世界"。如同异教哲学家和诗人,他们"粗鲁、傲慢、放肆",其厚颜无耻曾受到"本世纪的世界制造者当中最重要的人物"笛卡尔的鼓励。

　　和其他许多牛顿主义者一样,凯尔将 17 世纪 90 年代伟大的笛卡尔主义宇宙论贬低为科幻小说的层次。他诉诸牛顿科学的重要性、其定律的确定性以及定义的严格性。在牛顿主义者反对荒诞的"世界制造者"理论和诉诸牛顿物理学背后,有三条不容置喙的重要假设:(1)地球和宇宙的历史不能完全用自然哲学来解释,且包含若干奇迹事件;(2)圣经叙事的真实性不容怀疑;(3)有必要承认自然之中存在着目的因,采用一种拟人化的观点是完全合法的,甚至在物理学领域也是如此。

第十四章　分类

"鳞茎早熟禾"

175　　考虑一种在欧洲草地上经常能够看到的有蓬乱叶子和绿花的植物，它如今被列入禾本科（Graminacea）。根据伟大的瑞典植物学家卡尔·林奈（Carolus Linnaeus）提出的目前仍在使用的分类系统，我们称之为"鳞茎早熟禾"（*Poa bulbosa*）。这个由两部分组成的名称将这种植物定位于一个系统中。植物（或动物）分类或分类学是处理分类问题的学科，它已经命名了一百万种以上的动植物物种（仍有许多昆虫和和小虫有待分类）；它将不同的形态统一在越来越宽和越来越一般的组内：宗、种、属、科、目、纲、门、界。

　　如果熟悉分类系统的结构，你就会知道，这种小小的植物的名称里包含着极为丰富的信息。林奈的双名命名法很实用。由两个词可以确认一种生物体：第一个词定义它的属，第二个词定义它的种，将它与同一属的所有其他种区分开来。林奈说，这就像人的姓和名一样。对种的鉴定不仅意味着区分它，而且意味着确认它与同一属的其他种的相似性。使用拉丁名是为了避免国别语言的麻烦。林奈将他的系统比作一支分为团、大队、排和小队的军队，认为这是一个由越来越具有包容性的群组组成的等级结构。每一个受限的层级都在逐渐限制生物体的特性,而每一个更具包容性的层级都包含越来越多的特性和类似的生物体。每个词都对应于等级结构中的一个位置。想象我们从一个漏斗内部向上爬,发现自己在每一个新的层级都与越来越多的生物为伴。唯一与我们人类(智人,*Homo sapiens*)处于同一层级的物种是已经灭绝的直立猿人(*Homo erectus*)。随着不断升高,我们发现了人属(*Homo*),然后是人科(*Hominidae*),包括类人猿和猴子,然后是灵长目(*Primates*),其特点是对生拇指和巨大的大脑,然后是哺乳纲(*Mammalia*),哺育其后代的热血动物,然后是脊索动物门(*Chordata*),在某个阶段具有与脊椎动物相同的特征,最后是动物界(*Animalia*),是所有不能进行光合作用的生命体的集合。当然,同样的操作也可以按照相反的顺序来执行,即沿漏斗壁向下。

17 世纪末,伟大的法国植物学家约瑟夫·皮顿·德·图内福尔(Joseph Pitton de Tournefort,1656—1708)用了 70 个词和一幅画来表示天竺葵,用了 15 个词来表示林奈的"鳞茎早熟禾":*Gramen Xerampelinum, miliacea, praetenui, ramosaque sparsa canicula, sive Xerampelinum congener, arvense, aestivum, gravem minutissimo semine*。我们从林奈的双名描述中学到的东西要比从图内福尔的 70 或 15 个词的描述中学到的多得多。

分类

对分类的普遍看法是,给动物和植物起拉丁名是一种有点笨拙的做法。这种常见观点指向的是这样一种讽刺画:"最好的分类学家一直旨在寻求一种能够反映秩序原因的'自然的'系统,而不只是一种人为的分类系统。"(Luria,Gould,Singer,1981:661)当代生物学中争论最激烈的话题之一就是支序分类学或这样一种分类系统,它排除了生物之间任何"相似性"的概念,只基于共同的演化后代来操作。正是演化问题在 19 世纪的引入使分类工作复杂化了。然而,从 16 世纪中叶到 18 世纪初,也就是本书涵盖的时期,分类涉及的是一个相对固定的物种世界,跳蚤、苍蝇、大象、马和长颈鹿与它们从造物主手中诞生的那一天没有什么不同。

　　如下问题需要分别考虑:(1)为了分类的目的,自然理论和语言理论的关系;(2)分类不仅关乎知识,也关乎记忆;(3)分类语言的诊断功能,因为它必须抓住本质的东西,忽略表面或偶然的东西。

普遍语言

177　　　在 17 世纪末的欧洲,一些人努力创造一种"哲学的"、"人工的"、"完美的"或"普遍的"书面语言,能够(或者说语言理论家希望能够)克服自然语言造成的混乱。它将是一种"符号"语言,这些符号并非指涉声音,而是直接指涉"事物"。因此,培根和莱布尼茨对汉字和埃及象形文字特别感兴趣。对事物的图像表示应当直接指事物本身(以计算机图标或两个学童过马路的路标的方式)。然后,图像可以独立于人的口头语言来理解:它以不同的方式被书写和言说,但以同样的方式被普遍理解(无论是什么语言)。为什么不把它用作创造一种书写规则和实际语言的基础呢?这难道不会最终把人类从语言变乱——上帝对人类建造巴别塔的惩罚——中

解放出来吗?(Rossi,1983;Eco,1995)

普遍语言的顶尖理论家乔治·达尔加诺(George Dalgarno)和约翰·威尔金斯分别于 1661 年和 1668 年出版了自己的著作。以下是他们的一些观点,这些观点后来影响了 17、18 世纪的动植物分类学家:

(1)自然语言与哲学的或普遍的语言之间存在着根本区别。普遍语言所使用的符号系统必须独立于实际的口头语言来理解,其语法必须不同于自然语言。

(2)哲学语言最重要的目标是创造出字符,这种字符利用了人们对一个事物普遍持有的心理意象,而不是目前使用的该事物的名称。

(3)哲学语言中使用的表述必须是"有条理的":也就是说,它们应当能够说明事物之间的关联和关系。

(4)一个表述与它所代表的事物之间的关系必须是明确的,必须给每一个事物和概念都指定一个明确的表述。

(5)普遍语言的计划意味着一部普遍百科全书的方案,或者说除了精确的分类,还要对必须指定一个表述或传统"标记"的所有事物和概念进行完整有序的列举。

(6)创造一部百科全书对于语言的运作是必不可少的,而且需要(培根意义上)"表"(*tabulae*)的合成。正如笛卡尔已经指出的,178 既然一种完美的语言要求对所有现存事物进行分类,所以百科全书的界限和语言的界限是相同的。

(7)百科全书(即使是不完整的)保证了每一个表述也将是对一个事物或概念的精确定义。当一个符号指明了一个事物或概念在百科全书的表所反映的自然物的有序整体中的确切位置时,这个定义就是精确的。

（8）威尔金斯写道："这些表的主要目的是对所有事物和概念进行充分的列举，以使每一个事物的位置都有助于描述其本性。指出它所属的一般和特殊的种类，以及它与其他同类事物的常见差异。[……]通过了解事物的名称，我们将同时了解它们的本性。"（Wilkins，1668：289）

用来讨论自然的语言

从寻求一种普遍语言可以平稳地过渡到对自然物进行分类的计划。为什么会有一位学者声称，威尔金斯主教曾提议"用语词来做林奈后来对植物所做的事"，似乎是非常清楚的（Emery，1948：176；参见 Rossi，1984）。但这并非巧合，并不是"语言学家"与植物学家的思考之间的简单类比。1666 年，威尔金斯同时向植物学的重要奠基人约翰·雷（1627—1705）和动物学家弗朗西斯·威洛比（Francis Willughby，1635—1672）求助，因此能在自己的书中写下"对所有植物和动物的科进行准确的列举"（Ray，1718：366）。此后威尔金斯与雷之间的讨论在许多方面都很有意思。

1682 年，牧师约翰·雷出版了《植物新方法》（*Methodus plantarum nova*），1686 年又出版了《植物志》（*Historia Plantarum*，1686—1704）这部巨著的第一对开本：3000 页的内容被分为三卷对开本，描述了 18000 个物种和变种，又基于形态学特征将其细分为 33 个纲。雷第一次区分了单子叶植物和双子叶植物，并引入了对物种的现代定义，即来源于相同种子的一组形态相似的个体。然

而,雷是一个兴趣广泛的人。除了植物学,他还讨论过神学、大
洪水和化石,修辞学和科学,以及广为争论的现代人的优越性问
题。他在 1674 年和 1675 年出版了两本字典:《不常用的英语词》
(*A Collection of English Words not Generally Used*)和《三语词
典》(*Dictionariolum trilingue*)。他对语言的兴趣并不业余,对威
尔金斯计划的兴趣也并非肤浅。事实上,他承担了一项吃力不讨
好的工作,将威尔金斯的所有文章译成拉丁文,以便整个欧洲的学
者都能接触到它们(Ray,1740:23)。

　　在雷看来,威尔金斯满怀希望的"完美"分类是不可能实现的。
雷不像威尔金斯那样相信自然能被几何地、对称地安排。例如,他
不认为草本植物三个类中的每一个还能继续细分为九种"种差"。
面对这样的要求,雷指出,自然不作跳跃;它产生了难以分类的中
间物种,其表面上的连续性是一系列难以察觉的步骤的结果。

命名就是认识

　　"要想精确地执行这一计划,"威尔金斯写道,"关键是计划背
后的理论要精确利用事物的本性。"(Wilkins,1668:21)若能理解
事物的特性和名称,就能了解事物的本性。如果术语之间的关系、
比较和关联能够再现它们所命名事物之间的关系、比较和关联,那
么命名就等同于认识。正如林奈简洁表达的:"植物学的基础有二:
归类和命名。"(*Fundamentum botanices duplex est:dispositio et
denomination*)(Linnaeus,1784:151)

　　巴黎植物园的植物学教授约瑟夫·皮顿·德·图内福尔

(1656—1708)将其分类系统仅仅基于属之上。他在《植物学基础或植物识别方法》(*Eléments de botanique ou méthode pour reconnaître les plantes*,1694)和《草木之学导论》(*Institutiones rei herbarie*,1700)中描述了大约700个种类和10000个以上的物种。图内福尔同样确信,植物的特性或区别性特征与其名称密切相关、不可分离。他认为植物学远不只是对植物属性的研究,也不应仅仅视为药理学和医学的婢女。盖伦和迪奥斯科里德斯(Dioscorides)曾对医学作出了重大贡献,但他们一发现植物就随意为之命名,从而忽视了植物学。为了将植物学提升到科学层次,必须"先研究植物的名称,再开始研究植物"(Tournefort,1797:Ⅰ,47)。他知道,一种真正精确和完美的语言需要彻底推翻现有的术语,并且留意传统和历史术语:"如果植物尚未得到命名,那么通过简单的名称——其结尾会暗示同属和同纲的植物之间的关系——来了解它们将是有助益的[……]。要做到这一点,就需要推翻所有植物学术语;在这门科学之初是不可能实现这种精确性的,因为人们必须在发现一种植物的同时就为其命名。"(Tournefort,1797:Ⅰ,48)因此,植物学因为某种原罪而远非完美:"出于某种噩运,古人越是显示药物的多种用途,就越是忽视植物学。事实上,他们根据植物的效力为之发明了新的描述名称,但却没有以并非任意的方式为之命名的规则。"(Tournefort,1700:Ⅰ,12—15)

记忆辅助

在法兰西学院为图内福尔致的悼词中,丰特奈勒指出,图内福尔"为无数随意散落在大地上和海洋深处的植物赋予秩序,使我们有可能按照类型和种、以易于记忆的方式将其分类,以使植物学家的记忆不致被无数名称的重负所压垮"(Fontenelle,1708:147)。许多人都认为,分类是一种宝贵的记忆辅助,它作为新科学方法的不可或缺部分的必要性一直被弗朗西斯·培根所倡导。培根虽然提出了批评,但他仍然广泛利用了西塞罗记忆术的深厚传统(参见Rossi,1983;Yates,1966)。

并非只有丰特奈勒提出,记忆会被信息的重负所累。正如我们所知,从 16 世纪中叶到 17 世纪中叶,自然科学的总体状况发生了巨大的变化,这也包含大量的信息。德国大植物学家奥托·布伦费尔斯所著并由丢勒的学生汉斯·魏迪茨绘制精美插图的《植物活图谱》(1530)记录了 258 种不同的植物。仅仅 100 年后,瑞士自然志家卡斯帕尔·博安(Gaspar Bahuin)在其《植物剧场谱录》(*Pinax theatri botanici*,1623)中收录了大约 6000 个种,正如我们所见,约翰·雷在他的著作中讨论了 18000 个种。

自然科学中的这种情形的确很复杂,混乱笼罩着那个时代。约翰·弗里德里希·格梅林(Johann Friedrich Gmelin)在林奈著作的德译本中展示了 27 种不同的矿物分类系统,从 17 世纪中叶到 18 世纪中叶,整个欧洲都在使用这些矿物。至于其科学的历史,这位瑞典大师的追随者们都认同一点,即林奈最为关键地终结了一个混乱的时代。一位俄国学生写道:"在过去的一百年之前[181],自然科学几乎没有得到什么发展[……]。关于古典时期,恐怕我在此处和彼处遇到的对自然物的描述都异常缺乏,以致相当无用。仅凭记忆是不足以描述这么多对象的,古典作者们既没有确立一套明确的术语,也没有按照任何秩序或系统来安排这些对象。"
(Linnaeus,1766:Ⅶ,439)

本质与偶然

为了更好地理解与普遍语言相联系的分类和亚里士多德的分类之间有何区别,让我们来看看安德烈亚·切萨尔皮诺在 16 世纪末的雄心勃勃的尝试,他试图根据亚里士多德的质料与形式原则来建立一门植物学-动物学。在《植物十六书》(*Sixteen Books on Plants*,1583)中,他指出,植物和动物一样包含着一种生命本原,是更复杂的有机体的简化版本。换言之,植物是上下颠倒的、头在土壤中的动物:它的根是用来取食的嘴;果实相当于胚胎;汁液就像血液。格斯纳(1516—1565)同样需要在这一语境下被铭记:《动物志》(*Historia animalium*)按照拉丁名称的字母顺序列出了各种动物,总共有 4500 对开页。丢勒绘制的著名的犀牛图便是该书文本所附的数千幅精美的雕版插图之一。

许多历史学家和知识学家完全忽视了 17 世纪的植物学家、动物学家、矿物学家以及所有研究"自然事物"的学者在对自然物制表方面所取得巨大成就的意义、巨大体量和重要性。

抓住本质,忽略表面:应该到何处寻找本质,又如何将其与表面事物区分开来呢? 古典时期和文艺复兴时期的作者们详细讨论了与特定植物或动物相关的隐喻、神话和传说,是否适合作为食物,其可能的用途,以及诗歌和文学对它的描述。在 17、18 世纪,植物学和动物学著作将所谓的文学部分置于一本书的末尾,使之类似于一

个引人好奇的附录。虽然英国医生和自然志家约翰·约翰斯顿
(John Johnston, 1603—1675)在《论四足动物》(De quadrupedis,
1652)中仍然将独角兽与大象放在一起,但他在其多卷本的自然志
中删去了曾被乌利塞·阿尔德罗万迪(1522—1605)包括进来的大
部分文学讨论。

　　对本质的追求当然采取了若干种不同的路径。约翰·帕金森 182
(John Parkinson)《植物剧场》(Theatrum botanicum, 1640)中的
17 个植物纲包括芳香的、有毒的、催眠的、有害的、抚慰的、温热
的,以及伞形植物、谷物、沼泽植物、水生与海洋植物,树木和结果
的树,异域的和不常见的植物。图内福尔将乔木、灌木和草彼此区
分(林奈拒绝接受这种区分),并依据花冠对其作了进一步区分,尽
管他也利用了它们的果实、叶和根之间的不同。基于药用和产地
的区分已经过时了。林奈采取的进路——基于植物生殖器官的分
类——并不容易,因为植物的性已经被马尔皮基和图内福尔这样
的科学家所拒斥,直到 19 世纪上半叶才被普遍接受。动物界的情
形要更为复杂。林奈将哺乳动物、鸟、两栖动物和鱼归为红血动
物,而将昆虫和蠕虫归为两种白血动物。虽然林奈最早将人归为
一种动物,但他将人连同类人猿和三趾树懒一起归入四足动物也
是事实。此外,他还认为犀牛是一种啮齿类动物,而两栖动物纲包
括鳄鱼、乌龟、蛙、蛇以及鲟鱼和鳐鱼。他将鱿鱼、墨鱼和章鱼归入
蠕虫纲。

第十五章　仪器与理论

感官辅助

　　在现代科学的意义上,"看"这个词几乎完全指阐释由仪器产生的标记。在使用哈勃望远镜的天文学家与激发天体物理学家和所有人想象力的那些遥远星系之间,有数十个复杂的装置:一颗卫星、一个镜组、一架望远镜、摄影设备、将图像数字化的扫描仪、控制摄影的计算机、数字图像的扫描和存储、将图像以无线电信号传送到地球的太空设备、将无线电信号转换为计算机代码的地面设备、重构图像并为之着色的软件、视频设备、彩色打印机,等等(Pickering,1992;Gallino,1995)。

　　在科学哲学著作《表征与干预》(*Representing and Intervening*)中,哈金(Hacking)指出,为了理解科学是什么以及科学做什么,必须将两个术语放在一起。科学由理论和实验这两项基本活动所组成。理论试图说出世界是什么样的;实验验证理论,随后的技术可以改变世界。我们表征,我们干预。我们表征是为了干预,我们根据我们创造的表征进行干预。从科学革命开始,一种集体的方法论赋予了三种基本的人类兴趣以充分自由:推测、计算和实验。这三者的合作使每一个领域都得到了极大丰富(Hacking,1983;

31,246)。弗朗西斯·培根教导说,科学不只是对未加工自然的观察。人的感官通过使用仪器而提升。和当代物理学中的粒子一样,牛顿的光线并非自然事实,而是由仪器引发的"事实"。培根强调,在自然面前,我们也必须"拨弄狮子的尾巴"。从这个角度看,科学仪器的历史并非外在于科学,而是科学的一个不可或缺的基本组成部分。

这样的例子可见于 17 世纪关于空气的重量以及世界的存在和本性的争论。在《物理学》的第四卷中,亚里士多德将空间定义为包围一个物体的不动的界限,并且拒绝承认真空的存在。他认为真空中的运动是不可能的,因为按照他的力学,倘若真空中的运动是可能的,那么这种运动要么是瞬时的,要么是无限的。此外,物体无论重量如何,都会以相同的速度下落。"自然憎恶真空"和"惧怕真空"等表述开始出现在 13 世纪的文本中,成为司空见惯的术语。正如将物质定义为广延的笛卡尔主义者们后来所断言的那样,当充满宇宙的物质从一个位置移动到另一个位置时,它会立即被其他相邻的物质所取代。而 17 世纪的哲学家们则从第欧根尼(Diogenes)、西塞罗的著作特别是卢克莱修的《物性论》中引入了一种不同的、与亚里士多德相反的古代真空观。卢克莱修(其思想对布鲁诺有很大影响)持这样一种观点:为数众多的世界随机散布在整个无限的空间中。用辛普里丘的话说,甚至连斯多亚派也认为,一个充满的、有限的球形世界被一个没有世界和物质的三维真空包围着(Grant,1981)。

1644 年,在佛罗伦萨,埃万格利斯塔·托里切利指导他的学生温琴佐·维维亚尼把一根管子灌满水银,将管子的一端封住,并

184

将其开口端倒置于盛有水银的盘子里。管子里的水银面下降到离盘子里水银面大约 760 毫米的高度，从而在倒置的管子顶部留下一截空的空间。是什么决定了水银高度的变化？空气有重量吗？管子里水银面上方"空的"空间的本质是什么？这个水银实验至今仍然被称为"托里切利气压计实验"。

　　从 1645 年到 1660 年，人们给出了若干不同的回答。亚里士多德主义者拒绝承认空气可能有重量，也不承认可能存在空的空间，他们认为管中仍然留有少量空气，管中的水银面下降时，这些空气膨胀到了最大程度。笛卡尔及其追随者们承认空气压力的概念，但拒绝承认真空；他们认为，水银上方的空间充满了一种能够穿透玻璃管的极为精细的物质。坚定的反笛卡尔主义者吉尔·佩尔索纳·德·罗贝瓦尔接受真空，但拒绝承认大气压或空气重量的可能性。

185　　托里切利观察到水银柱高度是变化的，因此认为这种仪器可以用来测量大气压。差不多同一时间，在法国鲁昂，年轻的布莱斯·帕斯卡——他已经发表了一篇关于圆锥曲线的论文，并且发明了第一台计算机——开始用玻璃管进行实验，这些玻璃管的长度和形状大相径庭，只有当地的工业玻璃厂才能提供。他的实验证明，水银柱的高度始终保持不变，因此他否证了这样一条假说，即空的空间的体积之所以保持不变，是因为留在管子里的空气的稀薄程度已经达到最大。他充分利用玻璃厂生产大块玻璃的技术能力，在一个实验里他将 14 米长的管子固定在可移动的船桅上，在里面盛满水或红酒，并将其倒置在盛满同样液体的容器中。他还设计了一个在当代物理学教科书中仍会提及的实验：在山脚下测量的

水银柱在升至山顶的过程中会发生什么变化？1648 年 9 月 19
日，帕斯卡的姐夫弗洛兰·佩里埃(Florin Périer)在奥弗涅的多姆
山(Puy-de-Dome)完成了这个"关于液体平衡的重要实验"(La
grande expérience sur l'équilibre)。一个月后，帕斯卡发表了一份
详细的报告。1647 年，帕斯卡出版了《关于真空的新实验》
(*Expériences nouvelles touchant le vide*)，1653 年，他又出版了
《论液体平衡和空气的重量》(*Traités de l'equilibre des liqueurs
et de la pesenteur de la masse de l'air*)。1647 年，他仍然相信自
然憎恶真空，但是到了 1648 年，他提出，重力和大气压——而不是
对真空的惧怕——才是其实验结果的真正原因。

　　奥托·冯·盖里克与罗伯特·波义耳的实验研究也对解决真
空和大气压的问题作出了重要贡献。1654 年，马格德堡市长冯·
盖里克面对着在雷根斯堡召集的帝国议会做了一个令人叹为观止
的实验。两个直径约 24 厘米的黄铜制的半球被合在一起形成了
一个球，将里面的空气排出。随后，两个半球被两组 4 匹马费力地
分开了。随后的一个实验则用了 24 匹马才将两个更大的半球分
开。罗伯特·波义耳设计了他自己的"真空中的真空"实验(帕斯
卡也做了这个实验)，在这个实验中，他使用的仪器类似于托里切
利的仪器，标记出水银面，将仪器密封在一个空气逐渐被抽出的容
器中。由于容器中气压的下降，所以水银面慢慢下降。波义耳并
没有把他在实验中创造的真空称为真空。他不想被贴上"真空论
者"或"充实论者"(plenist)的标签。这个空的容器中是否不含有
任何"精细的或以太的"物质？波义耳犹豫是否要宣称这一点，他
认为这与其说是一个物理学问题，不如说是一个形而上学问题，

因此它处于"实验哲学"的领域之外（Dijksterhuis；1961：457；
186 Shapin and Shaffer，1985）。正如戴克斯特豪斯所说："他们虽然
已经使自然不再惧怕真空，但对真空的惧怕后来又占据了他们自
己的头脑[……]。将在物理学中发挥重要作用的诸多以太理论便
是令人信服的证明。"（Dijksterhuis，1961：457）

　　托里切利的气压计是 17 世纪六大科学仪器（显微镜、望远镜、
温度计、气压计、空气泵和精密表）之一，与学术的进展密切相关。

思想辅助

　　如前所述，科学革命之后的科学以理论、计算和实验为典型特
征。人类历史上最强大的理论工具无疑是从 17 世纪中叶到 18 世
纪初出现的新数学。

　　无限性和连续性的问题处于新数学方法的核心。在计算火星
与太阳在不同轨道位置的距离时，开普勒意识到自己的主要错误
在于认为，行星的轨道是一个正圆。的确，他宣称，具有极大权威
性的一个致命错误使他浪费了宝贵的时间。开普勒在暗指什么？
根据古人的说法，圆的完美性在于，圆周上的每一点都既是结束又
是开端。同样，直线上的开端与结束是不可设定的，直线运动永远
不会完成。亚里士多德区分了潜能与现实，而且只承认潜无限。
无限是不真实的，无论是作为实在本身，还是作为某个真实事物的
属性。不能将无限归于任何事物或其部分。当我们说时间或数是
无限的，或者一个连续体无限可分时，我们的意思仅仅是，例如，数
与数的相除或相加的动作可以重复无数次。亚里士多德认为，通

往无限的道路仅仅在于道路的无限性(Wieland,1970)。

　　让我们试着澄清为什么现代的无限概念如此不同于无穷无尽地将一个事物与另一个事物相加。科学革命之后,人们对无限性和连续性作了不同的构想。一个数与下一个数的相继是不连续的,而一条直线上无限个点的相继则是连续的,说一个点紧随着另一个点是没有意义的;相反,一个点与下一个点之间存在着无数个点,这些点形成了一条连续的线段,该线段本身又可以被无限地分成各个连续线段。从一个点移动到下一个点,需要经过无数个点;一个真正的无限而不是可以被构建的无限;一个实无限而不是潜无限(Lombardo Radice,1981:12)。一条连续的线被认为可以被分成无数个不可分部分之和。

　　也许希腊人对一个无终止的过程的观念感到恐惧;他们肯定认为我们所谓的无限悖论是不可逾越的障碍(Kline,1953:57)。几何学中用来计算面积的穷竭法避免把无限和无穷小量当作证明的对象:为了证明某个图形有给定的面积,可以假设它的面积更大或更小,然后考虑一系列内接或外切的图形,它们越来越接近给定图形的面积,直到通过归谬法得出结论,这个面积不可能更大或更小。同样的过程被用来计算立体和体积。

　　1615年,开普勒巧妙地回答了以下问题:为什么在容量相同的情况下,酒桶的形状就木材使用量而言最经济? 他采用无穷小量而不是穷竭法解决了酒桶体积的问题,以及为什么这个特定的形状使用了尽可能少的木材。他将这个形状分解成无穷小的部分,但没有讨论其方法的意义。伽利略的工作包含着原子论的思想,他声称,由于一个连续体可以被分成若干个本身必然可分的部分,因此,它必定由无限的不可分的或无维度的"非量"所组成。这并不是一个纯数学问题:伽利略将无维度的不可分者的存在与液体的组成以及凝聚和稀疏现象联系起来。在《关于两门新科学的谈话》中,他问是否可能比较两个无限集,他使人们注意到,在比较整数的无限集与整数平方的无限集时会产生悖论。把 1、2、3、4、5 等数写成一行,在其下方写上其平方数 1、4、9、16、25 等。每个整数同其平方数之间显然存在着一一对应。同样显然的是,第一个数列应该大于第二个数列,因为它既包含平方数,又包含非平方数。那么,一个无限怎么可能大于或小于另一个无限呢? 伽利略不得不面对无限集合的一个基本性质:集合的一部分可以与整个集合在大小上相同。在《关于两门新科学的谈话》中,萨尔维阿蒂正确地得出了完全平方数集不小于整数集的结论,但并没有进而断言两者大小相等。伽利略认为,人的有限理智无法谈论无限,"相等、大于、小于等属性在无限量当中没有位置,而只属于得到限定的量,[……]它们并不适用于无限,因为不能说它们中的一个数大于、小于或等于另一个数"。

伽利略的两个学生波纳文图拉·卡瓦列里(Bonaventura Cavalieri,1598—1647)和托里切利(1608—1647)决心不仅要避免原子论哲学,而且要避免过于沉重的哲学立场。然而,他们恰恰通过对无限进行比较而成功地面对了几何学中"不可分量的浩瀚海洋"。例如,面由无数条平行的线所组成,而体则是无数个平行的面:线和面本身是不可分的。现在,我们可以通过一个个地比较组成这些面和体的不可分者而求出面积和体积。实际上,这些人从来没有说过面是无数条线之和,也没有说过体是无数个面之和,而只是说,面之于线之和,就如同体之于其各个截面之和。

　　古人用几何来解决所有算术和代数问题。像尼科洛·塔尔塔利亚(1506—1557)和吉罗拉莫·卡尔达诺(1501—1571)那样用负根来解三次方程,希腊数学家是不可能接受的,因为它们是无法作几何表示的量。在论笛卡尔的那一章的数学部分,我们了解到,将几何概念"翻译"成代数概念是物理学数学化的一项重要发展。在解析几何中,问题是用代数方程求解的,方程表示曲线。被古典几何学忽略(因为不能用直尺和圆规画出来)的每一条机械曲线现在成了科学研究的中心。从 17 世纪到 19 世纪,代数的地位明显高于几何。

　　微积分,或者用牛顿的话来说,计算流数的方法,能够求出曲线包围的面积,解决切线问题,以及处理连续运动的问题。法国的皮埃尔·费马(Pierre Fermat,1601—1665)、英国的艾萨克·牛顿(1642—1727)和德国的戈特弗里德·威廉·莱布尼茨(1646—1716)都在研究同样类型的问题。事实上,正是微积分的发现引出了科学史上最大的科学争论之一。莱布尼茨和牛顿关于发现的优先权的争论使当时的学者发生了分裂,今天仍然是一个研究话题(Hall,1980;Giusti,1984,1989)。

　　在《自然哲学的数学原理》中,牛顿用古典几何来证明他的定理(甚至是用微积分来解决的定理)。他没有纯数学家的心态,因[189]为他从物理学的角度来看待数学,并认为他所发明的微积分本质上是工具性的和"实用的"。然而,他认真研究了笛卡尔《几何》的第二版(拉丁文)、弗朗索瓦·韦达(1540—1603)的代数和约翰·沃利斯(1616—1703)的数学著作。也许正是由于缺乏古典几何学的坚实背景,牛顿才清楚地认识到解析几何的重要性和本质:曲线与方程彼此对应,方程表达了曲线的本性(Westfall:1980,107)。在《论曲线的求积》(*Tractatus de quadrature curvarum*,1676)中,他拒绝接受卡瓦列里的方法,并把数学量视为由连续运动所产生,而不是由任意小的量所组成。线被描述为点的连续运动,而不是各个部分的相加;面被描述为线的运动;体被描述为面的运动;角被描述为边的旋转;时间被描述为连续的流。这些运作"真实地发生在自然之中,每天都能在物体的运动中观察到"。在相等的时间段内,由这些运动产生的量取决于它们增长速度的大小。牛顿在《论曲线的求积》中写道:"考虑到在相同时间内产生的量的大小取决于它们增长速度的大小,我寻求一种方法来确定运动的速度及其增量;我称增长的速度为流数,称产生的量为流动量;1665—1666年,我逐渐确立了流数法,我在这里将它用于曲线的求积。"(Castelnuovo,1962:127—128)流数"可以以任意大的近似被看成在任意小的时间段内所产生的流动量的增量"。知道了量,就可以确定速度;知道了速度,就可以确定量。增长的速度(或变化率)不过是一个(变化的)流动量的(导出的)流数罢了。对牛顿来说,寻找流数与流动量(今天被称为积分)之间的关系似乎比寻找流动量与流数(今天被称为求导)之间的关系困难得多,尽管他很清楚求导是积分的逆过程(Singh,1959:34;Giorello,1985:172—173)。

我们现在的一些关键概念都是从瞬时速度开始的。这一术语并没有被定义为速度除以时间。"微积分"所引入的概念是,随着计算平均速度的时间间隔趋近于零,平均速度趋近于的数(Kline,1953:220)。莱布尼茨和牛顿各自独立地提出,取无穷小

距离及其对应的无穷小时间间隔,求出它们的比,并且观察当所讨 190
论的时间周期减小到无穷小时会发生什么(Feynman,Leighton,
and Saads,1963)。

在莱布尼茨的术语中,与牛顿的无穷小增量即流动量相对应
的是"微分"(这个术语后来被普遍采用)。莱布尼茨远不如牛顿讲
求实用。他的微积分思想与他的两个更广泛的哲学主题密切相
关:符号论和连续性。莱布尼茨相信存在着一些简单而原始的观
念,像字母表中的字母一样可以组合在一起。他试图设计一种类
似于代数符号的普遍技术语言,一种普遍的或哲学的语言,在这种
语言中,字符和单词可以直接表达概念之间的逻辑联系,甚至还试
图设计一种"推理演算"(calculus ratiocinator),类似于一个可以
立即发现错误甚至消除错误的形式逻辑系统。所有这三个计划都
与一种宗教和平理想有关。

连续性问题与关于不可辨识者(indiscernibles)的所谓"莱布
尼茨原则"密切相关。根据这一原则,自然中不可能有两个完全相
同的存在物,也就是说,从它们身上无法发现任何内在的或固有的
差异。如果两个物体具有相同的特征,那它们就是同一个东西。
如果它们彼此不同,它们就必须表现出一些差异,即使是难以察觉
的或无穷小的差异。而在代数中无法表达的无穷小变化可以用微
积分来表达,这种方法需要自己的符号来表示积分(面积)和微分
(无穷小变化)。莱布尼茨还表述了处理无穷小量的规则。

莱布尼茨不是原子论者,他对卡瓦列里的不可分量始终无动
于衷。他认为无穷小量是有根据的虚构。说是虚构,是因为它们
并非对应于一种微粒,说有根据,是因为它们不仅被微积分以及古

典几何学与现代几何学之间的诸多相似之处所证明，而且被世界作为一个连续的无限等级结构这一形而上学观点所证明。

　　争议、批评和不理解比比皆是。例如，在著名的《人类知识原理》(*Principles of Human Knowledge*，1710)的第 130 段中，乔治·贝克莱(George Berkeley，1685—1753)抨击了其同时代人所持有的"奇怪的观念"：不仅有限的线可以被细分成无数个部分，而且每一个无穷小量都可以永远分割下去，以至无穷。许多年后，他在《西利斯》(*Siris*，1744)的一个注释中写道："在我那个年代，无论对证明有什么要求，数学家们都持有模糊的概念和不确定的观点，并为之担忧，彼此反驳，所有人都争论不休。"(Berkeley，1996：650)他继续说，微积分的成功绝对证明不了任何东西：结果的准确性完全依赖于一个事实，即缺失的错误与过剩的错误相互抵消了。牛顿的微积分和莱布尼兹的微积分都引入了一些既不同于 0 又等于 0 的量。贝克莱强烈呼吁人们关注这一"缺陷"(Giusti，1990：xlii)。

　　事实证明，微积分是一种异常强大的工具。它为动力学研究以及电、热、光和声的研究铺平了道路。通过使用微积分，17、18世纪的科学成功地解决了或者说在实际层面上解决了其他领域的大量问题。用来计算一个瞬间内距离与时间的变化率的数学过程，被用来计算一个变量的给定值相对于另一个变量的变化率。这一过程不仅应用于物理学，而且也应用于经济学和遗传学。根据克莱因的说法："为了处理瞬时速度的概念，数学家把空间和时间理想化，这样他就可以谈论存在于一个瞬间和空间中某一点的东西。由此他得到了瞬时速度。外行人觉得自己的想象力和直觉被瞬间、点和瞬时速度等概念所束缚,他也许更愿意说极短时间间隔内的速度。然而,数学通过其理想化所产生的不仅仅是一个概念,而且也是一个瞬时速度的公式,它比在某个足够小的间隔内的平均速度概念更精确,也更容易使用。想象力也许会受到束缚,但理智却得到了帮助。"(Kline,1953:220)

第十六章　学术机构

大学

　　在文艺复兴早期,意大利的大学注重法学和医学研究,而在北欧,神学和自由技艺更为重要。意大利学生前往牛津和巴黎学习神学,而其他学生则翻越阿尔卑斯山,向南前往意大利学习医学和法学。在这三大学科中,法学是最负盛名的,拥有薪水最高的教师队伍和最多的入学人数。神学的教授和学生普遍较少,尽管作为一门学科,神学仍然发挥着重要的影响。在医学院,学生可以获得"艺学"或"哲学"学位,或者攻读医学学位,有时被称为"艺学与医学"或"哲学与医学"。这个项目历时五年,分为两个部分。前两年致力于学习逻辑学(亚里士多德的《后分析篇》)和自然哲学(包括《物理学》《论灵魂》《论生灭》《自然诸短篇》等著作)。在该项目第二部分的三年时间里,学生们需要学习希波克拉底、盖伦和阿维森纳著作中的理论和实践。艺学教育可能包括数学、人文学科和道德哲学。解剖学和外科往往是单独的学科,植物学也是如此。事实上,正是在 16 世纪,植物学被确立为一个完全独立的领域(Schmitt,1975)。

　　在大学课程中,数学教学显然占据着一个次要地位。16 世纪末,博洛尼亚大学平均有 22 名医学教授。1590 年,比萨大学有 9 位,1592 年,帕多瓦大学有 11 位。然而,在大多数著名的大学里,医生与数学教授的人数比例约为 12:1。此外,在 16 世纪,"数学" [193] 包括占星学、天文学、光学、力学和地理学等各个研究领域。因此,许多科学学科都在数学教席周围聚集起来。例如,"宇宙志" (*cosmographia*)一词最早于 16 世纪中叶出现在费拉拉,包括地理学和托勒密天文学。许多研究(参见 Schmitt,1975:47)都见证了数学家对哲学和自然科学的频繁"入侵"。与此同时,特伦托会议召开之后,神学研究急剧增加。1580 年以前,博洛尼亚大学只有一个神学教席。到了 1550 年有三个,1600 年有六个,1650 年则有九个(Dallari,1888—1924;Schmitt,1975:51)。

我们已经讨论了培根和笛卡尔对大学的批评。特别是在英格兰,培根的批判态度促进了重要发展。清教主义运动有力地抨击了课程的不足和教学方法的落后。将新科学引入大学的尝试不仅有利于实际应用和"发明",而且有助于拓宽学生的圈子。从 1642 年内战爆发到 1654 年克伦威尔被封为"护国公",许多著作都批判性地提出了大学里在讲授什么这个问题(约翰·弥尔顿、约翰·霍尔 [John Hall]、约翰·杜利[John Dury])。甚至连托马斯·霍布斯也在《利维坦》(1650)中抱怨,大学里的哲学仅仅是亚里士多德的学说,几何学完全被忽视了,物理学则是一堆空谈而不作任何解释。

长期追求独立、权力下放的政府以及作为一个宽容而自由的国家所享有的国际声誉,在荷兰产生了截然不同的状况。荷兰人口由诸多民族所组成,奥兰治的威廉(William of Orange)确信,国家统一的关键在于创建一种优越的教育制度,这一政策得到了三级会议的支持。1575 年在莱顿,1614 年在格罗宁根,1636 年在乌得勒支都建立了大学。良好的财政状况和高薪吸引了许多外国教授:在整个 17 世纪,格罗宁根大学的 52 位教授中有 34 位是外国人。许多学生也是外国人:从 1575 年到 1835 年,有 4300 名说英语的学生在莱顿大学学习医学。尽管笛卡尔的哲学在 1656 年被禁止,但传统哲学并没有渐渐占据主导地位,一个证据是,彼得·拉穆斯(1515—1572)的反亚里士多德主义理论很快就得到了接受。

与欧洲其他国家一样,在荷兰,大学并不是科学研究的唯一中心。克里斯蒂安·惠更斯(1629—1695)曾在一所大学学习,但随后与这一传统决裂。安东尼·凡·列文虎克(1632—1723)是一位纺织商人。伊萨克·贝克曼子承父业,是一位蜡烛商人。人们也无法在任何一所荷兰大学里研究那些使荷兰人世界闻名的活动——生产精密仪器和机械、造船、土地开垦、建造运河和堤坝等(Hackmann,1975)。

欧洲文明中伟大的人文主义时期对学术机构的影响并不像所谓的"12 世纪文艺复兴"那样具有戏剧性。正如韦斯特福尔所说:"1600 年,大学里聚集了一群训练有素的知识分子,他们不太欢迎现代科学的出现,而是将其视为对健全哲学和启示宗教的威胁。"(Westfall,1971:106)正是科学革命产生了对大学文化的实际替代,并为知识的构建和传播创建了不同的中心(Arnaldi,1974:14)。

学院

与人文主义或文学事业相比,研究机构与科学事业的联系更为密切。这样一个机构的目的并不是传播知识,而是促进知识的进展,研究机构的运作基于一个假设,即这种进展可以通过一个小组或团队在一位领导者的指导下来实现。研究机构是 19 世纪的一个现象,当然它也有一些前身:例如,第谷·布拉赫(1546—1601)1576 年在天堡建立的天文台,或吉安·多梅尼科·卡西尼(Gian Domenico Cassini,1625—1712)在巴黎建立的天文台。

创建于 17 世纪的学院,甚至是其中最重要的学院,都不是现代意义上的研究机构。它们并不旨在传播知识,而是交换信息、讨论理论、分析实验和做实验的场所,特别是,对其成员和外部人员的实验和论文提出意见和批评。请注意不要将后来(和更著名的)科学院的特征投射到 16、17 世纪的学院上。不过,即便是这些早期的学会,一个基本特征也是学者们拒绝孤独的思想追求。

吉罗拉莫·提拉布斯基(Girolamo Tiraboschi)在 18 世纪末写道,所谓"学院","我指的是一群博学的人组成的社团,他们服从某些规则,聚集在一起讨论一些博学的问题;他们将凝聚着自己才智的研究成果写成论文,并交给同事们审阅"。举行会议、制定行为准则和对彼此工作的批评是三个关键要素。任何学院的核心都是要就一个共同主题进行集体工作,更重要的是,需要将思想成果交给其他人审阅,并予以公开验证。该机构本身把自己的规则强加于别人:"其结构是一个以真实社会为模本的微型社会。"学院通过一种"入会仪式"来选定其成员,并常常为其成员指定一个新的名称;它将自己确立为在更大的动荡不安的社会中拥有自身规则的"中立"领地(Quondam,1981:22—23)。

在有些情况下,许多学院为自己选择的名称是为了表达他们的研究方法和目标：猞猁（*Lincei*）、研究者（*Investiganti*）、实验（*Cimento*）、证据（*Traccia*）、侦察（*Spioni*）、启明者（*Illuminati*），等等。在另一些情况下，名称指涉的是学院与整个社会的分离，揭示了一种以如下文化背景为特征的一种迫害或抵抗的气氛：伪装（*Incogniti*）、秘密（*Secreti*）、大胆的（*Animosi*）、受信任的（*Affidati*），等等（Quondam，1981：43；Ben David，1971）。

最初的学院

　　我们可以定义为科学社团的第一个组织（正如我们将要看到的，它带有必然的局限）并不是由詹巴蒂斯塔·德拉·波塔（1535—1615）在那不勒斯创建的"自然的秘密学院"（Academia Secretorum Naturae），而是猞猁学院。猞猁学院成立于 1603 年，由弗雷德里科·切西公爵（当时 18 岁）和包括荷兰医生乔安尼·范希克（Joannes van Heeck）在内的三位年轻朋友所创办。成员们作出的第一个承诺是一起学习，互相教育。切西的家人反对他的参与，这个组织也随之解散。不过，该学院在 1609 年得以恢复。1610 年，德拉·波塔成为它的成员，1611 年伽利略也成为其中一员。

　　一些学者发现，这样两个有着完全不可公度的世界观的截然不同的人竟然同为猞猁学院成员，这表明该学院并无明确的纲领可循。然而，保密的氛围以及该群体早期的"帕拉塞尔苏斯主义"取向并没有抵消切西目标的重要性，即"阅读这本伟大、真实、普遍的世界之书"，以"呈现事物的本来面目"，并且"解释如何改变它们"。切西打算制定一部详细的《猞猁学院章程》(Linceografo)来严格管理学院的准入和成员的生活。该文本从未发表过，也没有什么实际应用。但有一个规则始终被遵循，即禁止猞猁学院成员属于某个宗教团体。[196]

正如我们所说，学院是在一个更广泛、更分化的社会中运作的微型社会。和所有科学学院一样，猞猁学院也渴望（在有限的范围内）拥有独立认识的权利，使科学与宗教、科学与社会之间互不冲突。猞猁学院的成员"根据他们的章程，明确禁止讨论所有与自然或数学无关的话题，并认为政治讨论是不受欢迎的，应当留给其他人去讨论"(Olmi, 1981:193)。使猞猁学院的活动有着明确"科学"标志的要素包括聚焦于数学和自然实验，与大学进行争论，希望使自己明确区别于文学学院，对工匠地位的提升（相比于"自负而迂腐的教授"），坚持知识的"公共"性，等等。对最早一批猞猁学院成员来说，设定计划的时刻远比实际执行它的时刻更为紧张。用切西的话说，猞猁学院的哲学家"不会将自己限定于某位教师的著述或说法，而会在沉思和实践的普遍练习中寻求一切可能获得的知识，无论这种知识是我们自己的发明还是他人告知的"(Altieri Biagi, 1969:72)。

被正确地称为"宫廷生活的普通产物"(Hall, 1963:135)的西芒托学院很短命，只从1657年持续到1667年。这群教授、研究者和工匠并不是自发地，而是在美第奇亲王利奥波德的计划之下走到一起的。利奥波德是费迪南德二世大公的弟弟，也是伽利略的崇拜者。利奥波德亲自参加了学院的会议，学院成员包括温琴佐·维维亚尼（1622—1703）、弗朗切斯科·雷迪（Francesco Redi，

1626—1698)、尼古拉·斯泰诺(1638—1686)、阿方索·博雷利
(1608—1679)、洛伦佐·马加洛蒂(1637—1712)和亚里士多德主
义者费迪南德·马西里(Ferdinand Marsili,1658—1730)。当利
奥波德 1667 年被任命为枢机主教时,会议停止了,部分原因是其
成员之间存在意见分歧。正因为是宫廷的产物,西芒托学院既缺
乏现代科学机构的结构,也缺乏现代科学机构的特征。无论对于
其成员还是对于利奥波德亲王,都既没有规则也没有义务。会
议是非正式的,没有固定地点。它既没有资产负债表,也没有账
簿,学院的赞助者和庇护者们将它的活动完全看成了庆典性的
(Galluzzi,1981:790—795)。利奥波德的文化议程当然旨在支持
和传播新的科学思想,伽利略就是其主要的和好斗的拥护者。然
而,成员们采用的严格的实验方法往往排除了理论性的结论。如
果说马加洛蒂的《论自然实验》(直到 1667 年才出版,1684 年被译
成英文)中存在着理论"思辨"的话,那么它们应当被理解为个别成
员而不是整个学院的概念或思想,后者的目标仅仅在于实验和记
录(Altieri Biagi,1969:626)。西芒托学院和许多其他学院都对
"实验主义"持有这种自愿的限制。在意大利,这种进路部分源于
伽利略受谴责之后营造的特定环境,尽管与此同时,西芒托学院被
证明是伽利略辩护和宣传的有效工具(Galluzzi,1981:802—803)。

那不勒斯研究者学院(Neapolitan Accademia degli Investiganti,
1663—1670)采取了不同的进路。对于托马索·科内利奥(1614—
1684)、列奥纳多·迪卡普阿(1617—1695)和弗朗切斯科·安德烈
亚(Francesco d'Andrea,1624—1698)来说,哲学和科学的变革与
职业活动和公民的更新密不可分。那不勒斯的革新者们倾向于将

伽利略和笛卡尔的学说与泰莱西奥和文艺复兴自然主义传统结合起来(Torrini,1981:847,853,876)。今天,断言从猞猁学院、西芒托学院和那不勒斯研究者学院到欧洲的各大学院具有直接的连续性,似乎不再站得住脚了(Galluzzi,1981:762)。政治和宗教状况的明显差异,加上哲学传统的差异以及科学形象的不一致(往往背道而驰),在自发的科学家团体和官方在这种事业中的政治利益之间形成了一种复杂的交织状况。

巴黎

赞助活动也在法国开展,但科学家之间实际的或“理想的”会面也自发地进行,比如马兰·梅森(1588—1648)一生中与近40位不同的科学家保持着复杂的关系网络和通信网络。这一切都发生在报纸和期刊流通之前,当时书面通信仍然是思想交流的主要渠道。另一个例子是,从1615年到1662年,迪普伊兄弟学院(Cabinet des frères Dupuy)是科学讨论的中心之一。更为重要的是蒙特莫学院进行的活动,该学院由哈贝尔·德·蒙特莫(Habert de Montmor,1634—1679)于1654年创建;会议在他的住所举行,有一些贵宾参与。

从1633年到1642年,每周一下午在巴黎的“演说所”(Bureau d'adresse)举行的345场公众“讲座”是非同寻常的。1630年前后,来自卢丹(Loudun)的医生泰奥弗拉斯特·勒诺多(Théophraste Renaudot)创建了这家场所,它是一个商业组织和医疗场所,聚集了一批业余爱好者、求知者、律师、医生和才华出众的人。根据详细的 198

记录,讨论非正式而热烈,包括广泛的文化议题。在关于哲学、医学、数学、天文学和物理学的争论中,主导倾向是新旧之间的和解。组织者们坚信,在枢机主教黎塞留(Richelieu)的支持下,学术的进展需要自由讨论,在讨论中可以细查真理,并且在批评的重压下修改或放弃它们。许多成员的感觉是,与大学的进路相反,理论并非"不可战胜的东西"(Borselli,Poli,Rossi,1983:13,32—36)。

　　1663 年,塞缪尔·索比尔(Samuel Sorbière)问路易十四的财政部长让-巴普蒂斯特·柯尔贝尔(Jean-Baptiste Colbert,1619—1683),政府是否愿意帮助保留和改造蒙特莫的团体。于是,1666年皇家科学院成立了。该小组的外国成员之一克里斯蒂安·惠更斯在给柯尔贝尔的一份备忘录中解释了他在真空、火药、抗风和碰撞等方面的实验计划。根据惠更斯的说法,该团体"首要且最有用的事务"将是"按照培根的计划研究自然志"。"由实验和观察组成的"伟大史志"是认识自然之中所有可感知事物的原因的唯一方法"。他总结说,必须"先从被认为最有用的那些论证开始,并将它们分配给不同成员,他们将每周做报告;这样一来,一切都将有序地进行,并将取得非常重要的成果"(Bertrand,1869:8—10)。

　　皇家科学院是第一个由国家直接资助的"研究机构"。第一批院士的薪水从吉安·多梅尼科·卡西尼的每年 6000 法国里弗(French livres)到法国院士的每年 1500—2000 法国里弗不等;尽管考虑到晋升速度很慢,院士的职位并非特别有利可图。最初有16 位院士,到了 17 世纪末,人数已增至 50 人。1699 年,这一数目上升到 70 人,皇家科学院引入了严格的职位等级制度,一直保留到法国大革命。

柯尔贝尔追求精确的目标:工业、商业、航海和军事技术需要按计划增长和扩张。但他是一位有远见的政治家,给了院士们很大的自主权。皇家科学院推动了一些具有深远科学意义的事业:例如,让·皮卡尔(Jean Picard,1620—1682)计算了地球的半径,让·里歇尔(Jean Richer,1630—1696)计算了地球到太阳的距离。不过1683年柯尔贝尔去世后,更具实用性的成就占据了主导地位,比如皇家花园喷泉的改善和维护。路易十四认为,皇家科学院可为他的皇冠锦上添花,并把院士称为"我的傻瓜"(*mes fous*)。[199]1695年废除南特敕令后,皇家科学院失去了像惠更斯和罗默(Roemer)这样最杰出的外国成员。

根据罗杰·哈恩(Roger Hahn)的说法,旨在理性地理解自然的研究精神并不符合旧制度(*ancien régime*)的法国社会的需要。许多院士被用作政府顾问,而其他院士则因经济需要被迫接受教师和行政人员的职位。在此基础上,科学家的职业并不独立和可接受,18世纪学者受到了将其引到其他方向的离心力的影响(Hahn,1971)。

伦敦

从正式成立时间来看,英国伦敦皇家学会要早于巴黎皇家科学院,这一名称1661年首次被使用,1662年7月15日,皇家学会由国王查理二世正式批准成立。其成员(只有一个人是例外)自1645年以来一直以格雷欣学院为中心聚会,格雷欣学院最初则于1597年在一个富商家中成立。根据数学家约翰·沃利斯(1616—

1703)三十多年后所写的回忆录,该小组每周在伦敦聚会;成员们为实验支付了费用;"预先排除了神学和政治议题。[……]我们讨论了血液循环、哥白尼的假说、木星的卫星、空气的重量、是否可能存在真空、托里切利的水银实验"(Hall,1963:142;Johnson,1957)。

　　新的皇家学会是一个复合体,它将数学和天文学的传统、医学和化学的传统以及一些"技术"传统结合在一起。此外,新机构最有影响力的成员之一罗伯特·波义耳对建立一所"无形学院"的项目非常感兴趣,这可以从他 1646—1647 年的通信中得知。"无形学院"围绕着出生在德国的塞缪尔·哈特利布以及他(1628 年以后)在英格兰的工作而展开,他是阿摩司·夸美纽斯(1592—1670)"泛智论"(pansophism)的传播者。根据一些学者的说法,波义耳当时构成了在德国非常盛行的赫尔墨斯主义和乌托邦主义与新的实验科学之间的某种联系(Rattansi,in Mathias,1972:1—32)。

200　　这个学会唯一拥有"皇家"特点的东西就是它的名字。它没有从国王那里得到任何资金,完全由会员支持,因此最终拥有非常多的会员。皇家学会秘书兼实验管理员罗伯特·胡克(由于这个原因,他被称为"历史上第一位职业科学家")的薪水相对微薄。学会的第一个项目是典型的培根式的,即编纂力学、天文学、贸易、农业、航海、制衣和染色等的各种"史志"。进行真正集体研究的热情很快就消散了,尽管与许多其他类似的群体不同,"当阅读一篇文献或者讨论一个观点时,在当众进行实验之前,讨论对象很少会被弃置"(Hall,1963:144)。此外,近期的科学文献会被认真审读,其中描述的任何实验都会被皇家学会重复。胡克和波义耳是其中特

别活跃的成员,学会秘书亨利·奥尔登堡(Henry Oldenburg,
1615?—1677)也是如此,他是一位1653年定居英格兰的德国人,
是私人接触和书信联系的广泛网络的中心。

与巴黎的皇家科学院不同,皇家学会完全独立于国家:它享有
利用外交邮政服务进行海外通信的特权,其唯一职责是管理格林
威治皇家天文台(建于1675年)。它已经成为"在所有文明国家之
间建立持续思想交流"的工具,并且意在充当"环球银行和世界的
自由港"。托马斯·斯普拉特在1667年解释说,皇家学会"自由接
纳不同宗教、不同国家和不同职业的人。[……]因为他们公开宣
称,他们不是为英格兰、苏格兰、爱尔兰、教皇或新教哲学奠定基
础,而是为一种人类哲学奠定基础"(Sprat,1966:63)。

柏林

直到后来,德语国家才出现了一所真正的研究机构;当然,1652
年由四名医生在施韦因富特(Schweienfurt)建立的利奥波德-加洛林
德意志自然研究者学院(Leopoldinisch-Carolinische Deutsche
Akademieder Naturforscher)不能说是一个科学研究的场所
(Kraft,1981:448),他们称之为"自然好奇心学院"(*Accademia
Naturae Curiosorum*,这是利用了德拉·波塔在16世纪使用的名
称)。17世纪末的德国由大大小小的国家所组成,其中一些是天
主教的,另一些是路德教的:从面积巨大的普鲁士-勃兰登堡到各
个公国、城市和自治乡村。大学改革遵循了路德的弟子菲利普·
施瓦泽德(Philip Schwarzerd)亦称梅兰希顿(1497—1560)设计的

201 模式：一个人必须先从艺学院和哲学院毕业，然后才能进入法学院、神学院或医学院。尽管广泛贫困且战争频仍，但德国是一个受过良好教育的国家。在 18 世纪的第一个十年，儿童的义务教育在普鲁士已经成为常规（Farrar，1975）。

伟大的哲学家、数学家和历史学家戈特弗里德·威廉·莱布尼茨（1646—1716）对大学的评价相当低。他觉得大学是过时、孤立和几乎完全僵化的。在他关于一个更大科学院的计划中，莱布尼茨担心的主要是资金问题。他提及了法国模式，但拒绝国家控制，坚持需要很大的自治权。他还认为科学院的任务是创建一部伟大的知识百科全书（Hammerstein，1981：413—418）。最后发生的事情并不符合莱布尼茨的初衷，他将其科学院计划与培根认为的不那么高贵的目标联系起来：提升一个国家在其他国家面前的地位（Hall，1954）。莱布尼茨认为，通过创建一所学院，德意志民族和语言将得到加强，科学将得到丰富，工商业将得到发展，普遍的基督教将通过科学传播开来。

在莱布尼茨计划的基础上，皇家科学学会（The Societas Regia Scientiarum）于 1700 年 7 月 11 日成立，由普鲁士-勃兰登堡的选帝侯（后来的国王）腓特烈一世（Frederick Ⅰ）赞助。在伏尔泰的建议下，腓特烈二世（Frederick Ⅱ）于 1746 年对它进行了重组，并任命皮埃尔-路易·莫罗·德·莫培督（Pierre-Louis Moreau de Maupertuis，1698—1759）来领导它。它被重新命名为"普鲁士皇家科学院"（Königliche Preussische Akademieder Wissenschaften）。莫佩督的领导代表着法国对德国文化影响的顶峰：法语被采纳为学院的官方语言，直到 1830 年，*Abhandlungen*（《普鲁

士皇家科学院论文集》)仍然以 *Mémoires* 为标题。柏林科学院有
一个手术剧场、21 个植物园，以及自然志和科学仪器的收藏。

博洛尼亚

　　在欧洲蓬勃发展的许多科学社团有两个基本特征：(1)从具有
广泛利益的群体转向专门从事科学研究的组织；(2)在这些组织
中，"实验家"占据了主导地位。在 17 世纪的最后 25 年，由于笛卡
尔主义以及数学和实验的新笛卡尔主义(以惠更斯、莱布尼茨和马
勒伯朗士为代表)的影响，科学组织呈现出职业化的趋势：社团更 202
多地成为讨论成果而非观念的中心(Hall,1963)。

　　博洛尼亚科学院(Institute of Science in Bologna)显示出的正
是这些趋势。该研究院并不是一个上课或进行科学讨论的地方，
"它的所有努力基本上都花在观察、实验和其他类似的事情上"
(Tega,1986:19)。对意大利来说，博洛尼亚科学院是个新鲜事
物。波纳文图拉·卡瓦列里在 1626 年至 1647 年间，马切洛·马
尔皮基在 1666 年至 1691 年间均活跃于博洛尼亚。1655 年，《伽
利略著作全集》(*Opere*)第一版在那里出版(由于审查，它删去了
《关于两大世界体系的对话》和《致克里斯蒂娜大公夫人的信》)。
此外，从 1690 年起，这座城市成了"运动不止学院"(Accademia
degli Inquieti)的所在地，其成员对于天文学、微积分和生命科学
感兴趣。路易吉·费迪南多·马西里(Luigi Ferdinando Marsili,
1658—1730)将自己的家和藏品交由该组织支配，他徒劳地试图改
革大学，并于 1790 年出版了《博洛尼亚大学与山外其他大学之比

较》(*Parallel between the University of Bologna and Others beyond the Mountains*)。

出 版 物

　　试图列出报道学术界和欧洲科学学会所做大量工作的无数报纸、期刊、杂志和文集是毫无意义的。然而,有三种出版物尤其值得注意。第一份严格的欧洲科学期刊《哲学会刊》(*Philosophical Transactions*)由亨利·奥尔登堡于 1665 年创办,带有皇家学会的出版许可并且出版了其书信。《学者杂志》(*Journal des Savants*)同年开始在巴黎出版,刊登数学和自然哲学以及历史、神学和文学的内容。最后是 1684 年在莱比锡问世的《学人纪事》(*Acta Eruditorum*),对各个领域的书籍进行评论,它以拉丁文出版,以使全欧洲的学者和科学家都可以阅读。

第十七章　牛顿

《自然哲学的数学原理》

1687 年在伦敦出版的《自然哲学的数学原理》(*Philosophiae naturalis principia mathematica*)是一部永远令读者惊叹的著作。它综合了牛顿的实验天才和数学天才,代表着哥白尼和伽利略开创的科学革命在方法论和理论上的最终表达和连贯组织。这部酝酿已久的声名远扬的著作不仅提供了 18 世纪科学哲学信条的基本要素,而且形成了一种世界观和自然定律,成为有教养大众的文化遗产。两个多世纪以来,直到所谓的经典物理学危机,所有物理学本质上都是由牛顿的观点来界定的。

牛顿这部杰作的标题本身就表达了他对笛卡尔物理学的立场:哲学原理本质上是数学的。与笛卡尔不同,牛顿用数学语言来表达自然哲学的原理,同时又借鉴了实验主义的文化,并且在其科学方法中融入了对于没有经验基础的假说的培根式的不信任。尽管牛顿在撰写《自然哲学的数学原理》之前大约 20 年就已经发明了微积分,但他还是选择用古典的几何学语言来展示他的杰作(除了一些例外)。牛顿非常欣赏古典几何学,以至于他后悔在专心致志于笛卡尔和现代代数学家之前没有更多地关注欧几里得的《几何原本》（Westfall，1980：98）。然而，正如已经指出的那样，在牛顿古典几何学的外表背后是典型的微积分思维模式（Whiteside，1970；Westfall，1980：424）。

204　　　　牛顿仿照欧几里得对《自然哲学的数学原理》进行了组织：先是对质量、力和运动进行定义，接着是运动的公理或定律，然后是被他称为命题或引理的一系列假设，最后是一些推论和注释。我们在第十五章简要提到了牛顿与莱布尼茨关于谁发明了微积分的争论。在这种背景下，18 世纪的牛顿主义者用莱布尼茨版本的微积分来阐述《自然哲学的数学原理》中的新物理学和扩展牛顿力学的应用，这是多么讽刺啊。

　　　　牛顿物理学与笛卡尔物理学的区别不仅在于解释的技巧和方法。柯瓦雷指出，与笛卡尔的世界不同，牛顿的世界并非由两个要素（广延和运动）所组成，而是由三个要素组成的：物质，即无数相互分离和孤立的微粒，它们坚硬而不可改变，但并非完全相同；运动，即那奇特而悖谬的关系-状态，它并不影响微粒的存在，但却将微粒在无限而同质的空间中来回运送；以及空间，或那种无限而同质的真空，在空间中，微粒（以及由微粒构成的物体）不受阻碍地运动（Koyré，1965：13）。

　　　　《自然哲学的数学原理》以"定义"开篇。第一个定义是，一个物体的物质的量或质量是密度与体积的乘积，它明确区分了一个物体的质量（无论位于宇宙中的何处都是恒定的）和它的重量（取决于重力，因此随距离而变化）。牛顿并不认为重量是一个绝对的值。在第三卷中，他把重力等同于向心力：一个物体施加的吸引力与其质量成正比，在不同星球的表面，质量相等的物体的重量是不同的。第二个定义用运动的量(动量)来表示物体的质量与速度的乘积。第三个定义谈到了物质内在的力或固有的力,正是凭借这种力,每一个物体都保持其现有状态,无论是静止还是做匀速直线运动:据此,我们也许可以用一个极为重要的名字把这种固有的力称为"惯性"或"不活动力"。根据第四个定义,外加的力是施加在物体上以改变其静止或匀速直线运动状态的作用。向心力或"寻找中心的"力(例如使行星保持在其轨道上的力)一词是牛顿创造的,它被用于第五个定义中,该定义说,物体趋向于一个中心。与之相反的是物体在远离中心时经验到的离心力(这个词是惠更斯创造的)。

　　"注释"是关于空间、时间和运动的讨论。完全等价的静止或匀速直线运动状态只能相对于静止或运动中的其他物体来确定。²⁰⁵由于可用的参照系有无穷多个,牛顿认为,必须以永恒均匀流动的时间(绝对时间)和无限扩展的空间(绝对空间)为坐标来最终确定一个物体的静止或运动状态。相对空间和相对时间是与感觉对象相联系的量,而感官必须从哲学中脱离出来:"绝对的、真实的和数学的时间本身,依其本性而均匀地流逝,与一切外在事物无关,它又可被称为'延续'[……]。绝对空间,就其本性而言与一切外在事物无关,处处相似,永不移动。"(Newton,1965:109—110,104—117;1953:17—18)

　　牛顿关于相对运动与绝对运动之间关系的概念(这一概念在20世纪仍然根深蒂固)在其水桶实验中得到了表达。一个盛满水的桶由一根长绳子吊着。绳子被紧紧扭住,然后松开。当水面上形成一个凹形时,就可以观察到水和桶"同时"旋转。在这种情况下,水在桶中处于相对静止的状态。然而,水沿桶壁的上升表明水是多么努力地试图远离其运动轴,这个力是"水的真实而绝对的圆周运动"的量度。

《自然哲学的数学原理》第一卷开篇就陈述了三条公理或运动定律:(1)每个物体都保持其静止或匀速直线运动状态,除非有施加的力迫使其改变这种状态;(2)运动的变化正比于所施加的驱动力,并且沿着施加这个力的直线方向发生;(3)每一个作用都有一个相等的反作用;换句话说,两个物体彼此之间施加的作用总是大小相等,方向相反:"任何牵引或按压另一个物体的东西,都会受到那个物体同样程度的牵引或按压:如果你用手指按压一块石头,则手指也会受到石头的按压。"(Newton,1965:117—120;1953:26)牛顿从这些定律和前述定义中推导出来的一些定理和推论包括,例如,运动的合成或平行四边形定理:一个同时受到两个力作用的物体,将沿着它在同一时间内单个力作用下运动的两条边而形成的平行四边形对角线运动。他还由动力学定律推导出了开普勒的行星运动三定律。当中心力使一个物体偏离其惯性方向时,适用开普勒的面积定律。当向心力与距离的平方成反比时,物体将根据其切向速度沿一条椭圆、抛物线或双曲线的"圆锥曲线"轨道运行。

206 《自然哲学的数学原理》的第二卷从质点的无摩擦运动问题转到了物体穿过阻滞流体的运动问题。这些章节代表着流体力学中的开创性工作,本质上构成了流体动力学的开端。第二卷也代表着对笛卡尔涡旋理论的颠覆。牛顿证明,涡旋的运动是不能自我维持的:只有当外力持续转动涡旋的中心物体时,涡旋才能继续作匀速运动。不仅如此,这种运动将不可避免地放缓,因为它消散到空间中的能量将"被空间吞噬"。根据开普勒定律,涡旋永远无法

产生行星系统："涡旋理论与天文现象完全背道而驰,它更多是掩盖而不是解释了天界现象。"(Newton,1965:593)

第三卷陈述了"宇宙体系的组织"。牛顿认为有必要陈述一些"做哲学的规则",以便从定义、公理、定理和证明过渡到对宇宙的描述。

规则 1 说:"除那些真实而已足够说明其现象者外,不必去寻求自然事物的其他原因。"这条规则肯定了自然的简单性,即自然"不做任何徒劳之事"和"不存在多余的原因"。牛顿用这条规则把"奥卡姆的剃刀"引入了现代科学:"如非必要,勿增实体"(*Entia non sunt multiplicanda praeter necessitatem*)或"徒劳无功地用很多事物来做本可以用很少的事物来做的事情"(*Frustra fit per plura quod fieri potest per pauciora*)。经验论和唯名论学派用这种形式的陈述——并非源于奥卡姆的威廉(William of Ockham,? —1347)的著作——来阐明经济原则或简单性原则。

规则 2 说:"因此,自然界中的同样结果必须尽可能地归之于同样的原因。"这条规则断言了自然的齐一性或自然定律的普遍有效性:呼吸的原因对于人和动物来说是相同的;石头在欧洲和美洲以同样的方式下落;光在其他星球上的反射与在地球上一样。

规则 3 说:"物体的性质,凡程度既不能增强也不能减弱,又为我们实验所及范围内的一切物体所具有者,就应视为所有物体的普遍性质。"在这里,自然的同质性得到了宣称:自然物是不变的、规则的和可预测的。"我们绝不能为了自己的空想和虚构而抛弃实验证据,也不应远离自然的相似性,因为自然习惯于简单,总保持与自身一致"。物体的性质"只有通过我们的感官才能被认识,

所以凡是与感觉普遍符合的那些性质,我们就把它们看成物体的
207 普遍性质"。使用感官时,我们通过归纳得出的结论是有效的:例
如,"所有物体都是不可入的;我们这个结论不是从理性而是从感
觉中得出的。我们发现所处理的物体都是不可入的,由此得出结
论,不可入性是所有物体的普遍属性"。然而,这个推论甚至超出
了感官的范围,牛顿接着说:"因此,我们得出结论说,一切物体的
最小微粒也具有广延性、坚硬性、不可入性、可运动性,并且具有其
固有的惯性。这是整个哲学的基础。"

在规则 4 中,牛顿指出:"在实验哲学中,我们必须把那些从
各种现象中运用一般归纳而得出的命题看成完全正确的或者非
常接近于正确的;虽然可以设想出某些与之相反的假说,但在没
有出现其他现象使之更为正确或者可能出现例外以前,仍然应
当这样看待它们。"这条规则陈述了确证理论的必要性。牛顿又
说,"这条法则我们必须遵守,以便不致用假说来回避归纳论证"。
科学理论必须与实验相一致,只要这种一致性存在,就被认为是正
确的(Newton,1965:609—613;1953:3—4)。

这些规则之后是对宇宙体系的描述,牛顿在其中证明,围绕木
星和土星的卫星轨道,以及围绕太阳的地球和其他行星的轨道,都
服从开普勒的行星定律。他计算了地球的质量,表明二分点的进
动是由于地球的形状和地轴的倾角,这有时取决于月球和太阳引
力的合成作用。作用于地球的力的这种合成也足以解释潮汐。牛
顿还进一步证明,彗星受到与支配太阳系的动力学定律相同的定
律的支配,几千年来,这种突然出现和无法解释的现象似乎一直在
挑战着天体运动的完美性。1681 年的彗星(正如开普勒第一定律

所预言的)沿着抛物线移动,并且(根据第二定律)在相等的时间内扫过相等的面积。

牛顿在第三卷中阐述了万有引力定律:在宇宙中,一个物体吸引另一个物体的力与它们质量的乘积成正比,与它们之间距离的平方成反比。

$$F = G(m_1 m_2 / D^2)$$

其中 F 是引力,m_1 和 m_2 是两个质量,D 是它们之间的距离。G 是一个常数因子:无论是地球和苹果、地球和月球、太阳和木星之间的相互吸引,还是恒星之间的相互吸引,它的值都是不变的。这样一来,牛顿就能用同一个定律来解释苹果落地、行星绕太阳的运转和潮汐现象。许多人都把第三卷中的计算——表明使月球保持在其轨道上的引力与使物体落到地面的引力是同一种力——看成《自然哲学的数学原理》的核心观点之一。"把不同行星保持在其轨道上的向心力是同一种引力。"牛顿发现,同一个力使行星围绕太阳运转,把行星的卫星保持在其轨道上,使物体落向地球,也引起了潮汐。牛顿被这一发现深深地触动了。其结果是单一的世界观以及地界物理学与天界物理学的最终统一。长期以来人们对天与地、力学与天文学之间本质区别的信念已经动摇,同样动摇的还有一千多年来一直影响着物理学进程并且对伽利略的工作产生了巨大影响的"圆的神话"。

"总释"

《自然哲学的数学原理》的第二版以"总释"结尾,论述了行星运动的规则性。牛顿认为,"纯粹的机械原因"不可能是宇宙秩序之源,因为宇宙的存在并不依赖于力学原理,而是必须诉诸目的因。宇宙中各种各样的物体不可能产生于一种盲目的形而上学必然性,盲目的命运也不可能使所有行星都沿着同一方向在同心圆轨道上运转。宇宙的秩序是选择的结果。"这个由太阳、行星和彗星构成的最完美的体系,只能来自于一个全智全能的存在者的设计和统治。"这个为宇宙赋予秩序的存在者使恒星彼此相距遥远,"以免恒星系统会因其重力而落于彼此之上"(Newton,1965:792—793;1953:42)。同样,动物和昆虫的眼睛、耳朵、大脑、心脏、翅膀和本能必定产生于一个强大而永恒的作用者的智慧和技能(Newton,1779—1785:Ⅳ,262)。这个空间都是牛顿那个人格的超越上帝的感觉中枢。他"不是以世界灵魂,而是以万物主宰的面目来统治一切的。他统领一切,因而人们惯常称之为'我主上帝'或'宇宙的主宰'"。他无处不在,"就像盲人不知道颜色一样,我们也不知道全智的上帝是如何感知和理解一切事物的"(Newton,1779—1785:794,Newton:1953:44)。

209　　　　"总释"的最后一部分重新讨论了重力的话题。牛顿解释说,他已经用重力解释了天空和海洋的现象,但还没有表明这种力本身的原因。以下是他关于假说的著名陈述:"迄今为止,我还没有能力从现象中发现重力的那些属性的原因,我也不杜撰假说。凡不是从现象中推导出来的任何说法都应称之为假说;而这种假说无论是形而上学的或是物理学的,无论是关于隐秘性质的还是关于机械性质的,在实验哲学中都没有位置。在这种哲学中,特殊的命题总是从现象中推论出来,然后再用归纳方法加以概括而使之带有普遍性的。物体的不可入性、可运动性和冲击力,以及运动定律和引力定律,都是这样被发现的。但对我们来说,能知道重力确实存在,并且按照我们业已说明的那些规律起着作用,还可以广泛地用它来解释天体和海洋的一切运动,就已经足够了。"(Newton,1779—1785:794;Newton:1953:45)

笛卡尔物理学以及一般的机械论哲学,倾向于将所有现象与运动联系起来,而这些运动又可以还原为一个已知的模型(碰撞、压力等)。牛顿物理学使用的"超距作用"原理似乎与机械论模型并不直接相容。整个欧洲的笛卡尔主义者和莱布尼茨本人都认为,牛顿把经院哲学的"隐秘性质"重新引入了新的物理学,而这是后者长期以来一直努力摆脱的东西。他们认为牛顿已经抛弃了新物理学所赖以扎根和繁荣发展的坚实基础。这场争论注定是旷日持久的。尽管18世纪的许多唯物论者都明确地诉诸笛卡尔严格的机械论,但力学与自然神论在牛顿哲学中的交织最终渐渐主导了欧洲启蒙运动时期的文化。

需要指出的是,直到18世纪中叶,这两种物理学派一直共存。在1734年的《哲学书简》(*Philosophical Letters*,1734)中,伏尔泰不仅把英国人的宽容和自由与依然封建的法国政权相比较,还对牛顿物理学与笛卡尔物理学作了比较:在巴黎,世界的形状像一颗柠檬,而在英国,世界的形状像一只萝卜。"一个法国人到了伦敦,发觉自己身处一个完全陌生的世界。去的时候还觉得宇宙是充实的,现在却发觉宇宙空虚了。在巴黎,宇宙是由精细物质的涡旋组成的;而在伦敦,人们却根本不知道这些东西。在法国,我们认为潮汐是由月球的压力引起的;而英国人则认为,海洋是受到了月球的吸引。[……]根据笛卡尔主义者的说法,一切都是由一种无人理解的推力引起的;而根据牛顿的说法,一切则是由一种同样无人知道原因的引力引起的。"(Voltaire,1962:Ⅰ,52)

《光学》

210　　　　1704 年,《光学,或论光的反射、折射和颜色》(*Opticks, or a Treatise of the Reflexions, Inflexions and Colours of Light*,以下简称《光学》)在伦敦出版(那年牛顿 62 岁),牛顿生前曾于 1717 年和 1721 年两次再版。牛顿亲自指导了 1706 年拉丁文译本的翻译;每一个版本都有重大改动,牛顿对他在 17 世纪 60 年代末和 90 年代已经充分讨论的一些问题作了重新处理。和《自然哲学的数学原理》一样,《光学》也分为三卷。第一卷先是给出了一系列定义和确立光学一般原理的一组公理。接下来是一些命题和定理,以几何学的方式解释了与几何光学有关的实验、白光的组成和色散学说、透镜的像差、彩虹和颜色的分类,等等。第二卷讨论了与颜色、干涉环和光在薄板中的干涉现象有关的问题。第三卷描述了研究衍射和彩色条纹的一系列实验,这些条纹是在存在着微小的障碍物和薄板时产生的。

罗伯特·胡克在《显微图谱》(1665)中重新审视了关于光的本性的笛卡尔理论。在一个充满的机械论宇宙中,光和声音一样以波的形式传播,胡克描述了折射定律,并把光解释为以太振动的结果。牛顿对光和颜色的研究依赖于开普勒的《屈光学》、笛卡尔的《屈光学》(1664)、弗朗切斯科·玛丽亚·格里马尔迪

(Francesco Maria Grimaldi)的《关于光、颜色与潮汐的物理数学探讨》(*Physico-mathesis de lumine*, *coloribus et iride*, 1665)、波义耳的《关于空气弹性及其效应的物理-力学新实验》(*New Experiments Physico-Mechanical*, *Touching the Spring of the Air*, *and Its Effects*, 1667)，以及艾萨克·巴罗(Isaac Barrow)的《光学讲义》(*Lectiones opticae*, 牛顿本人对此也有贡献)。

牛顿对光的本性——波或微粒——的立场很复杂，这在一定程度上肯定与 1672 年至 1676 年发生的与胡克的一场激烈争论有关。他觉得，有些学者倾向于认为光是由物体发出的大量极小而迅速的微粒组成的。而格里马尔迪和惠更斯等另一些人则认为，光是介质中的一种运动。格里马尔迪认为光是一种流体，波在其中运动，而惠更斯则提出，光是一种在静止流体中运动的纵波。牛顿不打算卷入任何他认为无用的争论。他虽然充分利用了微粒理论，但始终没有彻底地证实它。他的理论建立在实验数据和他提出的解决方案之上，在这种解决方案中，光本质上是微粒还是波要取决于特定情况，尽管他确信，波动说无法解释光的直线传播以及障碍物背后为什么会形成阴影。这两种理论的支持者之间的冲突在 17 世纪末加剧为两个学派之间的根本对立。这种分裂导致了科学的形而上学之间的激烈竞争，这种形而上学在 18 世纪暂时以支持微粒说学派而告终，在 19 世纪暂时以支持波动说学派而告终，今天则以 1905 年之后量子光学的"互补"进路为代表(Bevilacqua and Ianniello, 1982:245, 254)。

在 1672 年 1 月 18 日的一封写给皇家学会秘书亨利·奥尔登堡的信中，牛顿解释说，他的光论即使不是自然研究中业已作出的最重要的发现,也是最伟大的发现(Newton,1959—1977:Ⅰ,82—83)。在此之前,对颜色本性的大量描述常常是混乱的,这些描述将颜色看成光所作用的物体的内在性质,而不是光本身的性质。根据亚里士多德的说法,颜色是物体的一种内在性质,或者说由黑暗与光混合而成:红是白光混合了少量的黑暗,蓝则是白光加入了最大可能的黑暗。帕拉塞尔苏斯认为,颜色是硫要素的一种表现;笛卡尔认为,颜色是由以太微粒不同速度的旋转和平移造成的;胡克认为,颜色是由不同倾斜程度的脉冲产生的。牛顿坚定地摆脱了传统及其同时代人的立场:他认为引起颜色的光的改变是"光的一种固有属性"。颜色并不是由自然物体的反射或折射而产生的(就像一般认为的那样),而是"原始和固有的属性,对于不同的光线是不同的:有些光只呈现红色,有些光只呈现黄色,还有一些光只呈现绿色,如此等等"(Newton,1978:208)。颜色问题不再只是感知的问题:折射角可以计算出来;颜色是一个可以用数学来处理的物理问题——区别于"心理学"问题。一个物体的颜色与它表面的吸收性有关:"我会称一束光线呈现红色,或是使物体呈现红色,或是产生红色[……],等等。光线实际上是没有颜色的。它们之中只有模仿这种或那种颜色的感觉的某种力量或倾向。钟的声音[……]只不过是一种振动罢了,空气中只有由物体传播的一种运动,在感觉中枢中,它成了一种以声音形式存在的对运动的感觉,因此,一个物体的颜色也不过是它反射某种光线更甚于其他类型的光线的一种倾向罢了;在光线中,这不过是它们在感觉中枢中传播某种运动的倾向罢了,在感觉中枢中,它们成了以颜色的形式存在的对那些运动的感觉(Newton,1978:393—

394)。直到 19 世纪初,知觉问题或心理-生理学的问题才回到了光学和比色法的研究上来。20 世纪一位大物理学家指出:"颜色现象在一定程度上取决于物理世界。当然,它也取决于眼睛,或者取决于眼睛后面的大脑中发生的事情。"(Feynman, Leighton, and Saads, 1963: I, 2, 35—41)

著名而复杂的棱镜实验表明,光"由折射度不同的光线所组成",这些光线根据其折射度被投射到一面墙的不同点上:每一个折射度对应一种基本颜色。紫色最易折射,红色最不易折射。颜色不是由光的干扰产生的;白光并非纯粹的光,而是由具有不同特性的光线组成的,是"光谱"中各种颜色混合的结果。白色既不是一种实在的颜色,也不是光的"固有性质",而是一种感觉。光的成分可以被分离和重新组合。

牛顿的光学研究也取得了重要的实际技术成果。由于彩色条纹或透镜的色差干扰了望远镜接收到的图像,牛顿决定制造一种反射式望远镜(或凹镜望远镜),其侧目镜接收棱镜反射过来的光线。这面镜子(由他自己发明的合金制成)直径 25 毫米,望远镜本身只有 15 厘米长;但它放大了近 40 倍,这远大于通常使用的 180 厘米望远镜的放大率。1671 年,牛顿把他的望远镜寄给了皇家学会。1672 年初,他寄去了一份关于其颜色理论的初步报告,并于 1672 年 2 月 19 日发表在《哲学会报》上。韦斯特福尔写道,随着这篇文章"因其望远镜的成功而名扬四海,牛顿堂而皇之地步入了他此前一直秘密属于的自然哲学家群体"(Westfall, 1980: 237)。

牛顿的生平

1642 年 12 月 25 日,艾萨克·牛顿出生于林肯郡的一个小村庄伍尔索普(Woolsthorpe),同年伽利略去世。牛顿的父亲在他 1 岁的时候就去世了,不久以后,母亲改嫁,他被送去和祖母住在一起。12 岁时,他开始在格兰瑟姆(Grantham)附近的一所文法学校上学。这个男孩制造了如此精巧的机械玩具,家里到处都是他手工制作的日晷。他的童年并不快乐,尤其是在母亲改嫁后。例如,1662 年的一份罪恶清单显示,他"威胁要活活烧死我的父母和烧毁他们的整个房子"。1661 年,他被剑桥大学已有四百多年历213 史的著名的三一学院录取为一名"减费生"。所谓减费生是指为老师们做一些卑微的工作来挣取学费的穷学生;简而言之就是一个仆人,而这正是牛津大学对这份工作的称呼。减费生的义务包括叫醒学院里的其他成员、清理他们的靴子、清空他们的便壶,等等(Westfall,1980:57,71)。到了 1664 年,牛顿不再是减费生,转而全身心地投入学业中。他于 1665 年获得艺学学士学位,1666 年成为"初级研究员",1668 年获得艺学硕士学位并成为"高级研究员"。次年,艾萨克·巴罗辞去了卢卡斯数学教授职位,这样牛顿便可以填补这个空缺,他一直担任此职位至 1704 年。然而,他在三一学院度过的 28 年恰好赶上了三一学院和剑桥大学历史上最多灾多难的时期。这肯定对牛顿缺乏社交能力和生活孤独有一定的影响(Westfall,1980:189,190)。

在剑桥大学期间,牛顿不仅阅读亚里士多德主义者的著作,还阅读了开普勒的光学和天文学、笛卡尔的《几何》、伽利略的《关于两大世界体系的对话》，以及波义耳、霍布斯、格兰维尔和数学家约翰·沃利斯的著作。他与神学家兼柏拉图主义哲学家亨利·摩尔成为亲密的朋友。在 1665 年至 1666 年的瘟疫期间，牛顿回到伍尔索普和母亲住在一起。这两三年多产得几乎令人难以置信。他利用近一个世纪的研究成果，独自设计了一个研究方案，使他走在了欧洲科学的前沿。回顾那个时期，牛顿认为他花在数学和哲学上的时间比他一生中任何时候都多。到了 1665 年底，牛顿 23 岁时已经提出了二项式定理，发现了流数法（微积分），并且推导出了重力的本性："使行星保持在其轨道上的力必定与其旋转中心距离的平方成反比。"（Westfall，1980：143—144）

很少有人知道牛顿的发现，因为这些发现尚未发表。接替巴罗成为卢卡斯教授之后，牛顿做了一系列光学讲座（*Lectiones Opticae*）。然而，由于他与胡克的争执（始于他寄给英国皇家学会的关于光和颜色的本性的信），他决定不发表这些讲义。在接下来的一个时期，他致力于研究炼金术、神学和对《启示录》的解释。他在《论轨道物体的运动》（*De motu corporum in gyrum*）中概述了天体力学的基本原理，然后开始撰写《自然哲学的数学原理》，直到 45 岁时才出版。

牛顿科学研究的创造性阶段实际上随着《自然哲学的数学原理》而告终。正如我们所知，胡克去世后，牛顿于 1704 年出版的 214 《光学》是由他之前的作品组成的。此外，解释流数法的附录也是他三十多年前的研究成果。1705 年《学人纪事》上的一篇评论文章开启了一场与莱布尼茨就谁是微积分的合法发明者而展开的漫长而激烈的争论，直至今日，这仍是科学史上最著名的争论之一

（Hall，1980）。直到 1688 年和"光荣革命"之前，牛顿一直在剑桥和伦敦过着书斋式的生活。1689 年，他开始了公职生涯，1696 年被任命为伦敦造币厂厂长，并担任这一职位长达 30 年。从 1689 年到 1690 年，他在议会中代表辉格党。1703 年，他当选为皇家学会会长，对欧洲的思想生活产生了巨大的影响。这个享有盛誉的科学学会成了某种程度上的私人领地。他于 1727 年去世，享年 85 岁。

牛顿一直全神贯注于他的工作，所以整夜伏案工作并不罕见。他沉迷于对问题的解决，常常忘记吃饭，他未碰过的盘子被他那只越来越胖的猫舔得干干净净。他一生都对别人隐藏自己深刻的宗教信仰，在与他人的关系中往往表现得冷漠。他有一个"内置的检查员，永远活在工头的眼皮底下"（Manuel，1974：16）。他和一个女人第一次也是最后一次浪漫关系可以追溯到他在格兰瑟姆文法学校的时候。在剑桥当了五年牛顿办事员的汉弗莱·牛顿（Humphrey Newton）说他只见过牛顿笑过一次。他在给胡克和惠更斯的信中所作的尖刻而傲慢的评论显示他经常发脾气。在与莱布尼茨的争执中，他把约翰·凯尔和皇家学会任命的一个委员会用作烟幕（尽管莱布尼茨也不愿透露姓名）。正如韦斯特福尔所指出的，童年时期的神经症和工作压力使牛顿日渐衰竭：他是一个饱受折磨的神经质的人，晚年一直处于精神崩溃的边缘（Westfall，1980）。

关于手稿的一个小插曲

在讨论《光学》结尾的"疑问"之前，我想澄清一下与迄今为止的讨论有关的一点，对此我当然不会声称自己具有原创性。我很清楚,在今天众多训练有素的牛顿学者当中,很少有人会从分析牛顿的主要著作开始研究他的自然哲学。我选择这种非正统的进路有两个理由。首先,牛顿在18、19世纪和20世纪初的声誉和名望几乎只与他的两部伟大杰作有关。当代杰出学者的那些令人钦佩的艰苦而复杂的研究已经动摇了一个看似精心耕耘的领域,从根本上改变了牛顿的意义和他在历史上的地位,但也危及了这样一个如此明显的观点在当今普通读者中的传播。这便引出了第二个理由。对牛顿鲜为人知甚至不为人知的著作的极大兴趣可能导致一种悖谬的结果,即科学史或哲学史教科书会只通过牛顿出于谨慎或极其注重隐私而决定不予发表、从而不为公众所知的那些著作来讨论牛顿。促使我做出这个决定的契机是,有一天我在一本教科书中读到了一章关于牛顿的内容,其中只引用了他未发表的著作。

　　牛顿逝世后,皇家学会拒绝获得他的宗教著作,并将其归还给他的家人,建议他们不要向任何人展示。当《牛顿著作全集》(*Opera ommia*,1779年至1785年出版)的编者塞缪尔·霍斯利(Samuel Horsley)发现这些成问题的文稿时,据说他"震惊不已,砰的一声关上了装有它们的箱子盖"。英国著名经济学家约翰·梅纳德·凯恩斯(John Maynard Keynes)获得了牛顿的一些手稿,当他意识到这些手稿在很大程度上涉及炼金术时,他做出了一项激起争论的声明:牛顿并非第一位伟大的现代科学家,而是"最后一位魔法师"。虽然这些手稿广泛涉及数学、物理学、光学和"科学"的问题,但其中许多都致力于炼金术、《圣经》年代学、《圣经》诠释和神学争论、《启示录》以及赫尔墨斯主义的秘密原始知识概念。

剑桥大学（只选择了一些科学文稿）、大英博物馆、哈佛大学、耶鲁大学和普林斯顿大学等机构甚至不愿为他的文稿投标。1951 年，以色列接受了大部分手稿收藏，但直到 18 年后才将其交予耶路撒冷的大学图书馆（Mamiani in Newton，1994：vi—vii）。

　　牛顿学者们一般都认为，在 1945—1950 年之前出版的作品——虽然其中一些仍然非常重要——在某种程度上已经因为后来利用手稿所作的研究而变得过时。牛顿未发表的数学和科学论著直到 20 世纪六七十年代才能看到（Newton，1984；Herivel，1965），他未发表的光学和哲学作品（Newton，1984；1983b）以及他的通信（Newton，1959—1977）也是如此。此外，原计划作为《自然哲学的数学原理》第二版和《论〈启示录〉》（*Treatise on the Apocalypse*）的一个附录的所谓《古典注释》（*Scolii classici*）直到最近 20 年才重见天日（Newton，1983a；1991；1994）。也许可以说，战后学者被大量材料淹没了，即使他们希望只限于最重要的著作，这也意味着大约 20 卷甚至更多卷的体量。

　　从这种角度来看，牛顿的命运肯定非常奇特。无论是哥白尼、笛卡尔、伽利略还是后来的达尔文，都没有发生过类似的事情。对这些科学家的实证主义描绘与他们同时代人的描绘有显著不同。然而，发现一份新的手稿是一回事，解释历史学术的变化和进展是另一回事，而在近两百年之后突然出现大量手稿则又是另一回事。认为牛顿是一位"实证主义科学家"（今天仍然流行），这种观点是由 18 世纪末和 19 世纪的历史学家和科学家构建的，但与另一个事实也大有干系，那就是持续地顽固拒绝考虑揭示了一个看似熟悉的人物的未知维度的大量作品，这里的"熟悉"与现代实证主义科学家对自己的集体描绘有关。

在这一节中，我实际上有两个会聚性的目标。第一个目标是让一般读者意识到打开装有牛顿笔记本的箱子并加以研究的重要性。第二个目标是谦卑地提醒有些过分热情的专家，倘若牛顿只留下了他未发表的"科学"著作，更不用说箱子里的其他内容，那么用专门讨论艾萨克·牛顿的一章来结束一本关于科学革命的书是荒谬的。

《光学》中的"疑问"

我刚才提到的牛顿的这个"未知维度"部分可见于《光学》的最后一章，也就是被他称为"疑问"的问答部分。《光学》第一版中有16个"疑问"，1706年的拉丁文译本中有23个，1717年的英文版中有31个。牛顿在最后的几个疑问中讨论了许多问题：真空的存在、物质的原子构成、使原子保持在一起的力的电性、光的偏振、隐秘性质、机械因的不足、笛卡尔的形而上学、上帝与世界的关系、上帝的本性、自然哲学与道德哲学之间的关系、自然以奇特的不同方式转变自身的能力、炼金术实验，等等。

在最著名也是讨论最多的疑问31中，牛顿提出，大宇宙和小宇宙由同样的动力学定律所支配。微粒之间的吸引力很强。[217]牛顿拒绝其他哲学家的信念——带钩的原子，被一种隐秘性质的静止状态，或者被无、甚至是通过共谋的运动或彼此之间的相对静止产生的内聚力固着在一起的原子。而牛顿则自称已经"由它们的内聚力推断出，它们的微粒是由于某种力而相互吸引，这种力在微粒直接接触时极其强大；在很小的距离处，它起着上述那些化学作用，而在远离微粒的地方，它就没有什么感觉得到的效应"(Newton,1953:168;1978:591—592)。将微粒结合在一起的力要么是重力，要么是与之非常类似的力："正如重力使海洋绕着密度更大、重量更重的地球部分流动，这种吸引力也可能使液态的酸围绕着密度更大也更紧致的土微粒流动，从而构成盐微粒。"(Newton,1953:166;1978:589)

借助物理性质和化学性质是由物质的微粒结构决定的这一观念，现在可以将物理学和化学在论述上统一起来。最小的物质微粒被一种很强的吸引力结合在一起，形成了吸引力较弱的较大微粒。这些较大的微粒中有许多可以结合成吸引力更弱的更大微粒，"以此类推，直至化学作用所依赖的最大微粒"(Newton,1953:172;1978:598)。

因此，世界"与自身一致，非常简洁"，因为天体的大运动由万有引力所产生，而"其微粒的小运动"则由"微粒之间的其他一些吸引力和排斥力"所产生。"为什么世界上存在运动？"非常硬或非常软的物体的碰撞会消弭其运动。两个弹性物体相遇时，弹性会产生一个新的冲力，但比最初的冲力小。惯性力是一种被动本原："仅凭这个本原，世界上将不可能有任何运动。要使物体运动，还需要其他某种本原；一旦它们运动起来，还需要其他某种本原来保持运动。"(Newton,1953:174;1978:598)

除了惯性这种"被动本原"，自然之中还存在着主动本原，比如重力的起因、发酵和物体的内聚力。牛顿的上帝与培根或伽利略的上帝之间有显著差异。牛顿的上帝是其物理学不可或缺的一部分。

宇宙循环

　　牛顿的主动本原在某种程度上解释了宇宙中运动的存在："若 218
不是因为这些本原,那么地球、行星、彗星、太阳以及它们内部的所
有东西都将冷却而冻结,变成不活动的物质,而且所有腐烂、生殖、
生长和生命都将停止,行星和彗星将无法保持在轨道上运动。"
(Newton,1953:175;1978:600)由于宇宙趋向于衰退和毁灭,所以
需要神的干预来维持它。正如我们所知道的,宇宙秩序的那位赋
予者也确立了天体轨道"原始而规则的"位置。太阳、行星和彗星
的合理位置"只可能是一个无所不能的智慧存在者的作品"。宇宙
不可能仅仅凭借自然定律而从混沌中产生,尽管造物主已经引入
了秩序,"一旦形成,它可能会根据这些定律持续很长时间"。然
而,这个系统中存在一些"微不足道的无规律性","这些无规律性
可能来自彗星与行星之间的相互作用,而且还将倾向于变大,直到
这个系统需要重新改造为止"(Newton,1953:177;1779—1785;
Ⅲ,171—172;1721:377—378;1978:602)。

　　莱布尼茨认为,牛顿的上帝其实是一位糟糕的钟表匠,因为他
创造的世界可以持续很长时间,但不会永远存在,而且需要不时地
加以修正。牛顿的世界机器就像一块运行得并不完美的手表,如
果让它自己走,就会停下来,需要上帝不时地给它上紧发条或修理
一下:"艾萨克·牛顿爵士及其追随者还有一种对上帝工作的很好
笑的意见。照他们的看法,上帝必须不时地为他的'钟表'上紧发
条,否则它就会停下来。他似乎缺乏足够的预见力以使其'钟表'

能够运转不息。"(Leibniz-Clarke,1956:11)

　　热情的牛顿主义者塞缪尔·克拉克回应说,尽管在物理世界中,这个主动的力在不断地自然减弱,并且需要新的能量,但这并不意味着宇宙是有缺陷的。毋宁说,这完全是由于物质无生命的、惰性的、不活跃的本性造成的。牛顿的宇宙有时需要重建或重组。直到最近几十年,牛顿的宇宙演化论和宇宙"重组"的主题才引起牛顿学者的注意。牛顿一直被视为一种机械论科学的拥护者,其首要模型是一个绝对静态的世界,这个世界用相对时间与绝对时间之间的经典的(当然也是基本的)区别来解释。然而,在这个框架内还有更加精微的解释。例如,最近有大量文献证据表明,13、14 世纪关于世界永恒本性的思辨在 17 世纪的论述中发挥了重要作用(Bianchi,1987)。大卫·库布林(David Kubrin)明确提出了牛顿的宇宙演化论这个主题,并且表明,一种循环时间观处于牛顿自然哲学的核心。事实上,库布林指出,牛顿的宇宙演化论思辨正是来源于他对永恒世界概念的拒斥。与许多同时代人一样,他也相反地相信,宇宙的力和规律性在逐渐衰退(Kubrin,1967)。

　　1675 年 12 月 7 日,牛顿在给奥尔登堡的信的开篇便重申了他对假说的厌恶,以及由此产生的"讨厌的无关紧要的争论",然后将电和磁的本原与重力相比较。他认为以太介质是由"迟钝的以太主体"和"其他各种以太精气"组成的。他甚至宣称,"也许整个自然体系只是某种以太精气或蒸汽像在沉淀过程中那样凝结而成的各种结构","因此,也许万物都源于以太"。基于这个假说,地球的吸引力"可能是由于有另一种这一类的以太精气在不断凝聚所引起。这种以太精气不是迟钝的以太的主体,而是极其稀薄和精细地弥漫于其中的某种东西,或许还具有一种像油或树胶那样黏韧而有弹性的性质"。这种精气可以渗透并"凝聚在泥土的孔隙中"。地球这个巨大的物体"可能不断凝聚大量这种精气,使之从高处迅速下降以保证供应"(Newton,1953:86;1978:252)。在整个下降过程中,这种精气可能用一定的力把遍布着它的物体一起带下来,该力正比于受它作用的物体各部分表面的大小。事实上,大自然让同样多的物质以空气的形式从地球内部缓慢上升而形成一个环流,"这种空气在一定时间内组成大气,但是由于继续不断地受到下面升起的新的空气、散发物和蒸汽的托浮(除掉一部分蒸汽在雨中回落下来外),它们终于又消失在以太空间之中,在那里或许终究会缓和而弥散,回到它的原始本原中去"(Newton,1953:86;1978:253)。

将地球比作一块吸收以太的巨大海绵("主动本原"),这基于 220
一个假设:大自然"是一个永恒的循环工作者"。大自然"从固体中产生出流体,从流体中产生出固体,从易蒸发的东西中产生出不易蒸发的东西,而从不易蒸发的东西中产生出易蒸发的东西,从重的东西中产生出轻的东西,而从轻的东西中产生出重的东西",一些物质从地球的中心上升,"形成了地球的上层流体、河流和大气,结果就有其他一些东西下降作为对前者的一种补偿"。

像地球一样,或许太阳也"吸收了大量的这种精气,以维持它的发光运动,并防止行星进一步远离它"。如果愿意,还可以设想,"我们与恒星之间的巨大以太空间是储备这种太阳和行星的食粮的足够大的仓库"(Newton,1953:86;1978:253)。

1675年,牛顿确信"以太物质"是更新运动和宇宙活动的原因。在《自然哲学的数学原理》中,他认为彗星也是其原因:"为了保持海洋和行星流体,彗星似乎是必需的,通过它的蒸发与凝结,行星流体因作物的繁衍和腐败被转变为泥土而损失的部分,可以得到持续的补充和产生;因为所有作物的全部生长都来自于流体,以后又在很大程度上腐变为干土;在腐败流体的底部总是能找到一种泥浆;正是它使固体地球的体积不断增大;而如果流体得不到补充,必定持续减少,最终干涸殆尽。我还进一步猜想,正是主要来自彗星的这种精气,它确乎是我们空气中最小最精细也是最有用的部分,才是维持与我们同在的一切生命所最需要的。"(Newton,1965:770—771;Kubrin,1967:336)

为使宇宙永世长存,需要主动本原。这就要求有一种机制,通过这种机制,造物主可以不时地补充运动的量和轨道的规律性。牛顿在彗星中发现了这样一种机制。它不仅解释了运动量的更新,而且还解释了系统持续的循环再生及其后续发展,直至下一次创世的时刻(Kubrin,1967:345)。

年表

牛顿花了大量的时间和精力来研究一个在当时被广泛讨论的问题:如何调和《旧约》年表与异教徒或异教民族的世俗世界年表(Rossi,1979)。自 1693 年起,牛顿一直在研究基督教和神学,并最终认真编写了《古代王国年表修订》(*Chronology of Ancient Kingdoms Amended*,出版于 1728 年,即他去世后一年),其中包括他数十年前写的草稿和研究。牛顿在标题中使用的"修订",即是遵从 17 世纪末和 18 世纪初的宗教正统派传统,缩短古人的历史,以避免赫耳墨斯主义哲学家和自由派哲学家提出的异教方案,他们相信古代王国要比《旧约》中讲述的希伯来人久远得多。根据这些观点,文明、道德和宗教并非产生于上帝与摩西的交流以及上帝传给摩西十诫。承认文明和族群先于犹太人(赫尔墨斯主义者 [221] 主要指埃及人,自由派主要指埃及人、墨西哥人和中国文化)暗示着,《圣经》并没有讲述创造世界和人类的故事,而只是讲述了创造一个特定族群的故事;这又转而暗示,大洪水并不是一个实际的普遍事件,而只是一个毁灭了单个族群的局域性事件。

　　牛顿(我们将会看到,他的宗教哲学在很多方面都是绝对的异端)并没有声明不赞成其他许多对《旧约》真实性和独特性的(新教和天主教)捍卫者。他坚持认为,所有异教社会的历史和对一种比犹太人更古老的文明的声言都应与圣经叙事相比照。牛顿是众多历史"缩短者"之一。他希望表明犹太人先于希腊人和其他文明。他从公认的希腊历史年表中删去了大约 500 年,从其他古代族群的时间表中删去了几千年,主要是更新和扩大了一个后来被证明很受欢迎的论点:自由派思想家所尊崇的先于犹太人的古代文明从未存在过,那不过是詹巴蒂斯塔·维柯所谓"民族的傲慢"的产物,或者是一个社会将自己打扮成最古老的从而是一切文明的创始者的尝试。根据牛顿的说法,所有民族都修改了自己的历史,以使其地位升至最高贵的民族。神话中的众神以及迦勒底、亚述、希腊的国王和被奉若神明的王室成员都被认为比他们实际上更古老。因此,正是虚荣心促使埃及人创造了一个比世界本身古老几千年的王国的形象。(牛顿沿着培根的思路宣称,)所有古代文明都是可疑的,常常是被发明出来的,总是"充满诗意的虚构":"埃及人夸耀一个伟大而长命的帝国[……]。出于纯粹虚荣的理由,他们把这个王国说得比世界还古老几千年。"(Newton,1757:144;1779—1785:V,142—193)

　　类似的声明也出现在《君主国的起源》(*The Original of Monarchies*,1693—1694)中:"现在,所有国家在开始精确地记述时间之前,都倾向于提升自己的古老性,使自己的先祖活得比实际上更长久[……]。因为这使埃及人和迦勒底人将他们的古代提至比实际情况还早数千年[……]。希腊人和拉丁人对于自己的起源更谦逊,但也超越了实情"(Manuel 1963:211)。正如伏尔泰在《哲222 学书简》的第十七封信中所说,牛顿基于二分点进动理论以及用来确定年代的古代文本中的天文学描述所做的计算仅仅是为了缩短世界的历史:"时代之间的距离缩短了,一切都比我们以为的发生得更晚。"

　　对于那些熟悉维柯作品的人来说,牛顿的"历史"著作显然揭示了大量流传甚广的持久观念。令人遗憾的是,很少有维柯学者读过牛顿,也很少有牛顿学者翻阅过维柯的《新科学》(*Scienza Nuova*)。

古人的知识

　　在 1963 年出版的《历史学家牛顿》(*Newton Historian*)一书中,弗兰克·马努埃尔(Frank Manuel)表明,宇宙的"物理历史"和"国家历史"在牛顿那里是多么紧密相联。他指出,在牛顿的世界体系中,王国历史中的一个编年事件可以用一个天文事件的形式表现出来,反之亦然,因为天界和地界的事件有着平行的进程。正如"星球质量的形成及其运动的规律性有一个时间上的开端,世界也注定要在一场大火中结束,就像《启示录》所预言的那样"(Manuel 1963:164)。

牛顿认为异教的宗教信仰或神学起源于埃及。异教神学"本质上是哲学的,依赖于宇宙体系的天文学和物理科学"。他相信挪亚在大洪水之后曾在埃及定居,他的儿子们则因继承权而争斗。宗教变得等同于"对一种在圣地永恒燃烧的祭火的崇拜"。摩西在会幕中放置圣火时恢复了最初的礼拜仪式,"清除了埃及人带来的迷信"。这些迷信包括将他们的祖先变成神,其他民族也都心甘情愿地跟随埃及人的脚步(Westfall,1980:353—354)。

反自由派的争论实际上并没有完全驱散那种对"古代存在一种原始的、隐秘的智慧"的神话的信念。弗朗西斯·培根将其学术改革称为一种复兴或履行一个古老的承诺。新科学使人重新获得了他在堕落之前曾经拥有的对自然的控制。培根认为,"古代传说"既非那时的产物,亦非古代诗人的发明,而更像一股"来自过去更美好日子的神圣遗迹和温柔微风,来自最古老的传统和古代文明,并且转移到希腊人的笛子和喇叭上"(Bacon,1887—1892:Ⅵ,627)。知识可以得到恢复或复兴,它以某种方式隐藏在最遥远的 223 时间中,基本的真理远远早于希腊哲学,但随后失传或隐匿了,这种"赫尔墨斯主义"观念贯穿于 17 世纪大部分文化之中,甚至出现在我们最不期望在其中发现它的作者的著作中。我们将会看到,这些观念不仅体现在牛顿的著作中,而且体现在比如坚信现代之优越性的笛卡尔的著作中。在《指导心灵的规则》中,他写道:"我确信,某些真理的原始种子[……]在那个单纯而天真的古代茁壮生长[……]。有些作者能够把握哲学和数学中的正确观念[……]。但我渐渐认为,这些作者本人以一种有害的狡猾,随后压制了这种数学,众所周知,这正是许多发明者就自己的发现所做的事情,他们担心自己的方法如果泄漏出去,会因为过于简单而遭到反对。"(Descartes,1897—1913:Ⅹ,376;1985:18)

在《宇宙体系》(*De mundi systemate*,写于 1684 年至 1686 年)中,牛顿把哥白尼的理论不仅与菲洛劳斯和阿里斯塔克联系在一起,而且与柏拉图、阿那克西曼德(Anaximander)和努马·庞皮利乌斯(Numa Pompilius)联系在一起。此外,他还再次回到古埃及人的智慧:为了象征以太阳为中心的天球,努马·庞皮利乌斯建起了一座圆形的神庙来纪念女灶神维斯塔(Vesta),并规定神庙的中央要有一团永恒的火焰。然而,这个想法很可能始于埃及人,他们是最早的星空观察者。他们将最可靠的哲学思想传播到国外,特别是传给了相比于做哲学研究更倾向于做语文学研究的希腊人:"我们甚至可以在维斯塔崇拜中看到埃及人的精神,他们使用潜藏于宗教仪式和象形文字符号背后的超越凡人能力的隐藏的奥秘"(Newton,1983a:28—29;Westfall,1980:434—435)。

"古代智慧"(*prisca sapientia*)的观念亦可见于牛顿打算添加到《自然哲学的数学原理》中的"古典注释"。其目的在于证明,除了埃及天文学家,希腊和意大利的哲学家们也知道这些现象和引力天文学的定律。事实上,牛顿相信人们一直知道——即使只是象征性地知道——引力随距离的平方而减小:"古人并没有充分

解释重力随距离的增加而减小的比例。但他们似乎用天界的和声
来表示这个比例,用阿波罗和他的七弦琴来象征太阳和其他六颗
行星[……],用音程来表示行星之间的距离[……]。在阿波罗的
神谕中[……],太阳被称为七音和声之王。这个符号被用来表明 224
太阳对行星施加了力[……]与它和行星之间距离的平方成反比。"
(Newton,1983a:143—144)

　　将牛顿描述为一个"赫尔墨斯主义"哲学家很可能是有些夸张
的,但他无疑坚信自己正在重新发现自古以来就已经为人所知的
自然哲学真理,这些真理由上帝亲自揭示出来,在人因堕落而失去
恩典之后又隐匿了,然后在古代又得到了部分程度的恢复。这本
伟大的自然之书已被破译。哥白尼、开普勒和牛顿本人都是从回
归的角度来理解天文学的进步的(McGuire and Rattansi,1966)。

炼金术

　　牛顿一生中写的几千页手稿证明他在阅读、抄写和评注炼金
术著作方面付出了巨大的努力。如果这还不够,那么他的论文表
明他用碱、金属和酸做了无数实验。当牛顿将作为宇宙中一种主
动本原的重力与物体的内聚力和发酵联系起来时,我们想起了他
对化学和炼金术的兴趣。从这个角度看,牛顿的实验肯定还有其
他目的:为假设性地研究原子和以太提供实验基础,帮助他寻找关
于宇宙的统一解释或统一科学。这明显地表现在《自然哲学的数
学原理》的"总释"的最后几行。在这一节中,牛顿提到了"某种能
够渗透并隐藏在一切粗大物体之中的某种异常微细的精气,由于

这种精气的力和作用,物体中各微粒在距离较近时能相互吸引,彼此接触时能粘连在一起;带电体的作用能够延及较远的距离[……];由于它,光才被发射[……]一切感官之受到刺激,动物肢体在意志的驱使下运动,也是由于这种精气的振动[……]从外部感官共同传递到大脑,并从大脑共同传递到肌肉的缘故"。但牛顿总结说:"要想精确地得到和证明这些电的和弹性的精气作用的规律,我们还缺乏必要而充分的实验。"(Newton,1953:46—47;1965:796)

牛顿对炼金术怀有长期的兴趣。将近 30 岁的时候,他买了一些硝酸、汞的升华物、锑、酒精和硝石,并独力建造了一座砖炉。大约在同一时期的 1669 年,他开始阅读炼金术士的著作,试图理解他们的象征语言,寻求各位炼金术士共有的规则和方法。相比于主导炼金术文献的神秘-宗教表达,牛顿似乎对炼金术的实验方面更感兴趣,并且在此期间做了许多实验。韦斯特福尔提醒我们,牛顿用"其他炼金术士从未拥有的独特的思想工具"来研究这门伟大的技艺。他对定量测量的兴趣是一个主要关切,他从未放弃从数学中诞生的严格语言而只偏爱隐喻。此外,牛顿从一开始就对机械论哲学持保留态度,他认为在表达自然的复杂性方面,机械论哲学的范畴太过局限(Westfall,1980:293,299,301)。韦斯特福尔用了一个巧妙的隐喻来解释牛顿对炼金术的持久兴趣;他的炼金术手稿重见天日之后,这种兴趣曾让许多学者感到困惑。

韦斯特福尔指出,牛顿的兴趣显示了他对机械论哲学所施加限制的反叛,他将这种关系比作一个对婚姻不再抱幻想的已婚男人在另一个女人的陪伴下找到了满足："机械论哲学已经服从于他的欲望，也许太过容易了。尚未满足的他继续寻求，并且在炼金术和与之相关的哲学中找到了一位有着无限多样性、似乎永远不会完全就范的新情人。别人令他产生餍足，而她却能激起欲望。牛顿郑重其事地追求了她三十年。"（Westfall，1980：301）

炼金术仅仅是牛顿的一段长期的"婚外情"吗？当我们把他对炼金术的兴趣与一系列其他因素联系起来时，就很难接受这一点了：他自称公开展示他的一些理论是多么不适当；他对"世界末日"的信念；他对一种作为纯粹的未被败坏的真理的原初知识的信念；他将电的精气（有时是物质性的，有时不是）比作一种生命火焰（Newton，1991）；最后是他就"仿佛在沉淀过程中凝结的以太精气"和恒常的"自然的循环运动"对奥尔登堡的评论（Newton，1978：252—253）。

牛顿的宗教和《启示录》

牛顿信仰上帝和《圣经》，尽管他私下里持有绝对异端的观点。他一生都在小心翼翼地隐藏自己对耶稣基督和基督教的真实想法，在宗教信仰方面，他通过"戴着面具前行"来模仿笛卡尔。值得注意的是，在王室的特准下，他成功地免于在圣公会里成为司铎，而后者是剑桥大学所有教员的要求。晚年的牛顿花了多年时间来编辑其神学著作中可能遭到反对的观点，以期最终出版。弥留之际的牛顿拒绝了有两位见证人的教会圣礼（Westfall，1980：330—

334；869）。牛顿读过许多早期教父的著作，他确信（在 1675 年之前），阿塔纳修斯（Athanasius）及其追随者们在 4 世纪教会史的激烈冲突中犯了巨大的欺诈罪：《圣经》在许多地方被改变了。他认为这些改变是为了支持三位一体教义。1668 年，牛顿是神圣而不可分的三位一体学院的一员，但他本人认为，在阿塔纳修斯战胜阿里乌斯（Arius）的时期，三位一体说被错误地强加于基督徒。在他看来，把耶稣基督当作神来崇拜是偶像崇拜的表现。罗马教皇与阿塔纳修斯和罗马教会站在一边，结果，当早期教会确定只能崇拜唯一的真神时，一个偶像崇拜的教派开始了。牛顿暗地里宣称自己是阿里乌斯派信徒，认为基督是神与人之间的一位神圣的调解者，但不是神："子承认父比他大，并称之为他的神［……］子凡事都服从父的意愿，如果他与父平等，这就不合理了。"基督应被尊为主，他又说，"但我们应当在不违背第一条诫命的情况下这样做"（Westfall，1980：312，313，315—316，824）。

基督确实是神之子，但不是神；他与父并不同体。处于宗教核心的两条诫命——爱神和爱邻人——"始终是也永远会是所有国家的义务，耶稣基督的到来并没有改变它们"。苏格拉底、西塞罗和孔子都教导异教徒要爱邻人。公义和爱的法则"由基督规定给基督徒，由摩西规定给犹太人，由理性之光规定给全人类"（Westfall，1980：821—822）。

在许多方面，牛顿一神论的阿里乌斯主义都接近自然神论和自由派思想家的宗教观，自然神论和牛顿主义在 18 世纪看似密切相联，这绝非巧合（Casini，1980：40）。牛顿就神学议题的讨论要比科学讨论多得多。他在这些问题上投入的精力是如此之大，以至于他有时会认为,光学和物理学问题是对更重要的工作(即重新评价整个基督教)令人气恼的干扰(Westfall,1980:310)。

牛顿认为,在研究原始基督教时,仔细考察《圣经》特别是其预言非常重要。事实上,他确信他对《圣经》预言所揭示的真理的理解,与他对颜色本性和宇宙定律的理解达到了类似的水平:"在寻求(并且通过神的恩典而获得了)先知经文中的知识之后,我认为自己必须为了他人的利益而去传播它们,记住对把自己的才能包在手巾里的人的判断。① [……]我并不会因为人们迄今为止在这些尝试中遇到的困难和不成功而感到气馁。这正是应该发生的事情。因为但以理被告知,关于末世的预言要隐藏和封闭,直到末世。但那时智慧人必明白,知识必增长(Dan 12:4,9,10)。因此,它们被隐藏的时间越长,显现它们的时间就越有希望即将到来。"(Newton,1994:3;Manuel,1974:107)

对《但以理书》的引用(培根在《新工具》的扉页上也引用了它)清楚地表明,牛顿相信自己生活在历史的最后时代,预言的意义将不可避免被揭示出来。尽管牛顿晚年修正了他对基督再临的计算,将它移至20世纪或21世纪,但毫无疑问,牛顿是从一种千禧年主义的角度进行的(Westfall,1980:816)。和自然的语言一样,预言的语言也直接来自上帝。牛顿相信他已被上帝选中,并把自己定义为"上帝选择的极少数几个人之一,这样的人即使没有利益、教育或人类权威的引导,也可以真诚、认真地追求真理"(Mamiani,1990:109;Westfall,1980:324—325)。

---

① 这里牛顿化用了《路加福音》第19章第20节的内容。——译者

诠释《圣经》和诠释自然

毛里齐奥·马米亚尼(Maurizio Mamiani)令人信服地指出，甚至在提出某种连贯的"科学"理论之前，牛顿就已经确立了解释《启示录》的一系列规则。《自然哲学的数学原理》中的"哲学推理的规则"似乎是牛顿为诠释《圣经》中的文字和语言而设计的规则的完善的简化版本(Mamiani in Newton, 1994:xxix—xxxi)。在《自然哲学的数学原理》中，牛顿指出，在构建科学的过程中，我们不应"远离与自然的类比，它往往是简单的，而且总是与自身相一致"。若干年前，牛顿曾将这条原则应用于他对《圣经》的诠释："认真观察《圣经》的文字内容和对先知风格的分析[……]。选择那些毫不费力就能把事物归结为最大简单性的构造。真理总是在简单性中而不是在事物的多样性和混乱中被发现的。正如在肉眼看来，世界中的对象最为丰富多样，但从哲学的角度来看，其内在结构却很简单，对世界理解得越深，世界就越简单，因此，在这些看法中世界正是如此。上帝所有作品的完美性就在于，它们都是以最大的简单性完成的。他是秩序之神，而不是混乱之神。"(Newton, 1994:21,29;Manuel, 1974:116,120)

用来诠释《圣经》的方法与用来诠释自然的方法本质上是相同的。发现真理只有一种方法，它既适用于《圣经》也适用于自然哲学；这是科学和宗教的共同特性和特征。与之前的伽利略一样，牛顿也认为《圣经》之书和自然之书不可能彼此矛盾。但与伽利略不同,牛顿认为必须以同样的规则来解读它们:"正如希望理解世界的结构的人必须把自己的知识归结为最简单的术语,在尝试理解预言时也必须如此。"(Newton,1994:29)

《论启示录》(*The Treatise on the Apocalypse*)从规则开始,然后是定义和命题。和在《光学》中一样,后者"以两种方式进行检验,即通过规则和定义(相当于数学原理),以及直接引用《圣经》(相当于实验或对现象进行比较)"(Mamiani,1990:110—111)。牛顿还认为,对《圣经》进行科学解读是可能的,也是可取的。事实上,按照牛顿的规则来解读《圣经》会像科学事实一样可靠:"因此,如果有人认为我对启示录的构造是不确切的,并号称有可能找到其他途径,那么除非他能表明我所做的事情在哪里可以得到改进,否则他的建议将不会被考虑。如果他所主张的途径不够自然,或者基于较弱的理由,那么这足以证明它们是错误的,他所寻求的不是真理,而是为某一方的利益而效力。"紧随其后的类比更加引人注目:"正如对于一位卓越的技师制造的工具来说,当一个人看到各个部件真正结合在一起时,他会欣然相信它们被正确地组合在一起[……];同样,当一个人看到预言的各个部分根据其合宜性有序地排列在一起,各个文字也为了同样的目的被印在其中时,他也应当有同样的理由来接受这些预言的构造。"诚然,一位技师可能有不止一种方式将一个工具以同样的一致性组合在一起,也许有某个句子更加模糊不清:"但是这种反驳在《启示录》中不可能有位置,因为知道如何清晰地构造《启示录》的上帝有意让它成为信仰的准则。"(Newton,1994:29—31;Manuel,1974:121)

结论

229　　　正如我们所看到的,有许多因素使我们无法得出那个无可救药的过时结论,即牛顿是一位实证主义科学家,甚至不能称赞他为第一位伟大的现代科学家。他一生对炼金术的兴趣和对存在一种原始知识的坚定信念,以及他对科学与宗教、上帝的概念与物理学、自然研究方法与《圣经》自然方法的交织,把他的工作置于一个完全不同的框架之中。现代科学当然有其英雄,牛顿也许是最伟大的英雄之一。他墓碑上华丽的巴洛克风格的铭文极富表现力:"让凡人们欢呼吧,世上竟有如此伟大的人物为人类增光添彩。"亚历山大·蒲柏(Alexander Pope)的著名对句在某种程度上也表达了一个深刻的真理:"自然和自然律隐藏在黑夜中,上帝说'让牛顿去吧',万物遂成光明。"

　　但同样真实的是,把牛顿的所有陈述都解释成"现代的"将是一项无望的任务。对于一个像我一样将一生中的黄金时间都用来研究现代科学诞生期间魔法与科学之间关系的人来说,这个结论并非令人不快。历史学家并不(我认为也不应该)认为我们今天所谓的科学是一个制成品,毋宁说,科学是试图解决当时尚未解决的问题的一系列尝试,这些问题在很多情况下都很难被认为是合理和合法的。

　　科学史可以让我们意识到一个事实:理性、逻辑严格性、可证实的陈述、结果和方法的公开、科学知识得以自我增长的结构本身,既不是精神的永恒范畴,也不是人类历史中的持久事实,而是一些历史成就,和所有成就一样,这些历史成就根据定义就会失去或者被推翻。

与科学知识相关的许多价值的起源看似很纷乱,而我们今天认为这些价值是正面的、不应放弃的,难道自由和宽容的政治价值不也发生了类似的过程吗?

年　　表

年份	科学和技术	政治、宗教和艺术
1452—1519	达·芬奇,力学和光学研究	
1482	欧几里得著作被译成拉丁文	
1492	哥伦布发现美洲	布拉曼特(Bramante)设计位于米兰的圣玛利亚感恩教堂(Santa Maria delle Grazie, Milan);洛仑佐·德·美第奇(Lorenzo de' Medici)去世。
1493—1541	帕拉塞尔苏斯(医疗化学)	
1494	帕乔利(Pacioli),《算术大全》(*Summa arithmetica*)	
1497		达·芬奇绘制《最后的晚餐》
1497—1500	瓦斯科·达·伽马(Vasco da Gama)航海	
1498		萨沃纳罗拉(Savonarola)被烧死在佛罗伦萨的火刑柱上
1501		米开朗琪罗雕塑《大卫》
1509		伊拉斯谟(Erasmus),《愚人颂》(*Praise of Folly*)
1510—1511		第一批非洲奴隶被运往美洲
1513—1521		马基雅维利,《君主论》;《论李维罗马史》(*Discourses on the first decade of Livy*)

年份	科学和技术	政治、宗教和艺术
1516		阿里奥斯托（Ariosto），《疯狂的罗兰》（*Orlando Furioso*）
1517		路德张贴《九十五条论纲》
1519—1521	麦哲伦环球航行	科尔特斯（Cortés）征服墨西哥
1521		路德被革除教籍
1527		罗马之劫
1529		法国和西班牙签署《康布雷和约》（*Cambrai Peace Treaty*）
1530	弗拉卡斯托罗（Fracastoro），《梅毒或论高卢病》（*Syphilis sive de morbo gallico*）	查理五世被加冕为神圣罗马帝国皇帝
1533—1535		明斯特城被再洗礼派控制
1534		耶稣会成立
1535		托马斯·莫尔爵士被斩首
1536		加尔文，《基督教要义》（*Institutes of the Christian Religion*）；米开朗琪罗绘制《末日审判》
1537	阿波罗尼奥斯（Apollonius of Perga）的著作被译成拉丁文	
1540	比林古乔（Biringuccio），《火法技术》（*Pirotechnia*）；雷蒂库斯（Rheticus），《哥白尼〈天球运行论〉初论》（*Narratio prima*）	加尔文，日内瓦宗教改革开始
1542	富克斯（Fuchs），《植物志》（*De historia stirpium*）；维萨留斯（Vesalius），《论人体结构》（*De corporis bumani fabrica*）	

231

年份	科学和技术	政治、宗教和艺术
1543	哥白尼,《天球运行论》	
1545	卡尔达诺(Cardano),《大术》(Ars Magna)	特伦托会议召开
1546	弗拉卡斯托罗,《论传染病》(De contagione)	
1511—1558	格斯纳(Gesner),《动物志》(Historiae animalium)	
1551	莱茵霍尔德(Reinhold),《普鲁士星表》(Tabulae prutenicae)	
1552	卡尔达诺,《论精微》(De subtilitate)	
1556	阿格里科拉,《矿冶全书》	
1558	德拉·波塔,《自然魔法》	
1562		法国宗教战争爆发
1571		勒班陀海战(Battle of Lepanto)
1572		圣巴托罗缪节对法国胡格诺派教徒的大屠杀
1574	第谷·布拉赫在天堡天文台	
1580	帕利西(Palissy),《美妙的论说》(Discours admirables)	蒙田,《随笔集》
1582		教皇格里高利改历
1583	切萨尔皮诺(Caesalpino),《论植物》(De Plantis)	
1584	布鲁诺,《论无限、宇宙和诸世界》(De l'infinito, universo e mondi)	沃尔特·雷利(Walter Raleigh)在弗吉尼亚州罗阿诺克岛(Roanoke Island)上建立殖民地

年份	科学和技术	政治、宗教和艺术
1588	第谷·布拉赫,《论以太世界最近的现象》(*De mundi aetherie phaenomenis*)	西班牙舰队战败
1589	斯台文(Stevin)的力学原理	
约1590	韦达(Viète)将字母的使用引入代数	
1590	伽利略,《论运动》(*De Motu*)	
1591		莎士比亚,《亨利八世》
1596	开普勒,《宇宙的奥秘》	
1598		《南特赦令》宣布胡格诺派的宗教和政治自由
1599—1607	阿尔德罗万迪(Aldrovandi)的动物学百科全书出版	
1600	吉尔伯特,《论磁》	布鲁诺被烧死在火刑柱上;康帕内拉《太阳城》;莎士比亚《哈姆雷特》
1603	猞猁学院成立	
1605		塞万提斯,《堂吉诃德》
1609	开普勒,《新天文学》	
1610	伽利略,《星际信使》	法国国王亨利四世遇刺
1611	开普勒,《光学》	
1615	伽利略,《致克里斯蒂娜大公夫人的信》(*Letter to Madama Cristina*)	
1616	天主教会谴责哥白尼的学说	
1618		三十年战争开始
1619	开普勒,《世界的和谐》	
1620	培根,《新工具》	
1623	伽利略,《试金者》	

年份	科学和技术	政治、宗教和艺术
1625		格劳秀斯(Grotius),《战争与和平法》(*De iure belli ac pacis*)
1626	巴黎植物园建成	
1627	培根,《新大西岛》	
1629	哈维,《心血运动论》	
1632	伽利略,《关于两大世界体系的对话》	伦勃朗,《蒂尔普医生的解剖学课》
1633	伽利略被异端裁判所审判	
1635	卡瓦列里(Cavalieri)提出不可分量原理	卡尔得隆(Calderón de la Barca),《人生如梦》(*La Vida es Sueo*)
1637	笛卡尔,《方法谈》	高乃依,《熙德》(*Le Cid*)
1638	费马定义了寻找曲线切线的方法;伽利略,《关于两门新科学的谈话》	
1640	帕斯卡,《论圆锥曲线》(*Essai pour les coniques*)	夸美纽斯(Comenius),《大教学论》(*Didactica Magna*);25000名殖民者到达新英格兰
1642		霍布斯,《论公民》(*De cive*);英格兰内战开始
1643	托里拆利的气压计实验	
1647	伽桑狄,《论伊壁鸠鲁的生平和学说》(*De vita Epicuri*);帕斯卡,《关于真空的新实验》	马萨尼埃罗(Masaniello)领导那不勒斯民众起义
1648	范·赫尔蒙特,《医学的诞生》(*Ortus medicinae*)	《威斯特伐利亚和约》结束三十年战争

233

续表

年份	科学和技术	政治、宗教和艺术
1649	笛卡尔,《论灵魂的激情》	英国国王查理一世被处决
1651	盖里克发明抽气机	霍布斯,《利维坦》
1652—1654		英荷战争
1653—1658		克伦威尔摄政
1656—1663		贝尔尼尼设计圣彼得大教堂的柱廊
1657	西芒托学院建立;惠更斯设计摆钟	那不勒斯瘟疫
1661—1715		法国国王路易十四统治
1661	波义耳提出气体定律;马尔皮基的显微镜	
1662	皇家学会成立	
1665	胡克,《显微图谱》;《哲学会刊》开始出版	伦敦瘟疫
1666	莱布尼茨,《论组合术》(De Arte Combinatoria);巴黎科学院成立,并开始出版《学者杂志》(Journal des Savants);马加洛蒂(Magalotti)的酒精温度计	莫里哀,《恨世者》(The Misanthrope)
1667		弥尔顿,《失乐园》
1668	雷迪(Redi)做关于自发繁殖的实验	
1669	牛顿,《流数法》(Methodus Fluxionum)	
1670		帕斯卡,《思想录》;斯宾诺莎,《神学政治论》
1671—1674	马尔皮基研究植物组织的细胞结构	

234

年份	科学和技术	政治、宗教和艺术
1671	基歇尔（Kircher）《大术》（Ars Magna）	
1672	牛顿，《关于光和颜色的新理论》	
1675	莱默里（Leméry），《化学教程》（Cours de chimie）	维瓦尔第出生
1677	列文虎克在显微镜下研究精子	斯宾诺莎，《伦理学》
1679		英国：《人身保护法》（Habeas Corpus Act）
1680	博雷利（Borelli），《论动物的运动》（De Motu Animalium）	
1682	约翰·雷（John Ray），《植物新方法》（Methodus plantarum nova）	
1683		土耳其入侵并占领维也纳
1684	莱布尼茨，《一种求极大值、极小值和切线的新方法》（Nova methodus pro maximis et minimis）	
1685		巴赫和亨德尔出生；路易十四撤销《南特赦令》
1687	牛顿，《自然哲学的数学原理》	
1688		英国"光荣革命"
1688—1713		普鲁士的腓特烈一世统治
1689—1725		俄国彼得大帝统治

年份	科学和技术	政治、宗教和艺术
1689		洛克,《论宽容》
1690		洛克,《人类理解论》
1694	惠更斯,《论光》	
1695—1697		培尔(Bayle),《历史与批判词典》(*Dictionnaire historique et critique*)
1703		莱布尼茨,《人类理智新论》
1704	牛顿,《光学》	

参考文献

235 参考文献的第一部分仅列出本书各章所引用或特别提及的著作,按作者姓氏的字母顺序排列。第二部分"补充阅读"则按主题列出之前没有列入的重要著作。

导言

Bianchi,L. 1990. "L'esattezza impossible: scienza e 'calculationes' nel ⅩⅣ secolo,"in L.Bianchi and E.Randi, *Le verità dissonanti* (Rdme-Bari: Laterza), pp.119—150.

——.1997.*La filosofia nelle Università.Secoli* ⅩⅢe ⅩⅣ (Firenze: La Nuova Italia).

Caspar,M.1962. *Kepler: 1571—1630* (New York: Collier Books).

Clagett,M.1959. *The Science of Mechanics in the Middle Ages* (Madison: University of Wisconsin Press).

De Libera,A.1991. *Penser au Moyen Âge* (Paris: Éditions du Seuil).

Duhem,P.1914—1958.*Le système du monde*, 10 vols(Paris: Hermann).

Le Goff,J.1977."Quale coscienza l'Università medievale ha avuto di se stessa?"in *Tempo della Chiesa e tempo del mercante e altri saggi sul lavoro e la cultura del Medievo* (Turin: Einaudi), pp.153—170.

——.1993. *Intellectuals in the Middle Ages* (Cambridge, MA: Blackwell Publishers).

Mersenne,M.1634. *Questions inouyes ou Récréation de Sçavants* (Paris).

Rossi,P.1989."Gli aristotelici e imoderni: le ipotesi e la natura,"*La scienza e la filosofia dei moderni* (Turin: Bollati Boringhieri), pp.90—113.

Westfall, R. S. 1980. *Never at Rest: A Biography of Isaac Newton* (Cambridge:Cambridge University Press).

White,L.Jr.1962.*Medieval Technology and Social Change*(Oxford:Oxford University Press).

第一章　　障碍

Agricola,G.1563.*De l'arte de' metalli partita in dodici libri*(1556),translated 236 into Tuscan by M.Michelangelo Florio Fiorentino(Basle:Hiernomino Frobenio and Nicolao Episcopo).

Bachelard,G.1949.*Le rationalisme appliqué*(Paris:PUF).

——.1938.*La formation de l'esprit scientifique*(Paris:Vrin).

Descartes,R.(Cartesio,R.).1967.*Opere*,ed.E.Garin,2 vols.(Bari:Laterza).

Guidobaldo del Monte 1581. *Le Mechaniche*, translated by F. Pigafetta (Venice).

Koyré,A.1971.*Mystiques,spirituels,alchimistes du XVIe siècle*(Paris:Gallimard).

Kuhn, T. 1980. "The Halt and the Blind: Philosophy and the History of Science,"in *The British Journal for the Philosphy of Science*, XXXI, pp. 181—192.

第二章　　秘密

Agricola,G. 1563. *De l'arte de' metalli partita in dodici libri* (1556), translated into Tuscan by M. Michelangelo Florio Fiorentino (Basle: Hiernomino Frobenio and Nicolao Episcopo).

Agrippa,C.1550.*Opera omnia*,2 vols.(Lyon).

Bacon,F. 1887—1892. *Works*, ed. R. L. Ellis, J. Spedding, and D. D. Heath, 7 vols.(London).

Biringuccio,V.1558.*De la Pirotechnia libri dieci* (1540)(Venice).

Bono Da Ferrara,P.1602.*Introductio in artem chemiae*(Montisbeligardi).

Comenius,G.A.1974.*Opere*,ed.M.Fattori(Turin:Utet).

Eamon,W.1990."From the Secrets of Nature to Public Knowledge,"in D.C. Lindberg and R. S. Westman, *Reappraisals of the Scientific Revolution* (Cambridge:Cambridge University Press),pp.333—365.

Fracastoro, G. 1574. *Opera omnia* (Venice).

Gilbert, W. 1958. *De Magnete*, ed. P. F. Mottelay(New York: Dover).

Maldonado, T. 1991. "Il brevetto tra invenzione e innovazione," in *Rassegna*, XIII, pp.6—11.

Mersenne, M. 1625. *La vérité des sciences* (Paris).

Perrone Compagni, V. 1975. "Picatrix Latinus: concezioni religiose e prassi magica," in *Medioevo*, I, pp.237—337.

Sprat, T. 1667. *The History of the Royal Society of London for the Improving of Natural Knowledge* (London).

Taylor, F. S. 1949. *A Survey of Greek Alchemy* (New York).

Thorndike, L. 1923. *The History of Magic and Experimental Science*, 8 vols. (New York: Columbia University Press).

Vaughan, T. 1888. *The Magical Writings of Th. Vaughan*, ed. A. E. Waite (London).

第三章 工程师

237 Agricola, G. 1563. *De l'arte de' metalli partita in dodici libri* (1556), translated into Tuscan by M. Michelangelo Florio Fiorentino (Basle: Hiernomino Frobenio and Nicolao Episcopo).

Antal, F. 1947. *Florentine Painting and its Social Background* (London: Kegan Paul).

Bacon, F. 1975. *Scritti filosofici*, ed. P. Rossi(Turin: Utet).

Barbaro, D. 1556. *I dieci libri dell'architettura di Vitruvio tradotti e commentati* (Venice).

Biringuccio, V. 1558. *De la Pirotechnia libri dieci* (1540) (Venice).

Brizio, A. M. 1954. *Leonardo, saggi e ricerche* (Rome).

Diderot, D. 1875—1877. *Oeuvres complètes*, 20 vols. (Paris).

Dürer, A. 1528. *Vier Bücher von menschlicher Proportion* (Nuremberg).

Lorini, B. 1597. *Delle fortificazioni* (Venice).

Luporini, C. 1953. *La mente di Leonardo da Vinci* (Florence: Sansoni).

Norman, R. 1581. *The New Attractive* (London).

Palissy,B.1880.*Oeuvres*(Paris).

Paré,A.1840—1841.*Oeuvres*,3 vols.(Paris).

Ramelli,A.1588.*Le diverse et artificiose macchine*(Paris).

Rossi,P.1970.*Philosophy, Technology, and the Arts in the Early Modern Era*(New York:Harper and Row).

——.1971.*I filosofi e le macchine*:*1400—1700*(Milan:Feltrinelli).

Solmi,E.(ed.).1889.*Frammenti letterari e filosofici di Leonardo da Vinci*(Florence).

Vitruvius.1556.*I dieci libri dell'architettura di Vitruvio tradotti e commentati da Monsignore Barbara*(Venice:for Francesco Marcolini).

第四章 看不见的世界

Bacon,F.1975.*Scritti filosofici*,ed.P.Rossi(Turin:Utet).

——.1887—1892.*Works*,ed. E. R. Ellis, J. Spedding, and D. D. Heath,7 vols.(London).

Borel,P.1657.*Discours nouveaux prouvant la pluralité des mondes*(Geneva).

Campanella,T.1941.*La Città del Sole*,ed.N.Bobbio(Turin:Einaudi).

Febvre,L.and Martin,H.J.1958.*L'Apparition du livre*(Paris:Albin Michel).

Fuchs,L.1542.*De historia stirpium*(Basle).

Gombrich,E.H.1950.*The Story of Art*(London:Phaidon Press).

——.1960.*Art and Illusion*(New York:Pantheon Books).

Hall,A.R.1954.*The Scientific Revolution*,*1500—1800*(London:Longmans, Green and Co.).

Hooke,R.1665.*Micrographia*(London).

McLuhan, M. 1964.*Understanding Media*(New York:McGraw-Hill Book Co.).

Montaigne,M.de 1970.*Saggi*,ed.F.Garavini(Milan:Mondadori).

Panofski,E.1943.*Albrecht Dürer*(Princeton:Princeton University Press).

Pascal,B.1959.*Opuscoli e scritti vari*,ed.G.Preti(Bari:Laterza).

Steinberg, S. H. 1955.*Five Hundred Years of Printing*(Harmondsworth:Penguin Books).

238

Thorndike, L. 1957. "Newness and Novelty in Seventeenth-Century Science,"
in P. Weiner and A. Noland, *Roots of Scientific Thought* (New York: Basic
Books).

Vesalius, A. 1964. Preface to *Fabbrica* and Letter to G. Oporini, ed. L. Premuda
(Padua: Liviana).

Wiener, P. and Noland, A. 1957. *Roots of Scientific Thought* (New York: Basic
Books).

第五章　新的宇宙

Brahe, T. 1913—1929. *Opera omnia*, ed. J. L. E. Dreyer, 15 vols. (Copenhagen:
Libraria Gyldendaliana).

Camporeale, S. 1977—1978. "Umanesimo e teologia tra'400 e'500," in *Memorie
Domenicane*, New Series.

Copernicus, N. 1979. *Opere*, ed. F. Barone (Turin: Utet).

Donne, J. 1933. *Poems*, ed. H. J. C. Grierson (London).

Galilei, G. 1953. *Dialogue Concerning the Two Chief World Systems:
Ptolemaic and Copernican*, ed. S. Drake, (Berkeley, CA: University of
California Press).

Garin, E. 1975. *Rinascite e rivoluzioni. Movimenti culturali dal XIV al XVIII secolo*
(Rome-Bari: Laterza).

Kepler, J. 1858—1871. *Opera omnia*, ed. C. Frisch, 8 vols. (Frankfurt: Heyder
und Zimmer).

——. 1937. *Gesammelte Werke*, ed. M. Caspar (Munich: Beck).

Koyré, A. 1961. *La révolution astronomique, Copernic, Kepler, Borelli* (Paris:
Hermann).

Kuhn, T. 1957. *The Copernican Revolution* (Cambridge, MA: Harvard
University Press).

Rheticus, G. 1541. *De libris revolutionum N. Copernici narratio primo*
(Basle).

Westfall, R. S. 1971. *The Construction of Modern Science. Mechanisms and
Mechanics* (New York: John Wiley and Sons).

第六章　伽利略

Acta 1979."Acta Ioannis Pauli PP,"in *Acta Apostolicae Sedis*,LXXI.

Clavelin,M.1968.*La philosophie naturelle de Galilée*(Paris:Colin).

Galilei,G.1890—1909.*Opere*,20 vols.(Florence:Barbera).

——.1953.*Dialogue Concerning the Two Chief World Systems*:*Ptolemaic and Copernican*,ed.S.Drake(Berkeley,CA:University of California Press).

——.1957. *Discoveries and Opinions of Galileo*, ed. S. Drake (New York: Doubleday Anchor Books).

Poppi,A.1992.*Cremonini e Galilei inquisiti a Padova nel 1604* (Padua: Antenore).

Schmitt,C.1969."Experience and Experiment:A Comparison of Zabarella's View with Galileo's in *De Motu*,"in *Studies in the Renaissance*, XVI, pp. 239 80—138.

Shea,W.R.1972.*Galileo's Intellectual Revolution*(London:Macmillan).

Westfall, R. S. 1971. *The Construction of Modern Science*:*Mechanisms and Mechanics*(New York:John Wiley and Sons).

Wisan,W.1974."The New Science of Motion:A Study of Galileo's *De Motu Locali*,"in *Archive for the History of Exact Sciences*, ed. C. Truesdell, XIII,nos 2—3.

第七章　笛卡尔

Descartes,R.1897—1913.*Oeuvres*,eds C.Adam and P.Tannery,12 vols and supplement(Paris:Cerf).

——.1966—1983.*Opere Scientifiche*,vol. I,ed.G.Micheli(Turin:Utet);vol. II,ed.E.Lojacono(Turin:Utet).

——.1967.*Opere*,ed.E.Garin,2 vols(Bari:Laterza).

——.1985.*The Philosophical Writings of Descartes*,eds J.Cottingham,R. Stoothoff and D.Murdoch,3 vols(Cambridge:Cambridge University Press).

Koyré, A. 1965. *Newtonian Studies* (Cambridge, MA: Harvard University Press).

Shea, W. 1991. *The Magic of Number and Motion : The Scientific Career of René Descartes* (Nantucket, MA : Watson Publishing International).

Westfall, R. S. 1971. *The Construction of Modern Science : Mechanisms and Mechanics* (New York : John Wiley and Sons).

第八章　无数其他世界

Borel, P. 1657. *Discours nouveau prouvant la pluralité des mondes* (Geneva).

Bruno, G. 1907. *Opere italiane*, vol. I, "Dialoghi metafisici," ed. G. Gentile (Bari : Laterza).

Campanella, T. 1994. *A Defense of Galileo*, translated with an introduction and notes by R. J. Blackwell (Notre Dame, IN : University of Notre Dame Press).

Cusa, N. 1932. *Opera omnia*, ed. E. Hoffmann and R. Klibanski (Leipzig).

Descartes, R. 1936—1963. *Correspondences*, ed. C. Adam and J. Milhaud, 8 vols. (Paris : PUF).

——. 1967. *Oeuvres*, eds C. Adam and P. Tannery, 12 vols and supplement (Paris : Cerf).

Galilei, G. 1890—1909. *Opere*, 20 vols (Florence : Barbera).

Huygens, C. 1698. *Cosmotheoros sive de terris coelestibus earumque ornatu conjecturae* (Hagae Comitorum).

——. 1888—1950. *Oeuvres complètes*, 22 vols (The Hague : Martinus Nijhoff).

Kepler, J. 1858—1871. *Opera omnia*, ed. C. Frisch (Frankfurt : Heyder und Zimmer).

——. 1937—1959. *Gesammelte Werke*, ed. M. Caspar, 18 vols (Munich : Beck).

——. 1967. *Somnium*, ed. E. Rosen (Madison : University of Wisconsin).

——. 1972. *Dissertatio e Narratio*, ed. E. Pasoli and G. Tabarroni (Turin : Bottega d'Erasmo).

240　Koyré, A. 1957. *From the Closed World to the Infinite Universe* (Baltimore, MD : Johns Hopkins University Press).

Kuhn, T. 1957. *The Copernican Revolution* (Cambridge, MA : Harvard University Press).

Lovejoy, A. O. 1936. *The Great Chain of Being* (Cambridge, MA : Harvard

University Press).

Nicolson,M.1960.*Voyages to the Moon*(New York:Macmillan).

Wilkins,J.1638.*Discovery of a New World and Another Planet*(London: Rich Baldwin).

第九章　机械论哲学

Bacon,F.1887—1892. *Works*,ed.E.R.Ellis,J.Spedding,and D.D.Heath,7 vols (London).

——.1975.*Scritti filosofici*,ed.P.Rossi(Turin:Utet).

Borelli,G.A.1680—1681. *De motu animalium,opus posthumum pars prima et secunda*(Rome).

Boyle,R.1772. *The Works of the Honorable R. Boyle*, ed. T. Birch, 7 vols (London).

Descartes,R.1897—1913.*Oeuvres*, ed.C. Adam and P. Tannery, 12 vols and supplement(Paris:Cerf).

——.1967.*Opere*,ed.E.Garin,2 vols(Bari:Laterza).

——.1985. *The Philosophical Writings of Descartes*, eds J.Cottingham,R. Stoothoff, and D. Murdoch, 3 vols (Cambridge: Cambridge University Press).

Dijksterhuis,E.J.1961. *The Mechanization of the World Picture*(Oxford: Clarendon Press).

Gassendi, P. 1649. *Syntagma philosophiae Epicuri cum refutationibus dogmatum quae contra fidem christianam ah eo asserta sunt*(Lyon).

——.1658—1675.*Opera omnia*,6 vols(Lugduni).

Hobbes, T. 1839—1845. *Opera philosophica*, ed. W. Molesworth, 5 vols (London).

——.1950.*Leviathan*(New York:Dutton).

Hooke,R.1665.*Micrographia*(London).

——.1705. *Posthumous Works*(London).

Laudan, H. 1981. *Science and Hypothesis:Historical Essays on Scientific Methodology* (Dordrecht:Reidel).

Leibniz,G.W.1840.*Opera philosophica*,ed.I.Erdmann,2 vols(Berlin).

———.1849—1863.*Mathematische Schriften*, ed. C. I. Gerhardt, 7 vols (Berlin-Halle).

———.1875—1890.*De philosophischen Schriften*,ed.C.I.Gerhardt,7 vols(Berlin).

Malpighi,M.1944.*De pulmonibus seguito dalla Risposta apologetica*,ed.S.Baglioni(Rome).

Mersenne,M.1636.*Harmonie Universelle*(Paris).

Newton,I.1721.*Opticks*(London).

———.1953.*Newton's Philosophy of Nature：Selections from His Writings*,ed.H.S.Thayer(New York：Hafner Press).

———.1962.*Unpublished Scientific Papers.A Selection from the Portsmouth Collection*, ed. A. R. Hall and M. Boas Hall (Cambridge MA：Cambridge, University Press).

Vico,G.B.1957.*Tutte le opere*(Milan：Mondadori).

Westfall,R.S.1971a.*Force in Newton's Physics：The Science of Dynamics in the Seventeenth Century*(London：Macdonald and Co.).

———.1971b.*The Construction of Modern Science：Mechanisms and Mechanics*(New York：John Wiley and Sons).

第十章　　化学论哲学

Abbri,F.1978.*La chimica nel Settecento*(Turin：Loescher).

———.(ed.)1980.*Elementi，principi，particelle：le teorie chimiche da Paracelso a Stahl*(Turin：Loescher).

———.1984.*Le terre，le acque，le arie：la rivoluzione chimica del Settecento*(Bologna：Il Mulino).

Beguin,J.1665. *Les éléments de chymie*(Lyon：Claude La Rivière).

Boyle,R.1900.*The Sceptical Chemist*(New York：E.P.Dutton & Co.).

———.1772.*The Works*,ed.Th.Birch,7 vols(London).

Debus,A.G.1970.*Science and Education in the Seventeenth Century*(London).

———.1977. *The Chemical Philosophy*(New York：Watson).

Leméry,N.1682.*Cours de chimie*(1675)(Paris).

241

——.1922—1933.*Sämtliche Werke*,ed.K.Sudhoff(Munich).

Paracelsus.1973. *Paragrano*,ed.F.Masini(Rome-Bari:Laterza).

Partington,J.R.1961—1962.*A History of Chemistry*,vols 2 and 3(London: Macmillan).

Quercetanus 1684.*Le ricchezze della riformata farmacopea.Nuovamente di favella latina trasportata in italiano dal sig.G.Ferrari*(Venice).

Stahl,G.1783. *Traité des Sels dans lequel on démontre qu'ils sont composés d'une Terre subtile, intimement combiné avec de l'eau. Traduit de l'Allemand*(Paris).

Webster,C.1982.*From Paracelsus to Newton:Magic and the Making of Modern Science* (Cambridge:Cambridge University Press).

Westfall, R.S.1971.*The Construction of Modern Science:Mechanisms and Mechanics*(New York:John Wiley and Sons).

第十一章　　磁哲学

Cabeo,N.1629.*Philosophia magnetica*(Ferrara).

De Martino,E.1961.*La terra del rimorso:contributo ad una storia religiosa del Sud*(Milan:Il Saggiatore).

Descartes,R.1936—1963. *Correspondence*,ed.C.Adam and G.Milhaud,8 vols (Paris:PUF).

Dijksterhuis,E.J.1961.*The Mechanization of the World Picture*(Oxford: Oxford University Press).

Galilei,G.1890—1909.*Opere*,20 vols(Florence:Barbera).

Gilbert,W.1958.*De Magnete*,ed.P.F.Mottelay(New York:Dover).

Heilbron,J.L.1979.*Electricity in the 17th and 18th Centuries*(Berkeley,CA: University of California Press).

——.1982.*Elements of Early Modern Physics*(Berkeley,CA:University of California Press).

Kircher,A.1654.*Magnes sive de arte magnetica opus tripartitum*(Rome).

Magalotti, L.1806. *Saggi di naturali esperienze fatte nell'Accademia del Cimento*(Milan).

242

———.1976.*Saggi di naturali esperienze*,ed.T.Poggi Salani(Milan:Longanesi).

Muraro,L.1979.*Giambattista della Porta mago e scienziato*(Milan:Feltrinelli).

Nocenti,L.1991."Athanasius Kircher,mago ed enciclopedista"(thesis,Department of Philosophy,University of Florence,academic year 1990—1991).

Shea,W.1991.*The Magic of Numbers and Motion:The Scientific Career of René Descartes* (Nantucket,MA:Watson Publishing International).

第十二章　心脏与生殖

Adelmann,H.D.1966.*Marcello Malpighi and the Evolution of Embryology* (Ithaca,NY:Cornell University Press).

Bernardi,W.1980.*Filosofia e scienze della vita:la generazione animale da Cartesioa Spallanzani* (Turin:Loescher).

———.1986.*Le metaflsiche dell'embrione:scienze della vita e filosofia da Malpighia Spallanzam*(Florence:Olschki).

Dobell,C.1932.*Anthony van Leeuwenhoek and His Little Animals*(London:I.Bale and Danielsson).

Pagel,W.1967.*William Harvey's Biological Ideas*(New York-Basle:S.Karger).

Redi,F.1668.*Esperienze intorno alla generazione degli insetti*(Florence:for Piero Matini).

Roger,J.1963.*Les Sciences de la vie dans la pensée française du XVIIIe siècle.La génération des animaux de Descartes à l'Encyclopédie* (Paris:Colin).

Solinas,G.1967.*Il microscopio e le metafisiche:epigenesi e preesistenza da Cartesio a Kant*(Milan:Feltrinelli).

第十三章　时间与自然

Burnet,T.1684.*The Sacred History of the Earth*(London).

Hooke,R. 1705. "Discourse on Earthquakes" (1668), in *The Posthumous Works* (London:Waller).

Leibniz, G. W. 1749. *Protogaea, sive de prima facie Telluris dissertatio* (Goettingen).

Rossi,P.1979.*I segni del tempo:storia della Terra e storia delle nazioni da*

Hooke a Vico (Milan: Feltrinelli).

Rudwick, M.J.S. 1976. *The Meaning of Fossils: Episodes in the History of Paleontology* (New York: Watson).

Scilla, A. 1670. *La vana speculatione disingannata dal senso. Lettera responsiva circa i corpi marini che pietrificati si truovano in vari luoghi terrestri* (Naples: Andrea Colicchia). 243

Solinas, G. 1973. *La "Protogaea" di Leibniz, ai margini della rivoluzione scientifica* (Istituto di Filosofia della Facoltà di Lettere e Filosofia, University of Cagliari).

Steensen, N. (Nicolaus Steno or Stenone) 1669. *De solido intra solidum naturaliter contento dissertationis prodromus* (Florence).

第十四章　分类

Eco, U. 1995. *The Search for the Perfect Language* (Oxford: Blackwell Publishers).

Emery, C. 1948. "John Wilkin's Universal Language," *Isis*, pp. 174—185.

Fontenelle, B. de 1708. "Eloge de M. de Tournefort," in *Histoire de l'Académie des Sciences* (Paris).

Linnaeus, C. von 1766. "Necessitas historiae naturalis Rossiae, quam, Preside C. Linnaeo, proposuit Alexander de Karamyschew," Uppsala, May 15, in C. von Linnaeus, *Amoenitates Academicae*, Ⅶ (Stockholm), 1769.

——. 1784. *Philosophica botanica* (Cologne).

Luria S.E., Gould S.J., and Singer, S. 1981. *A View of Life* (Menlo Park, CA: Benjamin Cummings Publishing).

Ray, J. 1718. *Philosophical Letters* (London).

——. 1740. *Selected Remains of the Learned John Ray by the Late William Derham* (London).

Rossi, P. 1983. *Clavis Universalis: arti della memoria e logica combinatoria da Lullo a Leibniz* (Bologna: Il Mulino).

——. 1984. "Universal Languages, Classification, and Nomenclatures in the Seventeenth Century," *History and Philosophy of Life Sciences*, Ⅱ, pp.

119—131.

Tournefort,J.Pitton de 1700.*Institutiones rei herbariae*,3 vols(Paris).

——.1797.*Éléments de botanique ou méthode pour connaître les plantes*,6 vols(Lyon).

Wilkins,J.1668.*An Essay Towards a Real Character and a Philosophical Language*(London).

Yates,F.1966. *The Art of Memory*(London:Routledge and Kegan Paul).

第十五章　仪器与理论

Berkeley,G.1996.*Opere filosofiche*,ed.S.Parigi(Turin:Utet).

Castelnuovo,G.1962.*Le origini del calcolo infinitesimale nell'era moderna* (Milan:Feltrinelli).

Dijksterhuis,E.J.1961.*The Mechanization of the World Picture* (Oxford: Oxford University Press).

Feynman,R.T.,Leighton,R.B.,and Saads,M.1963.*The Feynman Lectures on Physics*(Reading,MA:Addison-Wesley).

244 Gallino,L.1995."La costruzione della conoscenza scientifica in Netropolis," paper given at the Conference"Ricerca scientifica e communicazione nell'età della telematica,"Centro Studi Telecom Italia,Venice,March 10.

Giorello,G.1985.*Lo spettro e il libertino:teologia,matematica,libero pensiero* (Milan:Mondadori).

Giusti,E.1984."A tre secoli dal calcolo:la questione delle origini,"*Bollettino dell'Unione Matematica Italiana*, VI,3A,pp.1—55.

——.1989."Il calcolo infinitesimale tra Leibniz e Newton,"in G.Tarozzi and M.van Vloten,eds, *Radici,significato,retaggio dell'opera newtoniana* (Bologna:Società Italiana di Fisica),pp.279—295.

——.1990.Introduction to G.Galilei,*Discorsi e dimostrazioni matematiche intorno a due nuove scienze*(Turin:Einaudi).

Grant,E.1981.*Much Ado about Nothing:Theories of Space and Vacuum from the Middle Ages to the Scientific Revolution*(Cambridge:Cambridge University Press).

Hacking, I. 1983. *Representing and Intervening* (Cambridge: Cambridge University Press).

Hall, A. R. 1980. *Philosophers at War : The Quarrel between Newton and Leibniz* (Cambridge: Cambridge University Press).

Kline, M. 1953. *Mathematics in Western Culture* (New York: Oxford University Press).

Lombardo Radice, L. 1981. *L'infinito* (Rome: Editori Riuniti).

Pickering, A. (ed.) 1992. *Science as Practice and Culture* (Chicago: University of Chicago Press).

Shapin, S. and Schaffer, S. 1985. *Leviathan and the Air-Pump : Hobbes , Boyle , and the Experimental Life* (Princeton, NJ: Princeton University Press).

Singh, J. 1959. *Great Ideas of Modern Mathematics* (New York: Dover).

Westfall, R. S. 1980. *Never at Rest : A Biography of Isaac Newton* (Cambridge: Cambridge University Press).

Wieland, W. 1970. *Die aristotelische Physik* (Goettingen: Vandenhoek & Ruprecht).

第十六章 学术机构

n.a. 1981. "Accademie scientifiche del Seicento. Professioni borghesi," in *Quaderni Storici* , XVI, 48.

Altieri Biagi, M. L. 1969. *Scienziati italiani del Seicento* (Milan-Naples: Ricciardi).

Arnaldi, G. (ed.). 1974. *Le origini dell'Università* (Bologna: Il Mulino).

Ben David, J. 1971. *The Scientist's Role in Society* (Englewood Cliffs, NJ: Prentice-Hall).

Bertrand, J. 1869. *L'Académie Royale des Sciences de 1666 à 1793* (Paris).

Boehm, L. and Raimondi, E. (eds). 1981. *Università , accademie e società scientifiche in Italia e in Germania dal Cinquecento al Settecento* (Bologna: Il Mulino).

Borselli, L., Poli, C., and Rossi, P. 1983. "Una libera comunità di dilettanti nella Parigi del Seicento," in *Cultura dotta e cultura popolare nel Seicento* (Milan: 245

Franco Angeli).

Crosland, M. P. (ed.). 1975. *The Emergence of Science in Western Europe* (London-Basingstoke: Macmillan).

Dallari, U. 1888—1924. *I rotuli dei lettori leggisti e artisti dello studio bolognese dal 1384 al 1799* (Bologna).

Farrar, W. V. 1975. "Science and the German University System," in Crosland, 1975, pp. 179—192.

Galluzzi, P. 1981. "L'Accademia del Cimento," *Accademie scientifiche*, pp. 788—844.

Hackmann, W. D. 1975. "The Growth of Science in the Netherlands in the Seventeenth and Early Eighteenth Centuries," in Crosland, pp. 89—110.

Hahn, R. 1971. *The Anatomy of a Scientific Institution: The Paris Academy of Sciences (1666—1803)* (Berkeley, CA: University of California Press).

Hall, A. R. 1954. *The Scientific Revolution: 1500—1800* (London: Longmans).

——. 1963. *From Galileo to Newton: 1630—1720* (London: Collins).

Hammerstein, N. 1981. "Accademie e società scientifiche in Leibniz," in Boehm and Raimondi, pp. 395—419.

Johnson, F. J. 1957. "Gresham College: Precursor of the Royal Society," in Weiner and Noland, pp. 328—353.

Kraft, F. 1981. "Luoghi della ricerca naturale," in Boehm and Raimondi, pp. 421—460.

Mathias, P. (ed.). 1972. *Science and Society: 1600—1900* (Cambridge: Cambridge University Press).

Olmi, G. 1981. "Federico Cesi e i Lincei," in Boehm and Raimondi, pp. 169—237.

Quondam, A. 1981. "La scienza e l'accademia," in Boehm and Raimondi, pp. 21—68.

Schmitt, B. 1975. "Science in the Italian Universities in the Sixteenth and Early Seventeenth Centuries," in Crosland, pp. 35—56.

Sprat, T. 1966. *A History of the Royal Society of London* (1667) (London: Kegan Paul).

Tega, W. (ed.). 1986. *Anatomie accademiche: I I Commentari dell'Accademia delle Scienze di Bologna* (Bologna: Il Mulino).

Torrini, M. 1981. "L'Accademia degli Investiganti," *Accademie scientifiche*, pp.845—883.

Weiner, P. and Noland, A. (eds). 1957. *Roots of Scientific Thought* (New York: Basic Books).

Westfall, R. S. 1971. *The Construction of Modern Science: Mechanism and Mechanics* (New York: John Wiley and Sons).

第十七章　　牛顿

Bacon, F. 1887—1892. *Works*, ed. R. L. Ellis, J. Spedding, and D. D. Heath, 7 vols (London).

Bevilacqua, F. and Ianniello, M. G. (eds). 1982. *L'ottica dalle origini all'inizio del Settecento* (Turin: Loescher). 246

Bianchi, L. 1987. *L'inizio dei tempi: antichità e novità del mondo da Bonaventura a Newton* (Florence: Olschki).

Casini, P. 1980. *Introduzione all'Illuminismo* (Bari-Rome: Laterza).

Descartes. R. 1897—1913. *Oeuvres*, ed. C. Adam and P. Tannery, 12 vols (Paris: Cerf).

———. 1985. *The Philosophical Writings of Descartes*, ed. J. Cottingham, R. Stoothof, and D. Mundoch, 3 vols (Cambridge: Cambridge University Press).

Feynman, R. T., Leighton, R. B., and Saads, M. 1963. *The Feynman Lectures on Physics* (Reading, MA: Addison-Wesley).

Hall, A. R. 1980. *Philosophers at War: The Quarrel between Newton and Leibniz* (Cambridge: Cambridge University Press).

Herivel, J. 1965. *The Background to Newton's Principia* (Oxford: Oxford University Press).

Koyré, A. 1965. *Newtonian Studies* (Cambridge, MA: Harvard University Press).

Kubrin, D. 1967. "Newton and the Cyclical Cosmos: Providence and the Mechanical Philosophy," *Journal of the History of Ideas*, vol.8, no.3 (July-September), pp.325—346.

Leibniz-Clarke 1956. *The Leibniz-Clarke Correspondence*, ed. H. Alexander (New York).

Mamiani, M. 1990. *Introduzione a Newton* (Rome-Bari: Laterza).

Manuel, F. 1963. *Newton Historian* (Cambridge: Cambridge University Press).

———. 1974. *The Religion of Isaac Newton* (Oxford: Clarendon Press).

McGuire, J. E. and Rattansi, P. M. 1966. "Newton and the 'Pipes of Pan'," *Notes and Records of the Royal Society of London*, XXI, pp. 108—143.

Newton, I. 1721. *Opticks* (London).

———. 1757. *La cronologia degli antichi regni emendata*, Italian translation by P. Rolli (Venice).

———. 1779—1785. *Opera quae extant omnia*, 5 vols (London).

———. 1953. *Newton's Philosophy of Nature: Selections from his Writings*, ed. H. S. Thayer (New York: Hafner Press).

———. 1959—1977. *The Correspondence of Isaac Newton*, ed. H. W. Turnbull, J. P. Scott, A. R. Hall, and L. Tilling, 7 vols (Cambridge).

———. 1962. *Unpublished Scientific Papers of I. Newton*, ed. A. R. Hall and M. Boas Hall (Cambridge: Cambridge University Press).

———. 1965. *Principi matematici della filosofia naturale*, ed. A. Pala (Turin: Utet).

———. 1967—1981. *The Mathematical Papers of I. Newton*, ed. D. T. Whiteside, 8 vols (Cambridge: Cambridge University Press).

———. 1978. *Scritti di ottica*, ed. A. Pala (Turin: Utet).

———. 1983a. *Il sistema del mondo e gli scolii classici*, ed. P. Cassini (Rome: Theoria).

———. 1983b. *Certain Philosophical Questions: Newton's Trinity Notebook*, ed. J. E. McGuire and M. Tamny (Cambridge: Cambridge University Press).

———. 1984. *The Optical Papers*, ed. E. Shapiro (Cambridge: Cambridge University Press).

247　———. 1991. "De motu et sensatione animalium. De vita e morte vegetabili," in M. Mamiani and E. Trucco, "Newton e i fenomeni della vita," *Nuncius*, I, pp. 78—87.

———. 1994. *Trattato sull'Apocalisse*, ed. M. Mamiani (Turin: Bollati Boringhieri).

Rossi,P.1979.*I segni del tempo:storia della Terra e storia delle nazioni da Hooke a Vico*(Milan:Feltrinelli).

Voltaire.1962.*Scritti filosofici*,ed.P.Serini,2 vols(Bari:Laterza).

Westfall,R.S.1980.*Never at Rest:A Biography of Isaac Newton*(Cambridge:Cambridge University Press).

Whiteside, D. T. 1970. "The Mathematical Principles Underlying Newton's Principia Mathematica," *Journal for the History of Astronomy*, 1, pp. 116—138.

补充阅读

关于"科学革命":

Cohen,I.B.1985.*Revolution in Science*(Cambridge,MA:Harvard University Press).

Kuhn,T.1962.*The Structure of Scientific Revolutions*(Chicago:University of Chicago Press).

关于科学与宗教的关系:

Funkenstein,A.1986.*Theology and the Scientific Imagination from the Middle Ages to the Seventeenth Century* (Princeton, NJ: Princeton University Press).

Lindeberg,D.C.and Numbers,R.L.(eds).1986.*God and Nature:Historical Essays on the Encounter between Christianity and Science*(London-Berkeley-Los Angeles:University of California Press).

关于赫尔墨斯主义传统与秘密主题:

Berselli,L.,Poli,C.and Rossi,P.1983."Una libera comunità di dilettanti nella Parigi del 600," in P.Rossi et al., *Cultura popolare e cultura dotta nel Seicento*(Milan:Franco Angeli).

Eamon,W.1994.*Science and the Secrets of Nature:Books of Secrets in Medieval and Early Modern Culture*(Princeton,NJ:Princeton University Press).

Ginzburg,C.1981."L'alto e il basso.Il tema della consoscenza proibita nel 500 e 600," *Aut-Aut*,pp.3—17.

Simmel,G.1906."The Sociology of Secrecy and of Secret Societies,"*American*

Journal of Sociology, XI, pp.441—498.

Yates, F. A. 1964. *Giordano Bruno and the Hermetic Tradition* (London: Routledge and Kegan Paul).

Zambelli, P. 1994. *L'ambigua natura della magia* (Milan: Il Saggiatore).

关于机械技艺与技术:

Bellone, E. and Rossi, P. (eds). 1982. *Leonardo e l'età della ragione* (Milan: Scientia).

Bloch, M. 1967. *Land and Work in Mediaeval Europe* (New York: Harper & Row).

248 Borkenau, F. 1934. *Der Übergang vom feudalen zum bürgerlichen Weltbild. Studien zur Geschichte der Philosophie der Manifakturperiode* (Paris).

Cardwell, D. S. L. 1972. *Technology, Science, and History* (London: Heinemann Educational).

Gille, B. 1966. Engineers in the Renaissance (Cambridge, MA: MIT Press).

Hall, A. R. 1962. "The Scholar and the Craftsman in the Scientific Revolution," in M. Clagett (ed.), *Critical Problems in the History of Science* (Madison: University of Wisconsin Press), pp.3—24.

Landes, D. S. 1983. *Revolution in Time* (Cambridge, MA: Belknap Press of Harvard University Press).

Leiss, W. 1972. *The Domination of Nature* (New York: G. Braziller).

Nef, J. U. 1964. *The Conquest of the Material World* (Chicago: University of Chicago Press).

Singer, C., Holmyard, E. J., Hall, A. R., and Williams, T. J. 1954—1978. *A History of Technology*, 7 vols (London: Clarendon Press).

关于实验主义:

Shapin, S. and Schaffer, S. 1985. *Leviathan and the Air-Pump* (Princeton, NJ: Princeton University Press).

关于插图、印刷、仪器和新世界:

Blunt, W. 1955. *The Art of Botanical Illustration* (London: Collins).

Daumas, M. 1972. *Scientific Instruments of the Seventeenth and Eighteenth Centuries* (New York: Praeger Publishers).

Defossez,L.1946.*Les Savants du XVIIe siècle et la mesure du temps* (Lausanne).

Dobell,C.1932.*A.van Leeuwenhoek and His Little Animals* (London).

Eisenstein,E. L.1979.*The Printing Press as an Agent of Change* (Cambridge: Cambridge University Press).

Gerbi,A.1973.*The Dispute of the New World* (Pittsburgh,PA: University of Pittsburgh Press).

Gliozzi,G.1977.*Adamo e il nuovo mondo* (Florence: La Nuova Italia).

Landucci,S.1972.*I filosofi e i selvaggi* (Bari: Laterza).

Ronchi,V.1958.*Il cannochiale di Galilei e la scienza del Seicento* (Turin: Einaudi).

关于天文学革命:

Burtt,E. A.1950. *The Metaphysical Foundations of Modern Physical Science* (London: Routledge and Kegan Paul).

Butterfield,H.1949.*The Origins of Modern Science* (London: Bell and Sons).

Cohen,B.1974.*The Birth of a New Physics* (New York: Anchor Books).

Crombie,A.C.1959.*Medieval and Early Modern Science* (New York: Doubleday Anchor Books).

Koestler,A.1959.*The Sleepwalkers* (London: Hutchinson).

Toulmin,S.and Goodfield,J.1963.*The Fabric of the Heavens* (London: Penguin).

关于伽利略:

Banfi,A.1962. *Galileo Galilei* (Milan: Feltrinelli).

De Santillana,G.1955.*The Crime of Galileo* (Chicago: University of Chicago Press).

Drake,S.1978.*Galileo at Work : His Scientific Autobiography* (Chicago: The University of Chicago Press).

Finocchiaro,M.A.1980.*Galileo and the Art of Reasoning* (Dordrecht: Reidel).

Galluzzi,P.(ed.).1983."Novità celesti e crisi del sapere," supplement to the *Annali dell' Istituto e Museo di Storia della Scienza* (Florence).

Geymonat,L.1965.*Galileo Galilei* (New York: McGraw-Hill).

Redondi,P.1987.*Galileo Heretic* (Princetion,NJ: Princeton University Press).

Soccorsi,F.1947.*Il processo di Galilei* (Roma).

Wallace,W.A.1981.*Prelude to Galileo*(Dordrecht:Reidel).

关于笛卡尔:

Grankroger,S.(ed.).1980.*Descartes:Philosophy,Mathematics,and Physics* (Hassocks:Harvester Press).

Mouy,P.1934. *Le développement de la physique cartésienne*(Paris).

Nardi,A.1981."Descartes e Galilei,"*Giornale critico della filosofia italiana*, LX,1,pp.129—148.

Pacchi,A.1973.*Cartesio in Inghilterra*(Rome-Bari:Laterza).

关于机械论哲学:

AA.VV.1981.*Huygens et la France*(Paris).

Belaval,Y.1960.*Leibniz critique de Descartes*(Paris:Gallimard).

Casini,P.1969. *L'universo-macchina*(Bari:Laterza).

Dugas,R.1950.*Histoire de la mécanique*(Neuchâtel:Griffon).

——.1954.*La Mécanique au XVIIIe siècle*(Paris:Dunod).

Grankroger,S.(ed.),1980.*Descartes:Philosophy,Mathematics,and Physics* (Hassocks:Harvester Press).

Grant,E.1981.*Much Ado About Nothing:Theories of Space and Vacuum from the Middle Ages to the Scientific Revolution*(Cambridge:Cambridge University Press).

Heilbron,J.L.1982.*Elements of Early Modern Physics* (London-Berkeley-Los Angeles:University of California Press).

Kargon,R.H.1966.*Atomism in England from Hariot to Newton*(Oxford:Clarendon Press).

Lenoble,R.1934.*Mersenne ou la naissance du mécanisme*(Paris:Vrin).

Mach,E.1883. *Die Mechanik in ihrer Entwicklung,historisch-kritisch dargestellt* (Leipzig).

Mouy,P.1934. *Le Développement de la physique cartésienne*(Paris).

Sabra,A.I.1967.*Theories of Light from Descartes to Newton*(London).

Schofield,R.E.1970.*Mechanism and Materialism:British Natural Philosophy in an Age of Reason*(Princeton,NJ:Princeton University Press).

关于遗传:

Jacob,F.1970.La Logique du vivant:une histoire de l' hérédité(Paris:Gallimard).

关于地质学时间： 250

Gillispie，C.1959.*Genesis and Geology*（New York：Harper）.

Glass，B.(ed.).1968.*Forerunner of Darwin* （Baltimore，MD：The John Hopkins University Press）.

Gould, S. J. 1987. *Time's Arrow*, *Time's Cycle*：*Myth and Metaphor in the Discovery of Geological Time*（Cambridge，MA：Harvard University Press）.

Greene，J.C.1959.*The Death of Adam*（Arnes：Iowa State University Press）.

Morello，N. 1979. *La nascità della paleontologia nel Seicento*：*Colonna*，*Stenone e Scilla*（Milan：Angeli）.

Rossi，P.1969.*Le sterminate antichità*：*studi vichiani*（Pisa：Nistri-Lischi）.

Toulmin，S.and Goodfield，S.1965.*The Discovery of Time*（London：Hutchinson）.

关于分类：

Barsanti，G. 1992. *La scala*，*la mappa*，*l'albero. Immagini e classificazioni della natura fra Sei e Ottocento* （Florence：Sansoni）.

Slaughter，M. 1982.*Universal Languages and Scientific Taxonomy in the Seventeenth Century*（Cambridge：Cambridge University Press）.

关于微积分：

Bottazzini，U.1988.“Curve e equazioni，i logaritmi，il calcolo，”in P.Rossi(ed.)，*Storia della' scienza moderna e contemporanea*，vol. I（Turin：Utet），pp. 261—320，449—484.

Boyer，C.B.1949. *The History of the Calculus and Its Conceptual Development* （New York：Dover）.

Fraiese，A.1964.*Galileo matematico* （Rome：Editrice Studium）.

Geymonat，L. 1947. *Storia e filosofia dell'analisi infinitesimale* （Turin：Levrotto and Bella）.

Kline，M.1972.*Mathematical Thought from Ancient to Modern Times*（New York：Oxford University Press）.

Petitot，J.1979.“Infinitesimale，”*Enciclopedia Einaudi*，vol. Ⅶ（Turin：Einaudi），pp.443—457.

Whiteside，S.1961.“Patterns of Mathematical Thought in the Later Seventeenth Century，”*Archive for the History of the Exact Sciences*，I，pp.179—388.

Zeldovich，Y.B.1973.*Higher Mathematics for Beginners*（Moscow：Mir）.

关于牛顿：

Casini,P.1969.*L'universo-macchina*(Bari：Laterza).

Cohen,I.B.1956. *Franklin and Newton*(Philadelphia：American Philosophical Society).

Schofield,R.E.1970.*Mechanism and Materialism：British Natural Philosophy in an Age of Reason*(Princeton,NJ：Princeton University Press).

Vavilov,S.I.1943. *I.Newton*(Moscow：Akademija Nauk).

Westfall,R.S.1958.*Science and Religion in Seventeenth-Century England*(New Haven,CT：Yale University Press).

——.1971.*Force in Newton's Physics*(London：Macdonald).

索　引

（所标页码为英文版页码，即本书边码）

译　后　记

保罗·罗西（Paolo Rossi Monti，1923—2012）是意大利著名科学史家和哲学史家，1966 年至 1999 年任佛罗伦萨大学文学院哲学史系主任，曾任意大利哲学学会主席（1980—1983）和意大利科学史学会主席（1983—1990）。他著述宏富，仅著作就有三十余部。1985 年，罗西获得了美国科学史学会颁发的萨顿奖章。2009 年，他因"对从文艺复兴到启蒙运动时期科学的思想基础研究所作的决定性贡献"而被授予巴尔赞科学史奖。

罗西的第一本科学史主题的著作《弗朗西斯·培根：从魔法到科学》（*Francesco Bacone. Dalla magia alla scienza*，1957；*Francis Bacon: From Magic to Science*，1968）原创性地阐明了弗朗西斯·培根思想的根源，显示了培根的科学哲学是如何从他那个时代的思想潮流中发展出来的。

出于对现代早期科学所基于的复杂思想过程的兴趣，罗西撰写了《哲学家与机器：1400—1700》（*I filosofi e le macchine，1400—1700*，1962；*Philosophy, Technology and the Arts in the Early Modern Era*，1970）。他结合科学史、技术史和哲学史，清晰地阐述了科学思想实践与技术发展之间的相互依存关系。和他关于培根的书一样，罗西在这本书里开辟了新的领地，在知识与技术专长的结合中寻找科学革命的起源。

　　他的开创性著作《万能钥匙：从卢尔到莱布尼茨的记忆术和组合逻辑》(*Clavis universalis. Arti della memoria e logica combinatoria da Lullo a Leibniz*, 1960; *Logic and the Art of Memory：The Quest for a Universal Language*, 2000)见证了其作品中的第二个主题：与现代早期组合逻辑相关的记忆术。这是关于记忆系统、普遍语言和泛智论思想的重要研究。《时间的印迹：从胡克到维柯的地球史和民族史》(*I segni del tempo.Storia della Terra e storia delle nazioni da Hooke a Vico*, 1979; *The Dark Abyss of Time：The History of the Earth and the History of Nations from Hooke to Vico*, 1984)则是罗西的另一部重要著作。这里他追溯了《圣经》所确立的确定性的逐渐衰落，即地球的年龄以及由此而来的历史进程被限定在几千年时间内。17、18世纪的许多大哲学家和大科学家都尝试讨论"遥远的过去"这一观念，从而导致圣经历史在当时的屈服，即所谓的"亚当之死"。正如他们表明的，地质学和历史，以及关于圣经历史的新思路，能够为这个"黑暗的时间深渊"带来新的曙光。罗西对地质学史作了一次全新的解读，将其与同一时期历史意识的发展联系起来。同样具有原创性的是书中关于语言学史的部分，他描述了人们逐渐意识到希伯来语不可能是所有语言的来源，不得不承认语言的起源在于人类文化史而非创世。

　　罗西作品中的这些不同线索在这本《现代科学在欧洲的诞生》(*La nascita della scienza moderna in Europa*, 1997; *The Birth of Modern Science*, 2001)[本书按照英译本将标题译为《现代科

学的诞生》]中汇集在一起,它向普通读者展示了现代早期科学在社会政治史背景下复杂而详细的历史。作为一部讨论科学革命的普及读物,《现代科学的诞生》的一大价值在于包含了其他同类著作中鲜有谈及的重要主题,比如知识的保密与公开,地质学与时间的发现,植物分类与普遍语言,等等。罗西在叙事时也以这些主题(和一些重要人物)为主线,而非按照年代线索进行组织。罗西对原始史料的熟稔,使他在处理这些主题时往往会有别开生面的论述,这一点为许多科学史家所称道。例如,他关于哥白尼《关于天界运动的假说简短评注》的介绍和在"伽利略"一章的论述,就颇为简洁明了。但与此同时,他在某些地方又利用了其他一些书中少见的材料,由此牵连出广泛的历史叙事线索,又往往给人以繁密琐碎的印象。

在利用关于科学革命的研究成果方面,罗西较为看重的是 20 世纪六七十年代的著作,对于八十年代以后的研究成果则利用较少。在一些主题的选择和处理上,我们可以清楚地看出罗西本人在这些方面所做的原创性研究的痕迹。例如,从书中关于工匠知识地位的讨论,便可看到罗西本人《哲学家与机器:1400—1700》一书的影响;他对分类学前史的论述,显然脱胎于他的另一本著作《万能钥匙:从卢尔到莱布尼茨的记忆术和组合逻辑》;至于"时间与自然"一章,更和他的《时间的印迹:从胡克到维柯的地球史和民族史》一书有关。当然,由于篇幅所限,这些部分写得较为简略。正如科学史家彼得·迪尔(Peter Dear)所说,该书中的此类叙述,虽然是积作者数十年研究而写成,但只"传递出作者能力的一种回声"。若想深入了解这些主题,读者仍需参阅更加专门的论著。

最后要对翻译情况作一说明。《现代科学的诞生》原文意大利文，它内容相对通俗，是罗西第一本被译成中文的著作，也是因为有英译本而最为人所熟知的罗西著作之一。由于内容大都比较熟悉，我本以为翻译起来并不困难，但结果完全超出了我的预想。这主要是因为它的英译本很不可靠，误译和排印错误比比皆是，不少地方甚至译得不知所云。后来我又找来德译本进行比照，发现其中同样有许多翻译问题，和英译本一样不甚可靠，即使综合英译本和德译本，也往往无法找到较为准确的译法。无奈之下，我只得邀请我的同门师弟、也是清华大学科学史系的同事蒋澈老师出山，帮我从意大利语原文进行校对。蒋澈是不折不扣的语言天才，不仅在清华开设古希腊语和拉丁语课，而且精通欧洲的数种主要现代语言，这其中就包括意大利语。多亏有他的认真校对，书中的许多细节才被最终厘清，英译本中的错误才被逐一发现。没有他的帮助，这个译本是根本无法面世的。最让我过意不去的是，除了科研压力和教学任务，蒋澈老师平时还承担着系里繁重的行政工作，校对此稿耗费了他不少时间精力，这里要对他的辛苦付出致以诚挚的感谢！当然，因能力所限，目前的译本中肯定还有不少可改进之处，这些概由我负责，还望读者多多指正。

张卜天

清华大学科学史系

2021 年 9 月 25 日

图书在版编目(CIP)数据

现代科学的诞生/(意)保罗·罗西著;张卜天译.—北京:商务印书馆,2023(2024.2重印)
(科学史译丛)
ISBN 978 - 7 - 100 - 21756 - 9

Ⅰ.①现…　Ⅱ.①保…②张…　Ⅲ.①现代科学—研究　Ⅳ.①G3

中国版本图书馆 CIP 数据核字(2022)第 177491 号

科学史译丛
现代科学的诞生
〔意〕保罗·罗西　著

张卜天　译

蒋澈　校

商 务 印 书 馆 出 版
(北京王府井大街36号　邮政编码100710)
商 务 印 书 馆 发 行
北京中科印刷有限公司印刷
ISBN　978 - 7 - 100 - 21756 - 9

2023 年 4 月第 1 版　　　　开本 880×1230　1/32
2024 年 2 月北京第 3 次印刷　　印张 12⅝
定价:75.00 元

《科学史译丛》书目